MINT in Bewegung

Ingo Wagner • Simone Neher-Asylbekov
Hrsg.

MINT in Bewegung

Anwendungsbezogene Lernstationen für interdisziplinären Unterricht

Hrsg.
Ingo Wagner
Inst. für Schulpädagogik und Didaktik
Karlsruher Institut für Technologie (KIT)
Karlsruhe, Deutschland

Simone Neher-Asylbekov
Inst. für Schulpädagogik und Didaktik
Karlsruher Institut für Technologie (KIT)
Karlsruhe, Deutschland

ISBN 978-3-662-63450-9   ISBN 978-3-662-63451-6   (eBook)
https://doi.org/10.1007/978-3-662-63451-6

Die Deutsche Nationalbibliothek verzeichnet diese Publikation in der DeutschenNationalbibliografie;
detaillierte bibliografische Daten sind im Internet über http://dnb.d-nb.de abrufbar.

Planung/Lektorat: Ken Kissinger

Springer Spektrum ist ein Imprint der eingetragenen Gesellschaft Springer-Verlag GmbH, DE und ist ein
Teil von Springer Nature.
Die Anschrift der Gesellschaft ist: Heidelberger Platz 3, 14197 Berlin, Germany

Inhaltsverzeichnis

V   MINT & Thermoregulation des Körpers

Autor*innen-Verzeichnis

Luisa Appelles   Eggenstein-Leopoldshafen, Karlsruhe, Deutschland

Katharina Beck   Freiburg, Deutschland

Cedrik Bollheimer   Karlsruhe, Deutschland

Lisa-Denise Hart   Stuttgart, Deutschland

Vivian Haspel   Kuhardt, Deutschland

Kathrin Hessenthaler   Neckarsulm, Deutschland

Carolin Knoke   Karlsruhe, Deutschland

Daniel Kopprasch   Waghäusel, Deutschland

Tim Krämer   Karlsbad, Deutschland

Tiffany Krug   Dettenheim, Deutschland

Simone Neher-Asylbekov   Inst. für Schulpädagogik und Didaktik Karlsruher Institut für Technologie (KIT), Karlsruhe, Deutschland

Mandy Schulz   Kappelrodeck, Deutschland

Tim Trumler   Karlsruhe, Deutschland

Ingo Wagner   Inst. für Schulpädagogik und Didaktik Karlsruher Institut für Technologie (KIT), Karlsruhe, Deutschland

Alexander Wähling   Eggenstein-Leopoldshafen, Deutschland

MINT in Bewegung – Grundgedanken zu einem interdisziplinären Schülerlabor

Ingo Wagner und Simone Neher-Asylbekov

Inhaltsverzeichnis

1

[1]Für viele Herausforderungen in der modernen Gesellschaft ist ein vernetztes und fachübergreifendes Denken notwendig. Um (angehende) Lehrkräfte dabei zu unterstützen, Schüler*innen auf solch ein interdisziplinäres Problemlösen vorzubereiten, werden in diesem Buch 13 fachübergreifende Lerneinheiten ausführlich beschrieben. Sie ermöglichen einen innovativen Zugang durch die Verknüpfung von MINT-Inhalten und sportlichen Bewegungen, die die Lernenden am eigenen Körper direkt erfahren können. So sollen das Interesse besonders gefördert und Impulse gesetzt werden, um traditionelle Denkweisen in den MINT-Fächern durch neue Perspektiven zu erweitern. Die Lerneinheiten stammen aus dem Schülerlabor „MINT in Bewegung" am Karlsruher Institut für Technologie (KIT).

1.1 Definition – was sind Schülerlabore?

Um Schüler*innen für Fachinhalte zu begeistern, gibt es an Universitäten insbesondere in den MINT-Fächern (**M**athematik, **I**nformatik, **N**aturwissenschaften und **T**echnik) Labore, die für Schüler*innen spezifische Mitmachangebote offerieren. In Deutschland gibt es über alle Bundesländer verteilt aktuell mehr als 400 Labore für Schüler*innen, die vorwiegend an Universitäten und Hochschulen sowie an Museen, Industriebetriebe und Wissenschaftszentren angebunden sind (Lernortlabor, 2020). Das Angebot richtet sich je nach Labor an Kinder im Kindergartenalter, Schüler*innen aller Schulstufen bis hin zu Studierenden (Lernortlabor, 2020). Schon im Jahr 2013 haben etwa 700.000 Schüler*innen ein deutschsprachiges Schülerlabor besucht, was mehr als doppelt so viele waren wie noch im Jahr 2005, und die Tendenz ist weiter steigend (Haupt, 2015).

Um die Vielfalt an Schülerlaboren zu ordnen, definieren Haupt et al. (2013) Schülerlabore als eine Teilmenge der außerschulischen Lernorte, wobei in den Schülerlaboren an mindestens 20 Tagen im Jahr schwerpunktmäßig Schüler*innen durch eigenes Experimentieren das Forschen erfahren. Schülerlabore sind damit auf Dauer angelegte Einrichtungen. Bei ihrem Besuch lernen Schüler*innen (natur-) wissenschaftliche Arbeitsprozesse sowie Methoden kennen, werden aber beim selbstständigen Experimentieren begleitet. Entsprechend diesem Definitionskern sollten Schülerlabore am Prinzip des forschenden Lernens („inquiry-based learning") orientiert sein sowie eine hohe Authentizität anstreben, zum Beispiel indem die Räumlichkeiten auch in Forschungsprojekten genutzt werden oder die Schüler*innen mit Doktorand*innen in Kontakt kommen. In diesem Sinne verweist in einem weiten Verständnis eines Schülerlabors der Begriff „Labor" nicht nur auf ein räumliches Labor, sondern auf eine von Menschen speziell geschaffene (künstliche) Situation sowie auf die forschende Tätigkeit.

---

1   Dieses Kapitel ist in Teilen angelehnt an einen Beitrag von I. Wagner in der *Zeitschrift für Studium und Lehre in der Sportwissenschaft* https://doi.org/10.25847/zsls.2021.034.

1.2 Ausprägung – welche Formen von Schülerlaboren gibt es?

Die in einem spezifischen Internetportal (▶ www.schuelerlabor-atlas.de) auffindbaren Schülerlabore in Deutschland lassen sich in vier Kategorien unterteilen: klassische Schülerlabore, Schülerforschungszentren, Lehr-Lern-Labore und weitere Formen.

Die *klassischen Schülerlabore* geben Schüler*innen die Möglichkeit, selbstständig zu experimentieren, und sorgen für eine fachliche Begleitung. Sie werden häufig von Universitäten angeboten, und ihr Fokus liegt, im Gegensatz zur selektiven Begabtenförderung, eher auf der Breitenförderung. Klassische Schülerlabore sind daher für ganze Schulklassen als schulische Veranstaltung geöffnet und arbeiten nahe am Lehrplan der Schulen. Die Mehrzahl der Schülerlabore ist nach diesem Muster gestaltet. Innerhalb dieser Gemeinsamkeiten gibt es allerdings große Unterschiede in der Art und Weise, wie das einzelne Schülerlabor seine Angebote umsetzt und präsentiert. Eine besondere Untergruppe davon sind Schülerlabore, die nicht an einem fixen Laborort stattfinden, sondern mobil sind. Zudem gibt es neben der überwiegenden Ausrichtung auf MINT-Fächer auch Schülerlabore mit sozialgeisteswissenschaftlicher Schwerpunktsetzung.

Als *Schülerforschungszentren* werden Schülerlabore bezeichnet, in denen Jugendliche in ihrer Freizeit alleine oder in kleinen Teams unabhängig von Schulbesuchen experimentieren. Diese primär individuelle Förderung von (eher begabten, motivierten) Kindern und Jugendlichen hat in der Regel keinen festen Bezug zum Lehrplan und bietet vor allem Möglichkeiten, längerfristig an Projekten zu arbeiten, beispielsweise im Rahmen von Wettbewerben wie „Jugend forscht". Teilweise sind diese Schülerforschungszentren auch für Erwachsene offen zugänglich, die in angedockten sogenannten Makerspaces, Makergaragen oder FabLabs handwerklich aktiv sind. Es handelt sich dabei im Kern um offene Werkstätten, die Material, Werkzeug oder Fachwissen bereitstellen.

Lehr-Lern-Labore sind im Hinblick auf das Lehramtsstudium eine relevante und verbreitete Form von Schülerlaboren. In Lehr-Lern-Laboren werden Schülergruppen von Lehramtsstudierenden unterrichtet oder betreut. Zusätzlich zu den beschriebenen Potenzialen von Schülerlaboren für Schüler*innen sammeln hier die Studierenden im geschützten Raum frühzeitig Erfahrungen im Umgang mit Schüler*innen (Priemer, 2020) und können ihre Kompetenzen in unterrichtsnahen Situationen bereits während der Lehramtsausbildung selbst erproben und ihr Handeln angeleitet reflektieren (Haupt et al., 2013).

Neben den beschriebenen drei Formen existieren in kleinerer Anzahl *weitere Formen von Schülerlaboren*, die sich hinsichtlich ihrer Schwerpunkte und Hauptintentionen wie folgt klassifizieren lassen: In Abgrenzung zur Förderung des Interesses und der Motivation in klassischen Schülerlaboren kann der Schwerpunkt erstens auf der Wissenschaftskommunikation liegen, mit der Zielsetzung, den Stand der neusten Technik zu kommunizieren und für Akzeptanz zu werben. Zweitens können Schülerlabore auf unternehmerisches Handeln fokussieren, um betriebswirtschaftliche Zusammenhänge und Produktentwicklungszyklen zu vermitteln. Drittens gibt es Schülerlabore mit dem Hauptanliegen, Berufsorientierung zu geben, indem Berufsbilder und Berufsmöglichkeiten illustriert werden.

1

Bei dieser groben Einteilung ist einschränkend festzuhalten, dass teilweise die Trennschärfe schwierig ist und Mischformen vorhanden sind (beispielsweise bei Schulklassenbesuchen in klassischen Schülerlaboren mit additiven Berufsbildinformationen). Die beiden hauptsächlich existierenden Formen sind klassische Schülerlabore und Lehr-Lern-Labore.

1.3 Intentionen – welche Ziele werden durch Besuche in Schülerlaboren erreicht?

Der Laborbesuch soll in der Regel das Interesse für MINT-Themen erhöhen, den Teilnehmenden die Möglichkeit bieten, naturwissenschaftlich-technische Tätigkeits- und Berufsfelder zu entdecken, Vorbehalte abbauen und die Bedeutung des MINT-Bereichs für die Gesellschaft verdeutlichen (Euler, 2005; Guderian & Priemer, 2008). Neben der Nachwuchsförderung können Labore auch Ziele in der Aus- und Weiterbildung von Lehrkräften verfolgen oder das Labor für die Entwicklung und Beforschung naturwissenschaftlich-didaktischer Konzepte, die eigene Öffentlichkeitsarbeit oder die Förderung der Wissenschaftskommunikation nutzen (Guderian & Priemer, 2008).

Empirische Forschung zur Erreichung dieser Ziele in Schülerlaboren konzentriert sich bisher auf die Formen der klassischen Schülerlabore und der Lehr-Lern-Labore in den MINT-Fächern. Die bisherigen Forschungen untersuchen bei klassischen Schülerlaboren insbesondere die Förderung des Interesses von Schüler*innen sowie in Lehr-Lern-Laboren die Verbesserung des Professionswissens und der zugehörigen Kompetenzen sowie der Selbstwirksamkeitserwartungen und Einstellungen von Lehramtsstudierenden.

Dazu liegen folgende Zugänge und Ergebnisse vor: Das *Interesse* wird in den Studien weitgehend durch zwei Ansätze theoriegeleitet operationalisiert. Einem ersten theoretischen Ansatz folgend wird Interesse als erstrebenswerter Effekt und als mehrdimensionales Konstrukt verstanden, wobei „eine besondere, durch bestimmte Merkmale herausgehobene Beziehung einer Person zu einem Gegenstand" den Kern bildet (Krapp, 2018, S. 286 f.; sogenannte Person-Gegenstands-Theorie). Einem zweiten theoretischen Zugang folgend, der Selbstbestimmungstheorie (Deci & Ryan, 1993), wird dabei positives Gefühlserleben mit einer autonomen Verhaltensregulation assoziiert. Die Selbstbestimmungstheorie postuliert für Motivation bzw. Interesse drei zentrale relevante Bedürfnisse: das Erleben von Kompetenz, von Autonomie (oder Selbstbestimmung) und von sozialer Eingebundenheit (Deci & Ryan, 1993; Lewalter, 2005). Einige Forschungen nutzen zudem ergänzend die Konzeption, dass die Wahrnehmung von Interesse durch einerseits stabile persönliche Präferenzen sowie andererseits situationale Umwelteinflüsse geformt wird (Renninger & Hidi, 2011).

Zahlreiche Studien zu klassischen Schülerlaboren bestätigen tendenziell positive Effekte auf das Interesse von Schüler*innen (Engeln, 2004; Pawek, 2009; Zehren, 2009; Itzek-Greulich, 2014; Beumann, 2016; für Vorinteressierte auch: Guderian, 2007; ambivalent: Damerau, 2012; Interessensabnahme bei Mädchen: Scharfenberg, 2005). Jedoch wird insbesondere eine kurzfristige Steigerung des Interesses deutlich, während diese Effekte ohne Zusatzmaßnahmen selten langfristig erhalten bleiben. Als flankierend sinnvolle Maßnahmen vermuten zahlreiche Studien positive Effekte

auf das Interesse durch eine entsprechende Vor- und Nachbereitung des Schüler-
laborbesuchs bzw. eine Einbindung in den Schulunterricht (Guderian et al., 2006;
Glowinski, 2007; mittels Onlineportalen: Streller, 2015). Andere Studien betonen als
wichtige Faktoren die Authentizität des Labors (Engeln 2004; Glowinski, 2007;
Pawek, 2009), die angemessene Herausforderung der Aufgaben (Engeln 2004;
Krapp, 2018) sowie die Verständlichkeit, die Betreuung und die Atmosphäre
(Pawek, 2009).

Lehr-Lern-Labore streben eine Zunahme des *Professionswissens* (und damit ver-
bundener unterrichtlicher Handlungsfähigkeiten) bei Lehramtsstudierenden an.
Professionswissen wird dabei relativ einheitlich nach Shulman (1986) definiert. Sein
Modell stützt sich auf die Annahme, dass professionalisierte Lehre dann gut gelingt,
wenn bei Lehrkräften Inhaltswissen („content knowledge", CK) und pädagogisches
Wissen („pedagogical knowledge", PK) als pädagogisch-inhaltliches Wissen („pedagogical content knowledge", PCK) verknüpft werden. Des Weiteren untersuchen
Studien in Lehr-Lern-Laboren die *Selbstwirksamkeitserwartungen* der Lehramts-
studierenden, definiert als „die subjektive Gewissheit, neue oder schwierige Anforderungssituationen auf Grund eigener Kompetenz bewältigen zu können"
(Schwarzer & Jerusalem, 2002, S. 35).

Ergebnisse eines systematischen Reviews zu Lehr-Lern-Laboren in Deutschland
(Rehfeldt et al., 2020) zeigen, dass sie das Professionswissen, die Selbstwirksamkeitserwartungen und die unterrichtliche Handlungsfähigkeit steigern (können), jedoch
auf Einstellungen der Lehramtsstudierenden nur mäßigen Einfluss haben. Im Detail
gelingt Lehramtsstudierenden durch Lehr-Lern-Labore ein Kompetenzzuwachs oder
eine Steigerung ihres Professionswissens hinsichtlich instruktionaler Möglichkeiten
(Steffensky & Parchmann, 2007; Leonhard, 2008; Anthofer, 2016) und des Umgangs
mit Lernschwierigkeiten (Scharfenberg & Bogner, 2016), bezüglich der Verbindung
zu fachdidaktischer Forschung (Smoor & Komorek, 2018) sowie hinsichtlich der
eigenen Reflexions- (Dohrmann & Nordmeier, 2018a) und Diagnosekompetenz
(Lengnink et al., 2017; Beretz et al., 2017; Brüning, 2017; Treisch, 2018). Lehr-Lern-
Labore können zudem einen Einfluss auf die Selbstwirksamkeitserwartungen der
Lehramtsstudierenden haben. Dazu fanden Dohrmann und Nordmeier (2018b) heraus, dass sich die Werte der Selbstwirksamkeitserwartungen bezüglich Planung,
Durchführung und Reflexion von Instruktion im Studienverlauf durch die Teil-
nahme an Lehr-Lern-Laboren positiv veränderten.

1.4 Konzept – was ist die Grundidee des Schülerlabors „MINT in Bewegung"?

Bei der Vermittlung von Wissen in den MINT-Fächern fehlt oftmals eine anwendungs-
orientierte Anbindung an lebensweltliche Probleme von Schüler*innen. Dazu bietet
der Bereich der menschlichen Bewegungen bisher ungenutzte Potenziale, denn viele
Phänomene aus den MINT-Fächern spielen eine wichtige Rolle bei Bewegungen und
können daher sehr gut anhand sportlicher Bewegungen veranschaulicht werden. Um
dies zu ermöglichen, werden im Rahmen des Schülerlabors fachübergreifende Lerneinheiten angeboten, die Bewegungsphänomene und MINT-Inhalte verbinden und zum
motivierenden Selbsterfahren für Schüler*innen offerieren. Durch dieses Konzept wird

1

einerseits MINT-Wissen in (sportlichen) Bewegungen anschaulich thematisiert, andererseits werden Impulse gesetzt, um traditionelle Denkweisen in den MINT-Fächern in Bewegung hin zu neuen Perspektiven zu bringen.

Das Angebot richtet sich primär an Schüler*innen der Mittelstufe in der Sekundarstufe 1 in Gymnasien, also aus den Schuljahrgängen 7–9 (G8) bzw. 7–10 (G9). Nach Absprache sind auch Besuche von Schüler*innen der Stufen 5/6 oder der Einführungsphase (EF) der gymnasialen Oberstufe möglich. Insofern werden auch diese Stufen in ausgewählten Lerneinheiten berücksichtigt. Außerdem eignen sich die meisten Lerneinheiten durch die inhaltliche und strukturelle Abstimmung der Bildungspläne in Baden-Württemberg für den Einsatz mit Schüler*innen aller weiterführenden Schulformen.

Im Rahmen des Studiums können Lehramtsstudierende Lerneinheiten selbst entwickeln und diese bei Schulklassenbesuchen mit ihnen durchführen. Die Erstellung der Lerneinheiten wird zuvor durch Dozierende beratend begleitet und der Einsatz retrospektiv reflektiert. Nur Lerneinheiten guter Qualität werden nachhaltig implementiert. Die Studierenden können durch die Planung, Durchführung und Evaluation von Lerneinheiten sowie im Umgang mit Schülergruppen pädagogische Fähigkeiten entwickeln und vertiefen. Somit handelt es sich bei dem Schülerlabor um ein Lehr-Lern-Labor.

Bei einem Besuch des Schülerlabors werden einleitend grundlegende Verhaltensregeln etabliert und das Grundanliegen bzw. der Zusammenhang der Lernstationen illustriert. Sodann können die Schüler*innen anhand einer Übersicht frei Stationen wählen, die sie in Zweierteams je parallel bearbeiten. Es wird darauf geachtet, dass sportlich weniger kompetente Schüler*innen nicht schamvoll bloßgestellt werden. Durch den Einsatz von Hilfe- und Lösungskarten sind die Schüler*innen in der Lage, die Aufgaben selbstständig zu bearbeiten und ihre Lösungen eigenständig zu überprüfen. Bei Bedarf stehen zusätzlich Betreuer*innen als Ansprechpartner*innen zur Verfügung.

1.5   Unterrichtseinsatz – wie können die Lerneinheiten im schulischen Unterricht verwendet werden?

Die als Laborstationen konzipierten Lerneinheiten zu vielfältigen MINT-Themen ermöglichen auch im Schulunterricht das Lernen in und durch Bewegung. Der Transfer der jeweils in sich geschlossenen Lerneinheiten in den Schulunterricht ist durch den modularen Aufbau und das umfangreiche Begleitmaterial leicht möglich. Lediglich die für die jeweiligen Lerneinheiten nötigen Materialien und Geräte müssen bereitgestellt werden. Die einzelnen Lerneinheiten benötigen einen zeitlichen Rahmen von etwa 15 bis 30 Minuten und lassen sich daher gut in eine Unterrichtsstunde integrieren, aber auch ein Einsatz in Projekten und Arbeitsgemeinschaften ist denkbar. Durch die oft vorhandenen Differenzierungsvorschläge und die Hilfe- und Lösungskarten eignen sie sich besonders für heterogene Gruppen und zum selbstständigen Arbeiten der Schüler*innen beispielsweise im Rahmen von Lernzirkeln mit Stationenlernen.

Aufgrund der Interdisziplinarität eignen sich die Lerneinheiten besonders für fächerverbindenden Unterricht. Da sie sich thematisch schwerpunktmäßig meist einem bestimmten Schulfach zuordnen lassen, erlaubt aber auch der Einsatz im Fachunterricht den Schüler*innen einen Blick über die engen Fachgrenzen hinaus und verdeutlicht, wie die Inhalte des Schulfachs in neuen Kontexten angewendet werden können.

Bei der Ausarbeitung der in diesem Werk vorgestellten Lerneinheiten wurde Wert darauf gelegt, dass die Schüler*innen sich bei der Durchführung möglichst viel körperlich betätigen können und müssen. Die Lerneinheiten stellen somit eine Bereicherung für den Schulalltag dar, da Bewegung im Schulleben viele positive Effekte wie eine Förderung der Aufmerksamkeitsleistung bewirken kann.

1.6 Struktur – wie sind die Lerneinheiten in diesem Buch aufgebaut?

Alle in diesem Band vorgestellten Lerneinheiten weisen den gleichen Aufbau auf. Sie bestehen jeweils aus einer Ausarbeitung, einem Stationsblatt, einem Arbeitsblatt und Hilfe- sowie Lösungskarten.

Die **Ausarbeitung** stellt neben einer Kurzbeschreibung der Lerneinheit die Rahmenbedingungen für die Durchführung (Zielgruppe, Anzahl der Schüler*innen, benötigter Zeit-, Material- und Raumbedarf, nötige Vorkenntnisse) vor. Anschließend findet eine ausführliche Sachanalyse der fachlichen Inhalte und Hintergründe statt. Danach sind methodisch-didaktische Überlegungen dargestellt. In diesem Abschnitt wird zunächst der Bildungsplan- und Lebensweltbezug der Lerneinheit aufgezeigt. Als Nächstes erfolgt in der methodisch-didaktischen Inszenierung eine ausführliche und begründete Beschreibung des Vorgehens unter Einbeziehung der Methoden, der Medien und gegebenenfalls die Darlegung der Abwägung möglicher nicht ausgewählter Alternativen der Inszenierung. Abschließend werden die antizipierten Ergebnisse der Schüler*innen vorgestellt, mögliche Herausforderungen und entsprechende Förder- und Forderangebote aufgezeigt und die benötigten Vorkenntnisse und Vertiefungs- oder Weiterführungsmöglichkeiten dargelegt. Schließlich endet die Ausarbeitung mit einem tabellarischen Verlaufsplan sowie einem Literaturverzeichnis.

Das **Stationsblatt** führt die Schüler*innen durch die Lerneinheit. Werden die Lerneinheiten, wie ursprünglich vorgesehen, für Stationenlernen eingesetzt, verbleibt das Stationsblatt an der jeweiligen Station und enthält die jeweiligen Aufgabenstellungen und relevante Informationen in Form von Infoboxen. Es empfiehlt sich, dann das Stationsblatt (je nach Gruppengröße ggf. in mehrfacher Ausführung) einlaminiert an der Station bereitzulegen. Bei einem anderen Einsatz, beispielsweise im Rahmen von Klassenunterricht, kann das Stationsblatt der Klasse auch über Präsentationsmedien wie Beamer oder Overheadprojektor bereitgestellt werden.

Das **Arbeitsblatt** dient den Schüler*innen zur Sicherung ihrer Ergebnisse. Hier können die Schüler*innen ihre Antworten zu den Aufgaben durch den vorstrukturierten Aufbau zeitsparend und einheitlich festhalten. Das Arbeitsblatt sollte für jede*n Schüler*in einmal kopiert werden. Es erleichtert durch die Struktur auch die Selbstkontrolle mithilfe der Lösungskarten oder eine gemeinsame Besprechung der Ergebnisse im Unterrichtsgespräch.

Die **Hilfekarten** sind ein niederschwelliges Angebot an die Schüler*innen, das der Binnendifferenzierung dient und durch den hohen Grad an Eigenständigkeit die Mo-

1

tivation erhöhen soll. Die Schüler*innen werden in der Aufgabenstellung darauf hingewiesen, wenn eine entsprechende Hilfekarte existiert, und können selbst entscheiden, ob und ggf. wann sie diese in Anspruch nehmen. Es empfiehlt sich, die Hilfekarten mindestens einmal pro Lerneinheit (ggf. ebenfalls einlaminiert) anzubieten.

Die **Lösungskarten** dienen der selbstständigen Kontrolle durch die Schüler*innen. Dies ermöglicht insbesondere bei aufeinander aufbauenden Aufgaben das Arbeiten im eigenen Lerntempo und das Kontrollieren von (Zwischen-)Ergebnissen. Sollen die Lösungskarten eingesetzt werden, bietet es sich an, diese ebenfalls mindestens einmal pro Lerneinheit (ggf. einlaminiert) bereitzustellen.

Die Ausarbeitung, das Stations- sowie das Arbeitsblatt sind in diesem Band abgedruckt, die Lösungs- und Hilfekarten (sowie teilweise weitere Materialien) finden sich in den digitalen Zusatzmaterialien auf der Begleitwebseite (https://lehrbuch-biologie.springer.com/mint-bewegung).

1.7 Gliederung – wie ist das vorliegende Buch strukturiert?

In diesem Band werden 13 Lerneinheiten vorgestellt, die jeweils Bewegungs- und Körpervorgänge mit MINT-Themen verbinden. Sie lassen sich fünf verschiedenen Themenbereichen zuordnen. Im Folgenden wird ein kurzer Überblick über diese Themenbereiche und die Lerneinheiten gegeben.

In **Teil I** („MINT & Springen") werden verschiedene Sprungformen genauer analysiert. Die Lerneinheit (▶ Kap. 2) ermöglicht die Analyse und Erstellung von Beschleunigungs-Zeit-Verläufen anhand dieser beiden Sprungformen. Dabei arbeiten die Schüler*innen unter anderem mit der App „phyphox". Digitale Medien werden auch bei der Lerneinheit „Bewegungsdiagramme – Squat Jump, Counter Movement Jump, Drop Jump" eingesetzt. Hier bringen die Schüler*innen mithilfe eigener Videoaufnahmen die vertikale Bewegung verschiedener Sprungformen in Zusammenhang mit den Weg-Zeit-Diagrammen der Körperschwerpunktbahn. Auch die dritte Lerneinheit dieses Themenbereichs beschäftigt sich mit dem Springen. Bei der Lerneinheit (▶ Kap. 4) werden die Schüler*innen vor die Herausforderung gestellt, möglichst hoch zu springen. Dabei werden mithilfe verschiedener Sprungformen die biomechanischen Prinzipien, genauer das Prinzip der Anfangskraft und das Prinzip der zeitlichen Koordination von Teilimpulsen sowie deren Zusammenhang verdeutlicht.

In **Teil II** („MINT & Fortbewegen") geht es um verschiedene Fortbewegungsformen des Menschen, deren mögliche Geschwindigkeit und einen Vergleich mit dem Tierreich. Die Lerneinheit (▶ Kap. 5) thematisiert anhand dieser drei Fortbewegungsarten die kinematischen Größen Geschwindigkeit, Strecke und Zeit sowie deren funktionalen Zusammenhang. Die Schüler*innen erheben eigene Messwerte und berechnen dann jeweils ihre Geschwindigkeiten. Neben den physikalischen Inhalten werden spezifische Aspekte der drei Fortbewegungsarten hervorgehoben und unterschieden. Auch die Lerneinheit (▶ Kap. 6) befasst sich mit dem Thema Geschwindigkeit. Die Schüler*innen sollen bei dieser Lerneinheit einige der Angepasstheiten des Gepards, die ihm den schnellen Sprint ermöglichen, kennenlernen. Dazu sollen sie nicht nur deren Funktion in der Natur verstehen, sondern auch, inwieweit sich der

Mensch diese abgeschaut und zunutze gemacht hat. Anschließend können die Schüler*innen in zwei Experimenten selbst den Effekt der Bodenhaftung erleben.

Um das Erzielen zielgenauer Würfe geht es in **Teil III** („MINT & Werfen"). Die Lerneinheit (▶ Kap. 7) thematisiert die biomechanischen Prinzipien der Anfangskraft, des optimalen Beschleunigungswegs sowie der zeitlichen Koordination von Einzelimpulsen. Die Schüler*innen sollen erkennen, wie viel Theorie hinter dem Wurf eines Basketballs steckt. Ziel der ebenfalls in diesem Teil vorgestellten Lerneinheit (▶ Kap. 8), bei der ein Tennisball in einen Eimer geworfen werden soll, ist es herauszufinden, wie Belastung die Leistungsfähigkeit beeinflusst. Dabei werden alle Schüler*innen aktiv am Arbeitsprozess beteiligt: entweder durch Tabata-Training und Tennisballwürfe oder durch die Dokumentation und Auswertung der Ergebnisse.

Teil IV („MINT & Herz-Kreislauf-System") konzentriert sich ganz auf den Aufbau des Herz-Kreislauf-Systems, die Erfassung dazugehöriger Messwerte sowie deren Beeinflussbarkeit durch sportliche Aktivität. Die Lerneinheit (▶ Kap. 9) dient dem Kennenlernen des menschlichen Herzens in Funktion und Anatomie sowie in Verbindung mit sportlicher Leistung. Die Lerneinheiten (▶ Kap. 10) und (▶ Kap. 11) ermöglichen es den Schüler*innen, die Herzaktion als eine adaptive Kreislauffunktion näher zu untersuchen. Die Schüler*innen messen ihre Herzaktivität vor und nach sportlicher Betätigung mit verschiedenen Messverfahren und werten ihre Daten anschließend aus. Dadurch werden die Organfunktionen des Herzens und ihre Abhängigkeit von körperlicher Belastung erfahrbar gemacht. Die Lerneinheit (▶ Kap. 12) konzentriert sich stärker auf das Thema Blutdruck und dessen Beeinflussbarkeit durch selbst herbeigeführten Überdruck im Oberkörper. Im Rahmen eines Experiments lernen die Schüler*innen die Messung des Blutdrucks und dessen Abhängigkeit vom Barorezeptor kennen. Am Ende der Lerneinheit sollen sie den Einfluss von Kraftsport auf den Blutdruck bewerten.

Teil V („MINT & Thermoregulation des Körpers") befasst sich mit den Phänomenen des Wärmehaushalts bei körperlicher Anstrengung. Die Lerneinheit (▶ Kap. 13) ermöglicht den Schüler*innen die Auseinandersetzung mit der Funktionsweise eines Infrarotthermometers, der Funktion von Schweiß und der wissenschaftlichen Erkenntnisgewinnung. Im Anschluss überprüfen sie die kühlende Wirkung von Schweiß empirisch. Einen detaillierten Blick auf die Körpertemperatur mithilfe einer Wärmebildkamera erlaubt die Lerneinheit (▶ Kap. 14). Hier erarbeiten sich die Schüler*innen theoretische Grundlagen zur Funktionsweise der Wärmebildkamera und führen ein Experiment durch, um den Einfluss von sportlicher Betätigung auf den Wärmehaushalt zu erforschen.

Literatur

Anthofer, S. (2016). *Förderung des fachspezifischen Professionswissens von Chemielehramtsstudierenden.* Universität Regensburg.

Beretz, A.-K., Lengnink, K., & Aufschnaiter, C. (2017). Diagnostische Kompetenz gezielt fördern – Videoeinsatz im Lehramtsstudium Mathematik und Physik. In C. Selter, S. Hußmann, C. Hößle, C. Knipping, K. Lengnink, & J. Michaelis (Hrsg.), *Diagnose und Förderung heterogener Lerngruppen – Theorie, Konzepte und Beispiele aus der MINT-Lehrerbildung* (S. 149–168). Waxmann.

1

Beumann, S. (2016). *Versuch's doch mal – Eine empirische Untersuchung zur Förderung von Motivation und Interesse durch mathematische Schülerexperimente*. Dissertation, Fakultät für Mathematik der Ruhr-Universität, Bochum.

Brüning, A.-K. (2017). Lehr-Lern-Labore in der Lehramtsausbildung – Definition, Profilbildung und Effekte für Studierende. In U. Kortenkamp & A. Kuzle (Hrsg.), *Beiträge zum Mathematikunterricht* (S. 1377–1378). WTM.

Damerau, K. (2012). *Molekulare und Zell-Biologie im Schülerlabor. Fachliche Optimierung und Evaluation der Wirksamkeit im BeLL Bio (Bergisches Lehr-Lern-Labor Biologie)*. Dissertation, Fakultät Mathematik und Naturwissenschaften der Bergischen Universität Wuppertal.

Deci, E. L., & Ryan, R. M. (1993). Die Selbstbestimmungstheorie der Motivation und ihre Bedeutung für die Pädagogik. *Zeitschrift für Pädagogik, 39*(2), 223–238.

Dohrmann, R., & Nordmeier, V. (2018a). Professionalität im Lehr-Lern-Labor anbahnen – Ergebnisse zu verschiedenen Facetten von Reflexion und Selbstwirksamkeitserwartungen. PhyDid B – Didaktik der Physik – Beiträge zur DPG-Frühjahrstagung, Würzburg. www.phydid.de/index.php/phydid-b/article/view/907. Zugegriffen am 20.03.2023.

Dohrmann, R., & Nordmeier, V. (2018b). Praxisbezug und Professionalisierung im Lehr-Lern-Labor-Seminar (LLLS) – ausgewählte vorläufige Ergebnisse zur professionsbezogenen Wirksamkeit. In C. Maurer (Hrsg.), *Qualitätsvoller Chemie- und Physikunterricht – normative und empirische Dimensionen* (S. 524). Universität Regensburg.

Engeln, K. (2004). *Schülerlabors: authentische, aktivierende Lernumgebungen als Möglichkeit, Interesse an Naturwissenschaften und Technik zu wecken*. Berlin: Logos Verlag.

Euler, M. (2005). Schülerinnen und Schüler als Forscher: Informelles Lernen im Schülerlabor. *Naturwissenschaften im Unterricht Physik*, (90), 4–12.

Glowinski, I. (2007). *Schülerlabore im Themenbereich Molekularbiologie als Interesse fördernde Lernumgebungen*. Universitätsdruck.

Guderian, P. (2007). *Wirksamkeitsanalyse außerschulischer Lernorte*. Humboldt-Universität.

Guderian, P., & Priemer, B. (2008). Interessenförderung durch Schülerlaborbesuche - eine Zusammenfassung der Forschung in Deutschland. *Physik und Didaktik in Schule und Hochschule, 2*(7), 27–36.

Guderian, P., Priemer, B., & Schön, L.-H. (2006). In den Unterricht eingebundene Schülerlaborbesuche und deren Einfluss auf das aktuelle Interesse an Naturwissenschaften. *Physik und Didaktik in Schule und Hochschule, 2*(5), 142–149.

Haupt, O., Domjahn, J., Martin, U., Skiebe-Corrette, P., Vorst, S., Zehren, W., & Hempelmann, R. (2013). Schülerlabor – Begriffsschärfung und Kategorisierung. *MNU, 66*(6), 324–330.

Haupt, O. J. (2015). In Zahlen und Fakten. Der Stand der Bewegung. In Lernort Labor – Bundesverband der Schülerlabore e. V (Hrsg.), *Schülerlabor-Atlas 2015. Schülerlabore im deutschsprachigen Raum* (S. 34–53). Klett MINT.

Itzek-Greulich, H. (2014). *Einbindung des Lernorts Schülerlabor in den naturwissenschaftlichen Unterricht. Empirische Untersuchung zu kognitiven und motivationalen Wirkungen eines naturwissenschaftlichen Lehr-Lernarrangements*. Eberhard-Karls-Universität.

Krapp, A. (2018). Interesse. In D. H. Rost, J. R. Sparfeldt, & S. Buch (Hrsg.), *Handwörterbuch Pädagogische Psychologie* (S. 286–297) (5., überarbeitete und erweiterte Aufl.). Weinheim: Beltz.

Lengnink, K., Bikner-Ahsbahs, A., & Knipping, C. (2017). Aktivität und Reflexion in der Entwicklung von Diagnose- und Förderkompetenz im MINT-Lehramtsstudium. In C. Selter, S. Hußmann, C. Hößle, C. Knipping, K. Lengnink, & J. Michaelis (Hrsg.), *Diagnose und Förderung heterogener Lerngruppen – Theorie, Konzepte und Beispiele aus der MINT-Lehrerbildung* (S. 61–84). Waxmann.

Leonhard, T. (2008). *Professionalisierung in der Lehrerbildung. Eine explorative Studie zur Entwicklung professioneller Kompetenzen in der Lehrererstausbildung*. Logos.

Lernortlabor. (2020, 20. Februar). Schülerlabor-Atlas. Zugegriffen am unter www.lernortlabor.de. Zugegriffen am 20.03.2023.

Lewalter, D. (2005). Der Einfluss emotionaler Erlebensqualitäten auf die Entwicklung der Lernmotivation in universitären Lehrveranstaltungen. *Zeitschrift für Pädagogik, 51*(5), 642–655.

OVGU Magdeburg. (2020, 20. Februar). Praxisnahes Sportstudium dank Lehr-Lern-Labor. Zugegriffen am unter: www.ovgu.de/Presse+_+Medien/Pressemitteilungen/PM+2016/Mai/PM+46_2016-p-40920.html. Zugegriffen am 20.03.2023.

Pawek, C. (2009). *Schülerlabore als interessefördernde außerschulische Lernumgebungen für Schülerinnen und Schüler aus der Mittel- und Oberstufe*. Christian-Albrechts-Universität.

Priemer, B. (2020). Ein kurzer Überblick über den Stand der fachdidaktischen Forschung der MINT-Fächer an Lehr-Lern-Laboren. In B. Priemer & J. Roth (Hrsg.), *Lehr-Lern-Labore. Konzepte und deren Wirksamkeit in der MINT-Lehrpersonenbildung* (S. 159–171). Springer.

Rehfeldt, D., Klempin, C., Brämer, M., Seibert, D., Rogge, I., Lücke, M., Sambanis, M., Nordmeier, V., & Köster, H. (2020). Empirische Forschung in Lehr-Lern-Labor-Seminaren – Ein Systematic Review zu Wirkungen des Lehrformats. *Zeitschrift für Pädagogische Psychologie, 14*, 1–22.

Renninger, K. A., & Hidi, S. (2011). Revisiting the Conceptualization, Measurement, and Generation of Interest. *Educational Psychologist, 46*(3), 168–184.

Scharfenberg, F.-J. (2005). *Experimenteller Biologieunterricht zu Aspekten der Gentechnik im Lernort Labor: empirische Untersuchung zu Akzeptanz, Wissenserwerb und Interesse.* Universität Bayreuth.

Scharfenberg, F.-J., & Bogner, F. X. (2016). A new role-change approach in pre-service teacher education for developing pedagogical content knowledge in the context of a student outreach lab. *Research in Science Education, 46*, 743–766.

Schwarzer, R., & Jerusalem, M. (2002). Das Konzept der Selbstwirksamkeit. In M. Jerusalem & D. Hopf (Hrsg.), *Selbstwirksamkeit und Motivationsprozesse in Bildungsinstitutionen* (Zeitschrift für Pädagogik, Bd. 44, S. 28–53).

Shulman, L. S. (1986). Those who understand: Knowledge growth in teaching. *Educational Researcher, 15*(2), 4–14.

Smoor, S., & Komorek, M. (2018). Zyklisches Forschendes Lernen im Lehr-Lern-Labor empirisch untersuchen. In C. Maurer (Hrsg.), *Qualitätsvoller Chemie- und Physikunterricht – normative und empirische Dimensionen* (S. 536). Universität Regensburg.

Steffensky, M., & Parchmann, I. (2007). The project CHEMOL: Science education for children – Teacher education for students! *Chemistry Education Research and Practice, 8*(2), 120–129.

Streller, M. (2015). The educational effects of pre- and post-work in out-of-school laboratories, Dissertation, TU Dresden. Zugegriffen am unter http://nbn-resolving.de/urn:nbn:de:bsz:14-qucosa-192707. Zugegriffen am 20.03.2023.

Treisch, F. (2018). *Die Entwicklung der Professionellen Unterrichtswahrnehmung im Lehr-Lern-Labor Seminar* (Studien zum Physik- und Chemielernen, Bd. 261). Logos.

Zehren, W. (2009). *Forschendes Experimentieren im Schülerlabor.* Dissertation, Naturwissenschaftlich-Technische Fakultät III Chemie, Pharmazie, Bio- und Werkstoffwissenschaften der Universität des Saarlandes.

MINT & Springen

Inhaltsverzeichnis

Beschleunigungs-Zeit-Verläufe – Squat Jump und Counter Movement Jump

Kathrin Hessenthaler

Inhaltsverzeichnis

2.1 Ausarbeitung

2

2.1.1 Kurzbeschreibung und Zielsetzung

In dieser Lerneinheit wird anhand des Squat Jump und des Counter Movement Jump die Beschleunigung im Zusammenhang mit der Zeit thematisiert. Im ersten Schritt werden dabei die Beschleunigungs-Zeit-Verläufe der beiden Sprünge anhand vorgegebener Aufgaben analysiert, im zweiten Schritt sollen die Schüler*innen ihre eigenen Beschleunigungs-Zeit-Verläufe und ihre eigenen maximalen Beschleunigungen bestimmen.

2.1.2 Rahmenbedingungen

- Zielgruppe: Klassenstufe 7/8
- Anzahl der Schüler*innen: 2–4
- Zeitlicher Rahmen: 25–30 min
- Räumlichkeiten: kleiner Bereich in einem freien Zimmer mit Tischen
- Material: (mit z. B. Wasser) gefüllte 1,5-l-Flasche, Smartphone mit App „phyphox"

2.1.3 Sachanalyse

2.1.3.1 Grundformen für beidbeiniges Abspringen: Bewegungsbeschreibung

In der Sportwissenschaft werden drei Grundformen für beidbeiniges Abspringen unterschieden: Squat Jump, Counter Movement Jump und Drop Jump. In dieser Lerneinheit werden die Beschleunigungsverläufe des Squat Jump und des Counter Movement Jump dargestellt und analysiert.

Beim Squat Jump (◼ Abb. 2.1) bewegt sich der*die Sportler*in aus der Ausgangsposition (aufrechter Stand) in die Ausholstellung (Winkel zwischen Oberschenkel und Unterschenkel sollte ca. 100°–120° sein), das bedeutet, dass die Sprung-, Knie- und Hüftgelenke gebeugt werden. Der*die Sportler*in verharrt in dieser Position ca. 2 Sekunden und springt dann ohne weitere Ausholbewegung nach oben ab; das bedeutet, Sprung-, Knie- und Hüftgelenke werden nun explosiv gestreckt. Die positive Kraft, die durch die entgegengesetzte Ausholbewegung entsteht, kann sich durch die Pause zwischen entgegengesetzter Ausholbewegung und dem explosiven Strecken der Sprung-, Knie- und Hüftgelenke nicht auf die Sprunghöhe auswirken; sie „verpufft" sozusagen (vgl. Göhner, 2008, S. 86 f.). Der Squat Jump wird beispielsweise beim Skispringen angewendet.

Beim Counter Movement Jump (◼ Abb. 2.2) lässt der*die Sportler*in die Ausholbewegung und den Sprung fließend ineinanderübergehen. Bei der Ausholstellung soll der Winkel zwischen Oberschenkel und Unterschenkel auch ca. 100°–120° be-

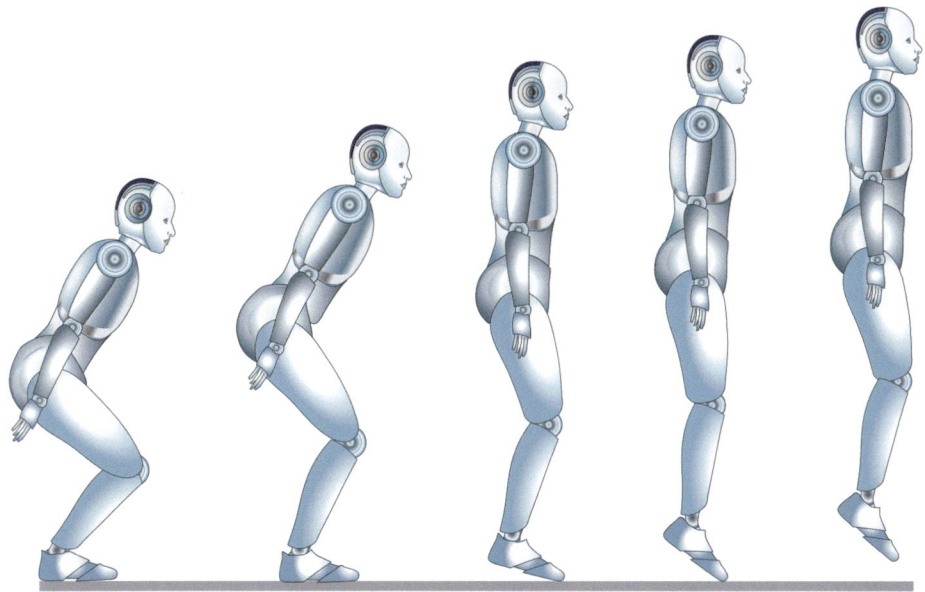

▣ Abb. 2.1   Squat Jump

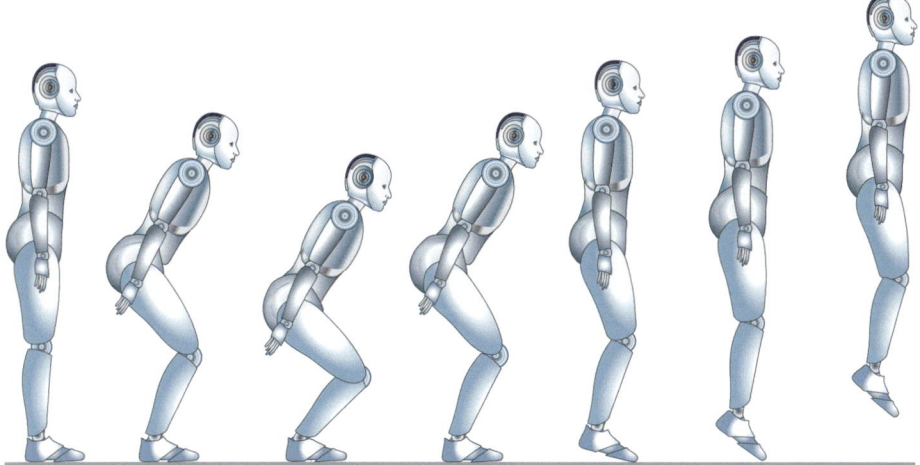

▣ Abb. 2.2   Counter Movement Jump

tragen. Der Sprung ist somit vom Ablauf gleich wie der Squat Jump, jedoch sollen die 2 Sekunden Pause zwischen entgegengesetzter Ausholbewegung und Absprung weggelassen werden (vgl. Göhner, 2008, S. 86 f.). Durch das fließende Übergehen von der entgegengesetzten Ausholbewegung und dem Absprung kann sich die positive Kraft, die durch die entgegengesetzte Ausholbewegung entsteht, positiv auf die Sprunghöhe auswirken. In der Regel erreicht ein*e Sportler*in beim Counter Movement Jump eine größere Sprunghöhe im Vergleich zum Squat Jump.

2

2.1.3.2 Beschleunigung

Die Beschleunigung a bezeichnet die Geschwindigkeitsänderung zwischen zwei verschiedenen Zeitpunkten. Die Beschleunigung ist ein Vektor bzw. eine vektorielle Größe, da die Geschwindigkeit ebenfalls ein Vektor ist. Die Beschleunigung wird als Quotient von der Geschwindigkeitsänderung und dem Zeitintervall definiert:

$$a = \frac{v_2 - v_1}{t_2 - t_1} \qquad \text{oder} \qquad a = \frac{\Delta v}{\Delta t}$$

Der Zähler des Bruchs hat die Einheit m/s, der Nenner des Bruchs hat die Einheit s. Die Beschleunigung hat somit die Einheit m/s^2 (vgl. Bannwarth et al., 2019, S. 30).

■ **Kraftwirkung „Beschleunigung"**

Wenn keine Kräfte auf einen Körper wirken, dann ändert sich der Bewegungszustand dieses Körpers nicht, d. h., der Körper bleibt in Ruhe oder in gleichförmig geradliniger Bewegung (erstes newtonsches Grundgesetz). Falls eine Kraft auf einen Körper wirkt, ändert sich der Bewegungszustand, was ebenfalls eine Impulsänderung impliziert. Die Masse eines Körpers wird dabei als konstant festgelegt. Die Änderung des Impulses bzw. des Bewegungszustands geht gleichzeitig mit einer Geschwindigkeitsänderung und damit auch mit einer Beschleunigung einher.

Es ergibt sich das zweite newtonsche Grundgesetz:

$$F = m \cdot a$$

F bezeichnet die Kraft (Einheit: 1 N = 1 kg $\frac{m}{s^2}$), m ist die Masse des beschleunigten Körpers in kg, und a bezeichnet die Beschleunigung in m/s^2 (vgl. Bannwarth et al., 2019, S. 36). Aus dieser Formel ergibt sich: „Jeder Beschleunigung muss eine Kraft zugrunde liegen" (Bannwarth et al., 2019, S. 36)!

Zu Verdeutlichung der Formel werden im Folgenden Alltagsbeispiele beschrieben: Um einen stark beladenen Transporter in Bewegung zu setzen bzw. zu beschleunigen, muss viel Kraft aufgewendet werden. Außerdem muss bei einem voll beladenen Auto im Vergleich zu einem leeren Auto beim Bremsen viel stärker auf das Bremspedal gedrückt werden (vgl. Bannwarth et al., 2019, S. 36).

2.1.3.3 Die Erdbeschleunigung

Ein Stein, welcher im Weltall weit weg von der Erde fliegt, erfährt keine Erdanziehungskraft. In Bereichen, in denen der Körper und die Erde in Wechselwirkungen stehen, entstehen Kraftwirkungen, da sich ein beliebiger Körper und die Erde aufgrund ihrer Massen gegenseitig anziehen. Diese Kraftwirkung wird als Schwerkraft bezeichnet. Die Schwerkraft wirkt zwischen dem Zentrum der Erde und dem Zentrum des beliebigen Körpers. Beispielsweise fällt ein „Australier" auf der Südhalbkugel nicht von der Erde herunter, da er vom Zentrum der Erde angezogen wird. Diese beschriebene Schwerkraft wird auch als Gewichtskraft bezeichnet. Die Gewichtskraft gibt sozusagen an, wie stark ein Körper von der Erde oder einem anderen Himmelskörper angezogen wird.

Die Formel der Gewichtskraft lautet:

$$F = m \cdot g$$

F bezeichnet die Gewichtskraft mit Einheit 1 N, m ist die Masse des Körpers, und g ist das Symbol für die Erdbeschleunigung, welche 9,81 m/s² beträgt. Die Erdbeschleunigung g ist jedoch ortsabhängig.

Man definiert die Erdbeschleunigung g folgendermaßen:

$$g = \gamma \cdot \frac{M}{r^2}$$

M ist dabei die Masse der Erde, r der Abstand der beiden Zentren und γ die Gravitationskonstante mit $\gamma = 6{,}67259 \cdot 10^{-11}$ m³/kg × s².

$g = 9{,}81$ m/s² ist auch die Beschleunigung, die ein Körper beim freien Fall erfährt. Aus diesem Grund wird sie auch als Fallbeschleunigung bezeichnet (vgl. Bannwarth et al., 2019, S. 39 f).

Bei einem Sprung in vertikaler Richtung muss die Erdbeschleunigung (Gewichtskraft) durch einen Teil der Bodenreaktionskräfte kompensiert werden. Dies bedeutet, dass bei einem vertikalen Sprung in die Höhe die Kräfte, die ein*e Sportler*in auf den Boden bringen muss, größer sein müssen als seine Gewichtskraft (vgl. Gollhofer & Müller, 2009, S. 215 f).

Die Frage, warum ein Körper im ruhigen Stand bzw. in Ruhe die Beschleunigung 9,81 m/s² erfährt, wird schließlich im Folgenden beantwortet: Auf einen Körper im ruhigen Stand wirkt immer eine Gewichtskraft. Aufgrund des zweiten newtonschen Grundgesetzes impliziert eine Kraftwirkung eine Beschleunigung. Die Beschleunigung beträgt somit für alle Körper in Ruhe 9,81 m/s², obwohl sie sich nicht bewegen.

2.1.3.4 Beschleunigungsverlauf (Beschleunigungs-Zeit-Diagramm)

Bei der Beschleunigungsanalyse von menschlichen Bewegungen kann der zeitliche Verlauf der Beschleunigung aufgenommen werden. Im Folgenden wird der Beschleunigungsverlauf des Squat Jump und des Counter Movement Jump analysiert.

- **Squat Jump**

In ◘ Abb. 2.3 ist eine Bildreihe zum Squat Jump dargestellt, welche bei der Station als Einstieg bzw. Aktivierung der Thematik verwendet wird.

◘ Abb. 2.4 zeigt den Beschleunigungsverlauf beim Absprung. Bis zum Zeitpunkt $t = 2{,}18$ s befindet sich die Sportlerin in der Ausgangsposition in einer ruhigen Hockstellung. Die Beschleunigung beträgt zu diesem Zeitpunkt ungefähr 10 m/s². Ab $t = 2{,}18$ s beginnt die Aufwärtsbewegung. Durch die explosive Streckung der Hüft-, Knie- und Sprunggelenke erfolgt eine Beschleunigung bis hin zum Absprung. In der Beschleunigungsphase steigt die Beschleunigung zuerst durch das explosive Strecken stark an, sinkt jedoch wieder unter 10 m/s². Der Absprung erfolgt schließlich ungefähr 2,52 s, somit bei t_2. Beim Absprung beträgt die Beschleunigung ungefähr 0 m/s². In der anschließenden Flugphase bewegt sich die Sportlerin zunächst weiter aufwärts, erreicht dann den höchsten Punkt und fällt schließlich abwärts Richtung Boden. Die Flugphase beginnt ab 2,52 s. In der Flugphase beträgt die Beschleunigung 0 m/s². Der Körper erfährt in dieser Phase keinen Geschwindigkeitsanstieg (◘ Abb. 2.4).

Abb. 2.3 Bildreihe zum Squat Jump

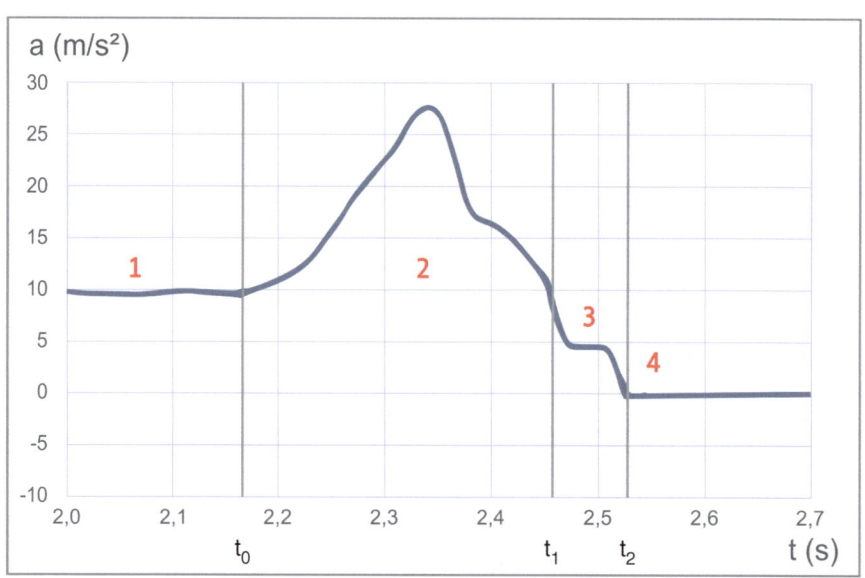

Abb. 2.4 Beschleunigungsverlauf des Squat Jump von 2–2,7 s: Bild 1: Standphase (1) bis 2,18 s. Bild 2: Beschleunigungsphase (2) 2,18–2,45 s. Bild 3: Absprungphase (3) 2,45–2,52 s. Bild 4: Flugphase (4) ab 2,52 s. t_0 = Ruhelage: Hockstellung. t_1 = maximale Geschwindigkeit der Aufwärtsbewegung; t_2 = Verlassen des Bodens

■■ Erklärung der ▫ Abb. 2.4

Grundsätzlich muss bei der Betrachtung von ▫ Abb. 2.4 zwischen der Beschleunigung, die das Beschleunigungsgerät an der Hand misst, und zwischen der Beschleunigung, die Außenstehende sehen, unterschieden werden.

In der Ruhelage, in der Hockstellung (zum Zeitpunkt t_0), zeigt der Beschleunigungsmesser, das Smartphone, eine Beschleunigung von 10 m/s² an, da jeder

Körper bzw. jedes Objekt aufgrund der Anziehungskräfte der Erde eine Erdbeschleunigung (▶ Abschn. 2.1.3.3) von 9,81 m/s² besitzt. Die Außenstehenden, die den Sprung betrachten, sehen in diesem Moment jedoch keine Bewegung des Körpers.

Aus der Hockstellung werden die Knie-, Hüft- und Sprunggelenke gestreckt; der Körper bewegt sich somit mit dem Beschleunigungsmessgerät nach oben. Die Beschleunigung, die das Messgerät anzeigt, steigt zuerst und sinkt dann wieder.

Zum Zeitpunkt t_1 (bei ungefähr 2,45 s) erreicht die Sportlerin die maximale Geschwindigkeit der Aufwärtsbewegung (vgl. Schnur & Schwameder, 2014, S. 182 ff.). Zu diesem Zeitpunkt beträgt die Beschleunigung ca. 10 m/s². Es ist hier jedoch wichtig, dass zwischen Geschwindigkeit und Geschwindigkeitsänderung, nämlich der Beschleunigung, unterschieden wird.

Nach 2,45 s werden die Knie-, Hüft- und Sprunggelenke weiter gestreckt; schließlich endet diese Bewegung im Absprung vom Boden.

Zum Zeitpunkt t_2, an dem die Kurve die Zeitachse (x-Achse) schneidet, verlässt die Sportlerin den Boden.

Nach dem Absprung verlässt der Körper und somit auch das Beschleunigungsmessgerät den Boden, das Beschleunigungsmessgerät zeigt jedoch in der Flugphase eine Beschleunigung von 0 m/s² an. Die Flugphase (Phase 4) des Squat Jump entspricht der Phase 6 des Counter Movement Jump. Die ausführliche Erläuterung erfolgt daher unter „Erklärung der ◻ Abb. 2.6" im Abschnitt „Counter Movement Jump" (s. unten).

In diesem Punkt muss wiederum differenziert werden zwischen der Beschleunigung, die das Messgerät anzeigt, und zwischen der Beschleunigung, die Außenstehende wahrnehmen können. Die Außenstehenden sehen eine Bewegung des Körpers nach oben und schließlich wieder nach unten; sie können folglich eine Geschwindigkeit und somit auch eine Beschleunigung mit den Augen sehen bzw. wahrnehmen. Das Beschleunigungsmessgerät zeigt aber eine Beschleunigung von 0 m/s² an, da auf den Körper einerseits die Erdbeschleunigung von ungefähr 10 m/s² wirkt, sich der Körper aber andererseits samt Beschleunigungsmessgerät mit einer Beschleunigung von ungefähr 10 m/s² bewegt. Diese beiden Beschleunigungen heben sich folglich in der Flugphase auf, und der Beschleunigungsmesser zeigt eine Beschleunigung von 0 m/s² an, obwohl Außenstehende eine Geschwindigkeit des Körpers samt Messgerät wahrnehmen können.

■ **Counter Movement Jump**

In ◻ Abb. 2.5 ist eine Bildreihe zum Counter Movement Jump dargestellt, welche bei der Station als Einstieg bzw. Aktivierung zur Thematik verwendet wird.

◻ Abb. 2.6 zeigt den Beschleunigungsverlauf beim Absprung. Bis zum Zeitpunkt $t = 0{,}80$ s befindet sich die Sportlerin in der Ausgangsposition im aufrechten Stand (Zeitpunkt t_0); auf sie wirkt die Gewichtskraft G. Von 0,80 s bis 1,30 s bewegt sich die Sportlerin aus dem aufrechten Stand nach unten und beugt die Knie-, Hüft- und Sprunggelenke (zu dieser Zeit ist die Bodenreaktionskraft kleiner als die Schwerkraft). Diese Bewegung wird Abwärts- bzw. auch entgegengesetzte Ausholbewegung genannt. Diese entgegengesetzte Ausholbewegung wird in Bild Phase 3 zum Zeitpunkt 1,30 s bis 1,38 s bis zum Tiefpunkt abgebremst. Diesem Tiefgehen ist eine aufwärts gerichtete Absprungbewegung direkt anzuschließen, was als Beschleunigungsphase bezeichnet wird. Die Beschleunigungsphase findet zwischen 1,38 s und 1,64 s

2

▪ **Abb. 2.5**   Bildreihe zum Counter Movement Jump

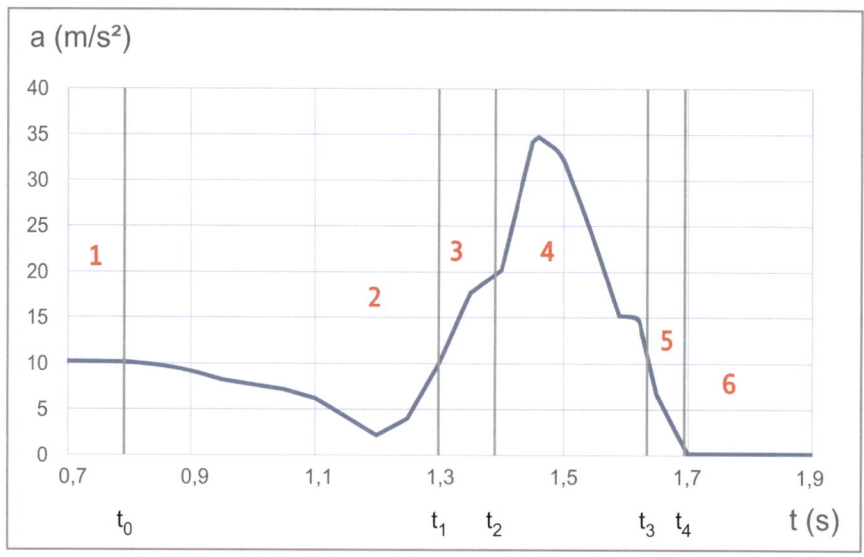

▪ **Abb. 2.6**   Beschleunigungsverlauf des Counter Movement Jump von 0,7–1,9 s: Bild 1: Standphase (1) bis 0,80 s. Bild 2: Abwärtsbewegung (2) 0,80–1,30 s. Bild 3: Abbremsen der Abwärtsbewegung bis zum Tiefpunkt (3) 1,30–1,38 s. Bild 4: Beschleunigungsphase (4) 1,38–1,64 s. Absprungphase (5) 1,64–1,69 s. Bild 5: Flugphase (6) ab 1,69 s. t_0 = Ausgangsstellung der Person, aufrechter Stand; t_1 = maximale Geschwindigkeit der Abwärtsbewegung; t_2 = Abwärtsbewegung beendet, Geschwindigkeit v = 0; t_3 = maximale Aufwärtsbewegung; t_4 = Verlassen des Bodens

statt und bezeichnet das Strecken der Knie-, Hüft- und Sprunggelenke bis zum Absprung. In dieser Phase steigt die Beschleunigung rapide bis zum Maximum an und verringert sich dann genauso schnell wieder (in dieser Phase ist die Bodenreaktionskraft größer als die Schwerkraft). Im Anschluss an die Beschleunigungsphase kommt es zum beidbeinigen Absprung (ungefähr bei t_4 bei 1,69 s), welcher schließlich in die Flugphase übergeht (ab 1,69 s). In der Flugphase beträgt die Beschleunigung 0 m/s^2 (▪ Abb. 2.6) (vgl. Schnur & Schwameder, 2014, S. 182 ff.).

▪▪ Erklärung der ▫ Abb. 2.6

Grundsätzlich muss bei der Betrachtung von ▫ Abb. 2.6 zwischen der Beschleunigung, die das Beschleunigungsgerät an der Hand misst, und zwischen der Beschleunigung, die Außenstehende sehen, unterschieden werden.

In der Ruhelage im aufrechten Stand (zum Zeitpunkt t_0) zeigt der Beschleunigungsmesser, das Smartphone, eine Beschleunigung von 10 m/s² an, da auf jeden Körper bzw. jedes Objekt aufgrund der Anziehungskräfte der Erde eine Erdbeschleunigung von 9,81 m/s² wirkt. Die Außenstehenden, die den Sprung betrachten, sehen in diesem Moment jedoch keine Bewegung des Körpers und somit auch keine Beschleunigung.

Während der Abwärtsbewegung bewegt sich der Körper und somit auch das Beschleunigungsmessgerät nach unten. Auf den Körper wirkt zu Beginn der Abwärtsbewegung weniger Kraft, und somit verringert sich aufgrund der Formel $F = m \cdot a$ die Beschleunigung. (Proportionalität von F und a: Wenn sich F verkleinert, muss sich a ebenfalls verkleinern, da die Masse m konstant bleibt.)

Grundsätzlich muss bei den folgenden Überlegungen zwischen Geschwindigkeit und Beschleunigung unterschieden werden; unter Beschleunigung wird die Änderung der Geschwindigkeit verstanden. An dem Punkt, an dem der Körper die maximale Geschwindigkeit nach unten erreicht (zum Zeitpunkt t_1), ist die Beschleunigung gerade wieder die Erdbeschleunigung. Die Beschleunigung ist wieder größer als 10 m/s², wenn die Abwärtsbewegung abgebremst wird (Zeitspanne zwischen t_1 und t_2). Zum Zeitpunkt t_2 ist die Abwärtsbewegung beendet, und die Geschwindigkeit v beträgt 0 m/s (vgl. Schnur & Schwameder, 2014, S. 182 ff.).

Dieses Phänomen kann mit einer mit 1,5 Liter Wasser gefüllten Flasche simuliert werden. Dazu hält man die gefüllte Flasche waagerecht über dem Boden und fokussiert sich auf die Kraft, die aufgewendet werden muss, um die Flasche in der Hand zu halten. Bewegt man die Flasche dann so schnell wie möglich nach unten und versucht dabei wahrzunehmen, wie viel Kraft direkt nach dem Impuls nach unten bzw. in den ersten Millisekunden der Bewegung der Flasche nach unten aufgewendet werden muss, müsste bemerkbar sein, dass mehr Kraft aufgewendet werden muss, um die Flasche in Ruhe waagerecht zu halten als die Flasche während der Bewegung nach unten festzuhalten. Dies bedeutet, dass während der Bewegung der Flasche (in der Zeit, in der die Flasche schneller wird) zuerst weniger Kraft aufgewendet werden muss, um die Flasche zu halten. Dies bedeutet auch, dass ein Beschleunigungsmesser, welcher an der Flasche montiert werden könnte, eine niedrigere Beschleunigung zu Beginn der Bewegung im Vergleich zur Ruhelage anzeigt. Wenn die Bewegung der Flasche wieder abgebremst wird, muss die Person schließlich wieder mehr Kraft aufwenden, um die Flasche in der Hand zu halten, was impliziert, dass die Beschleunigung der Flasche in dieser Zeit wieder größer als die Erdbeschleunigung ist.

Aus der Hockstellung bewegt sich der Körper bis zum Absprung nach oben, bis die Knie-, Hüft- und Sprunggelenke gestreckt sind. Diese Phase wird Beschleunigungsphase genannt.

Kurz vor dem Absprung vom Boden steht der Körper wieder einen sehr kurzen Moment in der Ruhelage; zu dieser Zeit zeigt der Beschleunigungsmesser dann wieder eine Beschleunigung von ungefähr 10 m/s² an. Zu dieser Zeit (bei t_3) hat der Körper ebenfalls die maximale Aufwärtsgeschwindigkeit erreicht. Die Beschleunigung sinkt danach wieder bis zu 0 m/s². Der Körper verlässt schließlich zum Zeitpunkt t_4

2

den Boden. In diesem Punkt schneidet die Kurve die Zeitachse (*x*-Achse) (vgl. Schnur & Schwameder, 2014, S. 182 ff.).

Nach dem Absprung verlssen der Körper und somit auch das Beschleunigungs-messgerät den Boden, das Beschleunigungsmessgerät zeigt jedoch in der Flugphase eine Beschleunigung von 0 /ms^2 an. In diesem Punkt muss zwischen der Be-schleunigung, die das Messgerät anzeigt, und zwischen der Beschleunigung, die Außenstehende sehen, differenziert werden. Die Außenstehenden sehen eine Be-wegung des Körpers nach oben und schließlich wieder nach unten; sie können folg-lich eine Geschwindigkeit sehen bzw. wahrnehmen. Das Beschleunigungsmessgerät zeigt aber eine Beschleunigung von 0 m/s^2 an, da auf den Körper einerseits die Erd-beschleunigung von ungefähr 10 m/s^2 wirkt, sich der Körper aber andererseits mit Beschleunigungsmessgerät mit einer Beschleunigung von ungefähr 10 m/s^2 bewegt. Da sich diese beiden Beschleunigungen folglich in der Flugphase aufheben, zeigt der Beschleunigungsmesser eine Beschleunigung von 0 m/s^2 an, obwohl Außenstehende eine Geschwindigkeit des Körpers mit Messgerät wahrnehmen konnten (dieser Ab-schnitt beantwortet die Zusatzfrage des Arbeitsblatts).

2.1.3.5 Maximale Beschleunigung des Squat Jump und des Counter Movement Jump

Die maximale Beschleunigung des Squat Jump und des Counter Movement Jump kann aus ◘ Abb. 2.7 und 2.8 herausgelesen werden. Die maximale Beschleunigung eines Sprungs entspricht dem höchsten Punkt der Kurve im vorgegebenen Intervall. Die maximale Beschleunigung wird bei beiden Sprüngen in der Beschleunigungs-phase erreicht.

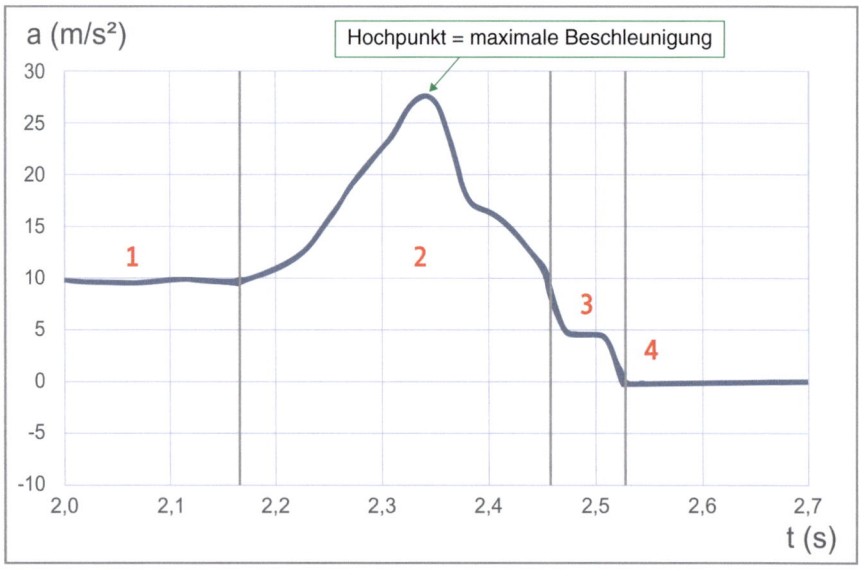

◘ **Abb. 2.7**   Die maximale Beschleunigung des Squat Jump

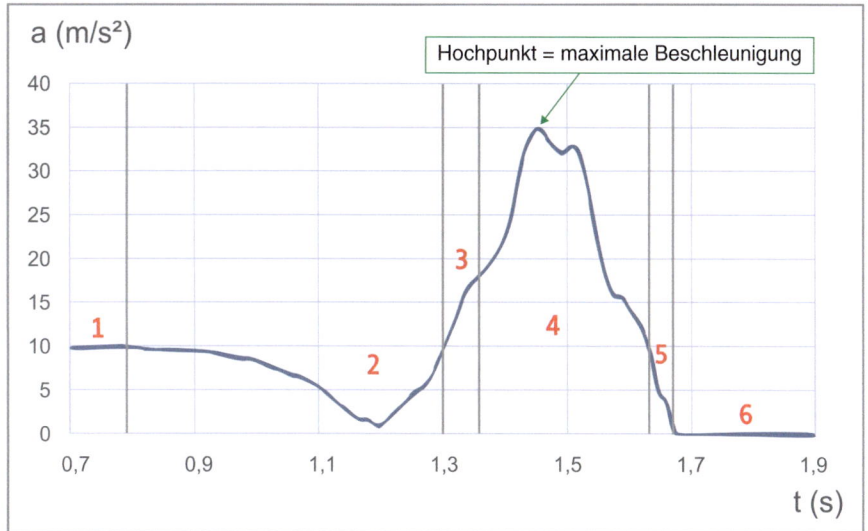

Abb. 2.8 Die maximale Beschleunigung des Counter Movement Jump

Es ist sinnvoll, zum Ablesen des Hochpunkts ein Geodreieck zu verwenden. Das Geodreieck soll hierfür an der x-Achse angelegt werden und bis zum Hochpunkt (parallel zur x-Achse) nach oben geschoben werden. Der y-Wert ist somit der Wert, an dem sich die y-Achse mit dem Geodreieck, welches durch den Hochpunkt geht, schneidet. Um den x-Wert abzulesen, wird das Geodreieck an die y-Achse angelegt und soll den Hochpunkt schneiden. Das Verfahren funktioniert somit genauso wie beim y-Wert des Punkts.

Beim Squat Jump beträgt die maximale Beschleunigung ungefähr 28 m/s² (Punktangabe: (2,34; 28)). Die maximale Beschleunigung wird bei 2,34 s erreicht (■ Abb. 2.7). Beim Counter Movement Jump beträgt die maximale Beschleunigung ungefähr 35 m/s² (Punktangabe: (1,43; 35)). Die maximale Beschleunigung wird bei 1,43 s erreicht (■ Abb. 2.8). Da die maximale Beschleunigung beim Counter Movement Jump höher ist als beim Squat Jump, werden beim Counter Movement Jump auch höhere Sprunghöhen erreicht, was bedeutet, dass der*die Schüler*in normalerweise beim Counter Movement Jump höhere Sprungwerte erreicht.

2.1.3.6 Beschleunigungsanalyse mit der App „phyphox"

Mit der kostenlosen App „phyphox" der RWTH Aachen können Beschleunigungsverläufe in drei verschiedene Richtungen aufgenommen werden (in x-Richtung, y-Richtung und z-Richtung; ■ Abb. 2.9).

Bei den Beschleunigungsmessungen, die die Schüler*innen durchführen, muss das Tool „Beschleunigung mit g" ausgewählt werden. Um die Aufnahme des Beschleunigungsverlaufs zu starten, muss auf das kleine Dreieck links oben geklickt werden. Während der Aufnahme erscheinen anstelle des Dreiecks zwei vertikale parallele Striche (ein Gleichzeichen um 90° gedreht). Um die Aufnahme schließlich zu

2

◻ **Abb. 2.9**   Startseite der App „phyphox"

beenden, muss auf das Symbol mit den zwei vertikalen Strichen geklickt werden. Bei der Aufnahme muss jedoch die Stellung bzw. Position des Smartphones beachtet werden. Das Smartphone soll in der rechten Hand nahe am Körper gehalten werden. Die Kamera des Handys soll dabei nach unten auf den Boden zeigen, sodass der Bildschirm nach oben zeigt ◻ Abb. 2.10).

Bei der Beschleunigungsmessung bzw. den besprochenen Beschleunigungskurven wird nur der Teil der Kurve bis zur Flugphase betrachtet, d. h. die Landung des Sprungs wird in die Überlegungen nicht miteinbezogen. Aus diesem Grund soll bei der eigenen Beschleunigungsmessung der Schüler*innen nur der Teil betrachtet wer-

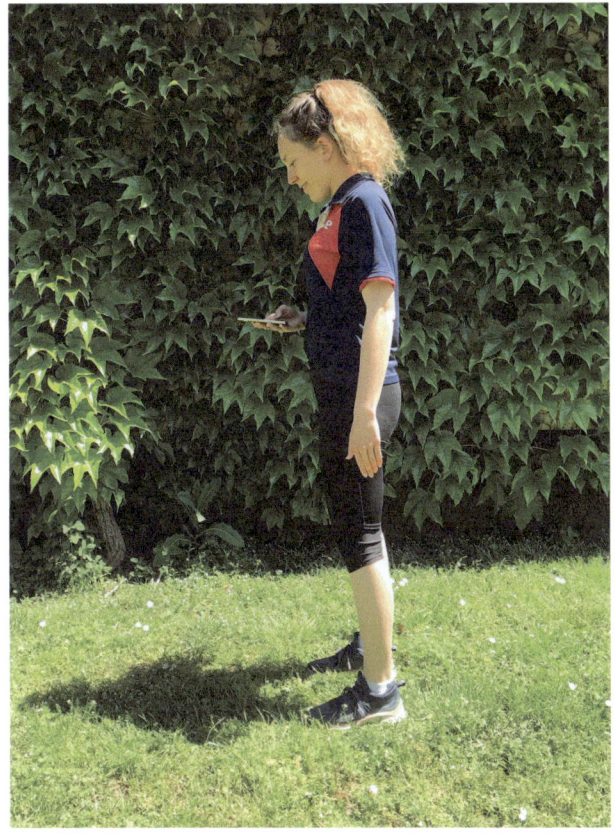

▢ Abb. 2.10   Stellung des Smartphones beim Sprung

den, in der die Beschleunigung größer 0 ist bzw. die Betrachtung endet zu dem Zeit-punkt, in der die Beschleunigung zum ersten Mal $0\,\frac{m}{s^2}$ erreicht. In ▢ Abb. 2.11 soll die Beschleunigung schließlich nur bis zu dem roten Strich betrachtet werden.

2.1.4   Methodisch-didaktische Überlegungen

2.1.4.1   Ziele und Bezüge des Bildungsplans

Die Thematik dieser Lerneinheit kann sowohl im baden-württembergischen Bildungsplan von 2016 im Fach Physik als auch im Fach Sport wiedergefunden wer-den. Hinsichtlich der inhaltsbezogenen Kompetenzen im Fach Physik sind in Klassenstufe 7/8 und 9/10 folgende Lernziele im Bereich der Mechanik, genauer Dy-namik und Kinematik, formuliert. In Klassenstufe 7/8 im Bereich Dynamik können die Schüler*innen den Zusammenhang und den Unterschied von Masse und Ge-wichtskraft erläutern (Ortsfaktor, $F = m \cdot g$) (vgl. MKJS BW Physik, 2016, S. 18). In Klassenstufe 9/10 im Bereich Kinematik können die Schüler*innen die Be-schleunigung als Änderungsrate der Geschwindigkeit ($a = \Delta v / \Delta t$) erklären und be-

2

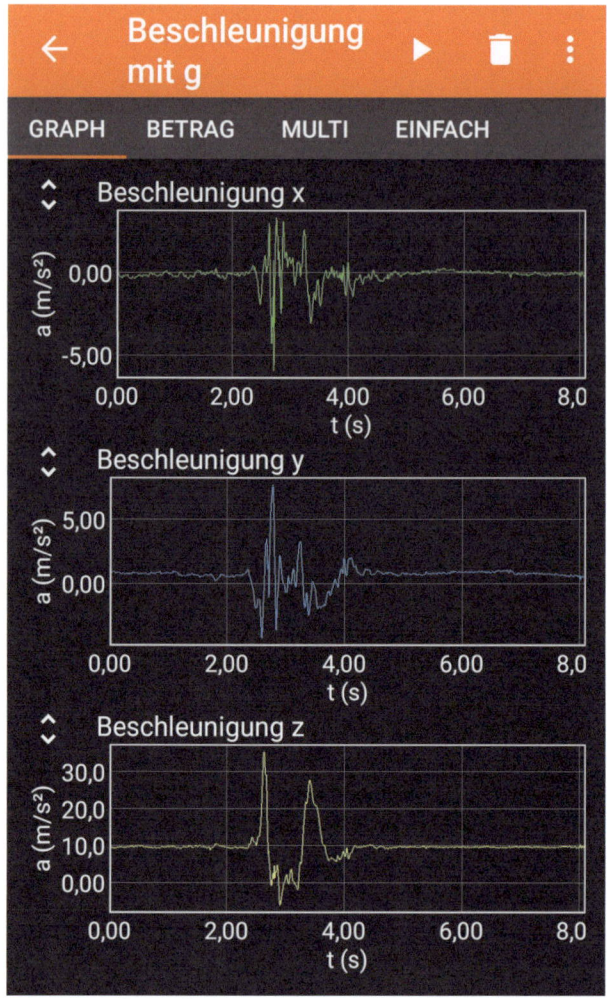

◘ Abb. 2.11   Die Beschleunigungsverläufe – das relevante Diagramm ist das unterste (Beschleunigung z)

rechnen. Weiterführend können sie Bewegungsabläufe experimentell aufzeichnen, die Messwerte in Diagrammen darstellen und *s-t-*, *v-t-* und *a-t-*Diagramme interpretieren. Des Weiteren können Schüler*innen zusammengesetzte Bewegungen beschreiben und daran den vektoriellen Charakter der Geschwindigkeit erläutern (vgl. MKJS BW Physik, 2016, S. 23). Im Bereich Dynamik können die Schüler*innen in Klassenstufe 9/10 zusammengesetzte Bewegungen, unter anderem den waagerechten Wurf, mithilfe der newtonschen Prinzipien erklären (vgl. MKJS BW Physik, 2016, S. 24).

Diese inhaltsbezogenen Kompetenzen sind mit folgenden prozessbezogenen Kompetenzen bei der Bearbeitung der Lerneinheit verzahnt. Im Bereich der Erkenntnisgewinnung lernen die Schüler*innen, zielgerichtet zu experimentieren. Durch die präzise formulierte Aufgabenstellung, die Beschleunigungskurven bei den eigenen Sprüngen zu erstellen, führen die Schüler*innen ein Experiment durch, wobei sie Messwerte aufnehmen und im Anschluss mit den bestehenden Daten vergleichen. Außerdem sollen die Schüler*innen lernen, Analogien zu beschreiben. Im Bereich der Kommunikation lernen die Schüler*innen, funktionale Zusammenhänge zwischen physikalischen Größen verbal zu beschreiben (zum Beispiel Je-desto-Aussagen) und physikalische Formeln zu erläutern (zum Beispiel Ursache-Wirkungs-Aussagen, unbekannte Formeln). Des Weiteren lernen sie, Sachinformationen und Messdaten aus einer Darstellungsform zu entnehmen und in andere Darstellungs-formen zu überführen (vgl. MKJS BW Physik, 2016, S. 8 ff.).

Die Thematik dieser Station ist außerdem im Bildungsplan von 2016 im Fach Sport verankert. In diesem werden inhalts- und prozessbezogene Kompetenzen unterschieden. In dieser Lerneinheit können sowohl inhalts- als auch prozess-bezogene Kompetenzen vermittelt werden. Laut Bildungsplan sollen in Klassenstufe 9/10 des Gymnasiums die folgenden inhaltsbezogenen Kompetenzen vermittelt wer-den: In dieser Klassenstufe sollen das Hoch- und das Weitspringen thematisiert wer-den. Weiterführend lernen die Schüler*innen in dieser Klassenstufe, erlernte Be-wegungen aus biomechanischer Sicht zu erklären (vgl. MKJS BW Sport, 2016, S. 45 f.).

Laut Bildungsplan sollen in Klassenstufe 9 und 10 des Gymnasiums folgende prozessbezogene Kompetenzen vermittelt werden: Die Schüler*innen sollen im Be-reich Urteils- und Reflexionskompetenz das Erkennen verschiedener Sinnrichtungen des Sports durch die Analyse sportlicher Handlungssituationen erlernen (vgl. MKJS BW Sport, 2016, S. 17).

2.1.4.2 Relevanz, Lebenswelt- und Schüler*innenbezug

Für Schüler*innen kann diese Station in Bezug auf die Sprungformen, welche so-wohl im Alltag als auch bei sportlicher Aktivität angewendet werden, interessant sein. Durch das Durchführen der Sprünge und das Analysieren der Beschleunigungs-verläufe können die Schüler*innen die Ergebnisse auf andere Sportarten oder All-tagsbewegungen übertragen. Beispielsweise können sich die Schüler*innen dadurch erklären, warum beim Block oder Angriffsschlag im Volleyball beim Absprung in die Knie gegangen wird.

Außerdem ist es für die Schüler*innen zusätzlich motivierend, wenn sie am Ende der Station mithilfe einer App auf einem Smartphone ihre eigenen Beschleunigungs-verläufe bzw. ihre maximale Beschleunigung aufnehmen bzw. bestimmen dürfen.

2.1.4.3 Methodisch-didaktische Inszenierung

Die Station wird in einer offenen Form mit einer Versuchsanleitung samt Aufgaben-stellungen und einem Messprotokoll von den Schüler*innen bearbeitet. Die Aus-führung der Aufgaben wird aber frei und mehr in die Verantwortung der Schüler*in-nen gelegt, sodass die Eigentätigkeit gefordert und gefördert wird. Die Lösungen der Aufgaben sollen auf dem vorgefertigten Arbeitsblatt notiert werden. Die Schüler* innen arbeiten bei dieser Station in der Gruppe zusammen und sollen so die Auf-gaben und Probleme in der Gruppe diskutieren und besprechen. Im Folgenden wird nun der genaue Ablauf der Station beschrieben.

Die Schüler*innen lesen zu Beginn der Station die Überschrift „Be-schleunigungs-Zeit-Verläufe bei einem Squat Jump und Counter Movement Jump", unter der eine Bildreihe zum Squat Jump und eine Bildreihe zum Counter Movement Jump zu sehen sind. Auf der zweiten Seite des Stationsblatts befinden sich die Auf-gaben zur Station. Im ersten Schritt soll nun der beschriftete Beschleunigungsverlauf des Squat Jump betrachtet und analysiert werden. Im zweiten Schritt sollen diese Erkenntnisse auf den Counter Movement Jump übertragen werden, indem die Begriffe „Flugphase", „Abwärtsbewegung", „Beschleunigungsphase", „Absprung", „Abbremsen" und „Standphase" den Zahlen im Diagramm und den Bildern des Counter Movement Jump zugeordnet werden. Diese Erkenntnisse sollen auf dem Arbeitsblatt in der vorgefertigten Tabelle eingefügt werden (Aufgabe 1). Im dritten Schritt wird die physikalische Größe „Beschleunigung" unter die Lupe genommen. Dabei soll die Einheit $\frac{m}{s^2}$ der physikalischen Größe „Beschleunigung" zugeordnet werden (Aufgabe 2). Außerdem soll herausgearbeitet werden, warum die Beschleunigung bei beiden Sprüngen im Stand ungefähr $10 \frac{m}{s^2}$ groß ist (Aufgabe 2). Bei Schwierigkeiten oder Problemen kann die Infobox den Schüler*innen weiterh elfen. Als weiterer Teil der Analyse des Beschleunigungsverlaufs wird der Verlauf der Abwärtsbewegung analysiert (Aufgabe 3). Hierfür wird ein kleiner Versuch mit einer (mit Wasser) gefüllten 1,5-l-Flasche durchgeführt. Der Zusammenhang zwischen dem Versuch und der Abwärtsbewegung wird schließlich in einer Infobox erklärt. In Aufgabe 4 sollen die Schüler*innen die maximale Beschleunigung bei beiden Sprüngen vergleichen und begründen. Im letzten Teil der Analyse der Beschleunigungskurven, als Zusatz- oder Knobelaufgabe gedacht, sollen die Schüler*innen versuchen zu erklären, warum die Beschleunigung in der Flugphase bei beiden Sprüngen $0 \frac{m}{s^2}$ groß ist.

Nach diesen theoretischen Überlegungen nehmen die Schüler*innen mithilfe der App „phyphox" ihre Beschleunigungsverläufe für den Squat Jump und den Counter Movement Jump selbst auf (Aufgabe 5). Die Beschleunigungsverläufe werden dann im Anschluss mit den Beschleunigungsverläufen aus ▶ Infobox 2 und 3 verglichen. Anschließend bestimmt jede*r seine*ihre maximale Beschleunigung bei beiden Sprüngen.

2.1.4.4 Antizipierte Ergebnisse der Schüler*innen

Die Lösung der Aufgabe 1 ist in ◘ Abb. 2.6 dargestellt.

Die Lösung der Aufgabe 2 wird im Folgenden beschrieben:

— Einheit der Beschleunigung: $1 \frac{m}{s^2}$

— Ein Körper erfährt im ruhigen Stand bzw. in Ruhe die Beschleunigung $9{,}81 \frac{m}{s^2}$, da auf einen Körper im ruhigen Stand immer eine Gewichtskraft wirkt. Aufgrund des zweiten newtonschen Grundgesetzes impliziert eine Kraftwirkung eine Beschleunigung. Die Beschleunigung beträgt somit für alle Körper in Ruhe $9{,}81 \frac{m}{s^2}$, obwohl sie sich nicht bewegen.

Die Lösung der Aufgabe 3 ist: Es muss mehr Kraft aufgewendet werden, um die Flasche in Ruhe zu halten. Eine Erklärung wird in Infobox 4 gegeben.

Die Lösung der Aufgabe 4 wird in ▶ Abschn. 2.1.3.5 erläutert.

Bei Aufgabe 5 hat jede*r Schüler*in seine*ihre eigenen, individuellen Ergebnisse.

Die Lösung der Zusatzaufgabe wird unter „Erklärung der ◘ Abb. 2.6" in ▶ Abschn. 2.1.3.4 beschrieben.

2.1.4.5 Mögliche Herausforderungen und entsprechende Förder-/Forderangebote

Schwierigkeiten können eventuell beim Verständnis der physikalischen Größe „Beschleunigung" entstehen. Durch eine Infobox wird dem*der Schüler*in eine Hilfestellung gegeben. Falls es dabei immer noch zu Unklarheiten kommt, kann dem*der Schüler*in folgendes Beispiel erklärt werden: Der*die Schüler*in steht zum Zeitpunkt 0 s in Ruhe, bewegt sich somit nicht und hat die Geschwindigkeit $v = 0$ m/s. Aus dieser Position fängt er*sie an zu joggen, was dazu führt, dass sich die Geschwindigkeit v erhöht. Durch die Änderung der Geschwindigkeit v hat die Person eine Beschleunigung a erfahren. Die Beschleunigung a bezeichnet somit die Änderung der Geschwindigkeit v.

Außerdem könnten Schwierigkeiten beim Verständnis eines Diagramms aufkommen. Dabei kann dem*der Schüler*in als Hilfestellung vor Augen geführt werden, was die verschiedenen Achsen bedeuten. Die x-Achse bzw. horizontale Achse gibt dabei die Zeit in Sekunden (s) an, die y-Achse bzw. vertikale Achse gibt die Beschleunigung in m/s^2 an, d. h., im Diagramm wird die Beschleunigung zu verschiedenen Zeitpunkten betrachtet. Außerdem kann erklärt werden, dass in einem Diagramm immer ein Punkt auf der x-Achse einem Punkt auf der y-Achse zugeordnet wird. Zum Ablesen des Hochpunkts ist es außerdem sinnvoll, ein Geodreieck zu verwenden. Das Geodreieck sollte dann parallel zur x-Achse nach oben bis zum höchsten Punkt geführt werden. Die x-Koordinate kann analog abgelesen werden (▶ Abschn. 2.1.3.5).

Des Weiteren könnte es für die Schüler*innen schwierig sein zu verstehen, dass die Beschleunigung in Ruhe ungefähr 10 m/s^2 beträgt (Erklärung s. ▶ Abschn. 2.1.3.3). Als Differenzierung zwischen stärkeren und schwächeren bzw. langsameren und schnelleren Schüler*innen dient die Zusatzaufgabe, welche nicht bearbeitet werden muss.

2.1.4.6 Benötigte Vorkenntnisse und Vertiefungs-/Weiterführungsmöglichkeiten

Mittelpunkt der physikalischen Inhalte ist der Zusammenhang zwischen der Beschleunigung und der Zeit, sodass die Schüler*innen Vorkenntnisse über die physikalische Größe „Beschleunigung" besitzen sollten. Außerdem sollten die Schüler*innen ein Diagramm lesen und verstehen können und des Weiteren Erfahrungen im Bereich Springen mitbringen.

Weiterführungen sind auf unterschiedliche Art und Weise möglich. Ergänzend könnten bei den verschiedenen Sprüngen die Kraft-Zeit-Verläufe mithilfe von Kraftmessplatten aufgenommen und analysiert werden. Darauf aufbauend können die biomechanischen Prinzipien nach Hochmuth, wie das Prinzip der Anfangskraft und das Prinzip des optimalen Beschleunigungswegs, thematisiert und analysiert werden.

Eine weitere Möglichkeit, die Thematik zu vertiefen, wäre, dass der Geschwindigkeit-Zeit-Verlauf bei den verschiedenen Sprüngen analysiert und diskutiert wird. Im Anschluss daran kann der mathematische Zusammenhang zwischen der Strecke s, der Geschwindigkeit v und der Beschleunigung a aufgegriffen werden.

In einer weiteren Station könnte ebenfalls genauer auf die Untersuchung eines Hochpunkts bzw. Tiefpunkts eingegangen werden, anderenfalls könnten weitere Beispiele zur Bestimmung des Hoch- bzw. Tiefpunkts behandelt werden. Dabei muss jedoch beachtet werden, dass sich die Inhalte, die in der Schule unterrichtet und gelehrt werden, nicht zu sehr mit den Inhalten dieser Lerneinheit doppeln.

2.1.5 Verlaufsplan

Beschreibung des Ablaufs durch einen Verlaufsplan, der mit konkreten Zeitangaben in kurzer, prägnanter Form die methodisch-didaktische Inszenierung angibt:

Min.	Phase und Ziel	Lehr-Lern-Arrangement	Arbeitsweise (Methoden, Sozialform)	Arbeitstechnik (Material, Medien)
1–2	Einstieg, Aktivierung, Interessensförderung, Wiederholung der Einführung in die Thematik	Anschauen der Bildreihen zum Squat Jump und Counter Movement Jump	Lesen in Einzelarbeit, Zuordnung in Gruppenarbeit	Stationsblatt
3–15	Genauere Analyse der Thematik	Analyse der Beschleunigungskurve eines Squat Jump und eines Counter Movement Jump, Zuordnung der Begriffe zu dem Beschleunigungsverlauf des Counter Movement Jump, Analyse der Beschleunigung in Ruhe und in der Abwärtsbewegung, Durchführung des Experiments mit gefüllter 1,5-Liter-Flasche, Vergleich der maximalen Beschleunigung bei beiden Kurven	Gruppenarbeit	Stationsblatt Arbeitsblatt mit Wasser gefüllte 1,5-l-Flasche
16–25	Aufbau und Durchführung des Experiments	Aufnahme eigener Beschleunigungskurven mithilfe des Smartphones (App „phxphox")	Gruppenarbeit	Smartphone App „phyphox"
26–30	Auswertung des Experiments	Vergleich der eigenen Beschleunigungskurven mit den abgedruckten auf dem Stationsblatt, Herausarbeitung der Unterschiede und Gemeinsamkeiten	Gruppenarbeit	Stationsblatt Smartphone App „phyphox"

■ **Digitales Zusatzangebot**

Lösungskarten zu diesem Kapitel finden Sie unter ▶ https://lehrbuch-biologie. springer.com/mint-bewegung.

Karlsruher Institut für Technologie

2.2 Stationsblatt: Beschleunigungs-Zeit-Verläufe – Squat Jump und Counter Movement Jump

Wie hoch ist die maximale Beschleunigung bei deinem Squat Jump und bei deinem Counter Movement Jump?

Infobox 1: Squat Jump

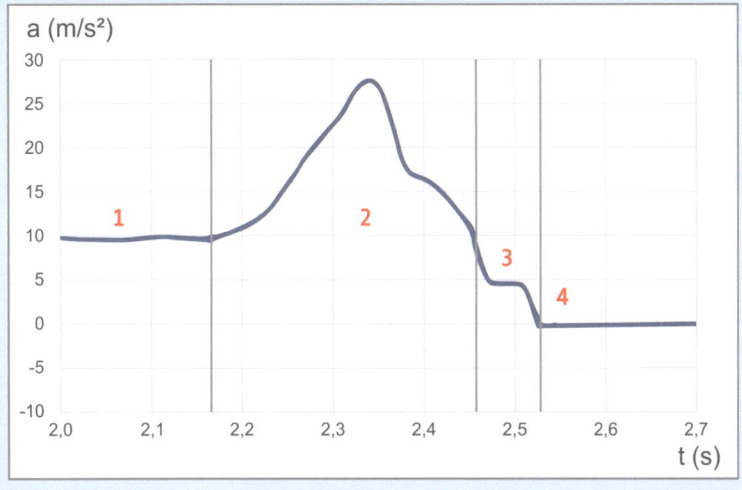

2

- Bild 1: Standphase (1) bis 2,18 s
- Bild 2: Beschleunigungsphase (2) 2,18–2,30 s
- Bild 3: Absprungphase (3) 2,30 s – 2,53 s
- Bild 4: Flugphase (4) 2,53 s

Infobox 2: Counter Movement Jump

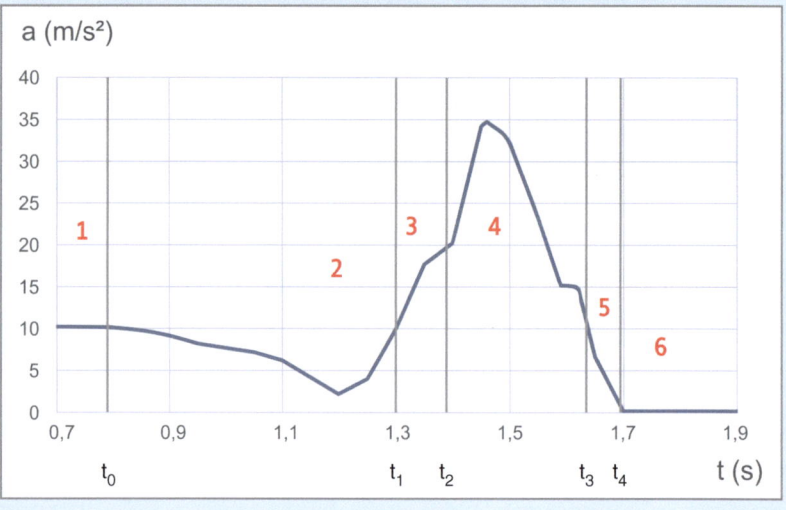

- **Aufgabe 1**

Schaut euch die Bildreihe und den Absprungverlauf zum Squat Jump und Counter Movement Jump in ▶ Infobox 1 und 2 an.

Tragt auf dem Arbeitsblatt in die vorgefertigte Tabelle die folgenden Begriffe zum Counter Movement Jump passend zu den Zahlen im Diagramm und den Bildern ein: „Flugphase", „Abwärtsbewegung", „Beschleunigungsphase", „Absprungphase" und „Abbremsen der Abwärtsbewegung bis zum Tiefpunkt".

Ordnet den Zeitpunkten t_0, t_1, t_2, t_3, t_4 folgende Bezeichnungen zu: „Ausgangs-stellung (aufrechter Stand)", „maximale Geschwindigkeit der Aufwärtsbewegung", „maximale Geschwindigkeit der Abwärtsbewegung", „Abwärtsbewegung beendet ($v = 0$)", „Verlassen des Bodens".

■ **Aufgabe 2**

Benennt die physikalische Größe, die die Einheit $\frac{m}{s^2}$ hat. Warum beträgt die Be-schleunigung sowohl beim Squat Jump als auch beim Counter Movement Jump im Stand ungefähr $10\,\frac{m}{s^2}$ (bzw. genau $9{,}81\,\frac{m}{s^2}$)?

Falls ihr nicht mehr weiterkommt, lest ► Infobox 3.

■ **Aufgabe 3**

a. Führt das folgende Experiment durch: Haltet die gefüllte 1,5-l-Flasche waage-recht über dem Boden und beobachtet bzw. konzentriert euch darauf, wie viel Kraft ihr aufwenden müsst, um die Flasche in der Hand zu halten. Bewegt die Flasche dann so schnell wie möglich nach unten. Versucht dabei zu beobachten, wie viel Kraft man direkt nach dem Impuls nach unten bzw. in den ersten Milli-sekunden der Bewegung der Flasche nach unten aufwenden muss. Vergleicht den Kraftaufwand. Wann müsst ihr mehr Kraft aufwenden?
   1. Die Flasche in Ruhe zu halten.
   2. Die Flasche befindet sich bereits in Bewegung. Die Flasche kurz nach dem Start der Bewegung in der Hand zu halten.
   Kreuzt auf dem Arbeitsblatt die richtige Antwort an.
b. Lest zum Verständnis ► Infobox 4.

■ **Aufgabe 4**

Vergleicht bei beiden Kurven die maximale Beschleunigung! Bei welchem Sprung ist die maximale Beschleunigung höher? Wie könnt ihr das erklären? Verwendet die Be-schleunigungs-Zeit-Kurven in ► Infobox 1 und 2.

■ **Aufgabe 5**

a. Verwendet nun das beigefügte Smartphone, öffnet die App „phyphox" und klickt auf „Beschleunigung mit g aufnehmen". Eine*r von euch darf schließlich zuerst seinen*ihren Beschleunigungsverlauf aufnehmen.
   1. Aufnehmen des Squat Jump: Stelle dich dafür in die Sprungposition und halte das Smartphone direkt vor deinen Körper in der rechten Hand, sodass die Kamera auf den Boden zeigt. Du solltest das Smartphone wie in der Ab-bildung unten in der Hand halten. Behalte diese Position während des ganzen Sprungs bei. Wenn du die Ausgangsposition eingenommen hast, klicke dann mit deiner linken Hand auf das kleine Dreieck auf dem Bildschirm rechts oben und führe einen Squat Jump durch. Klicke nach deinem Sprung auf das Sym-bol mit den zwei parallelen Strichen. Die Aufnahme wurde somit beendet/ab-gebrochen. Für die Auswertung ist nur der Verlauf „Beschleunigung z" (unters-ter Verlauf) relevant. Klicke deshalb nach deinem Sprung auf „Beschleunigung z" und mache einen Screenshot von dem Beschleunigungsverlauf.

2

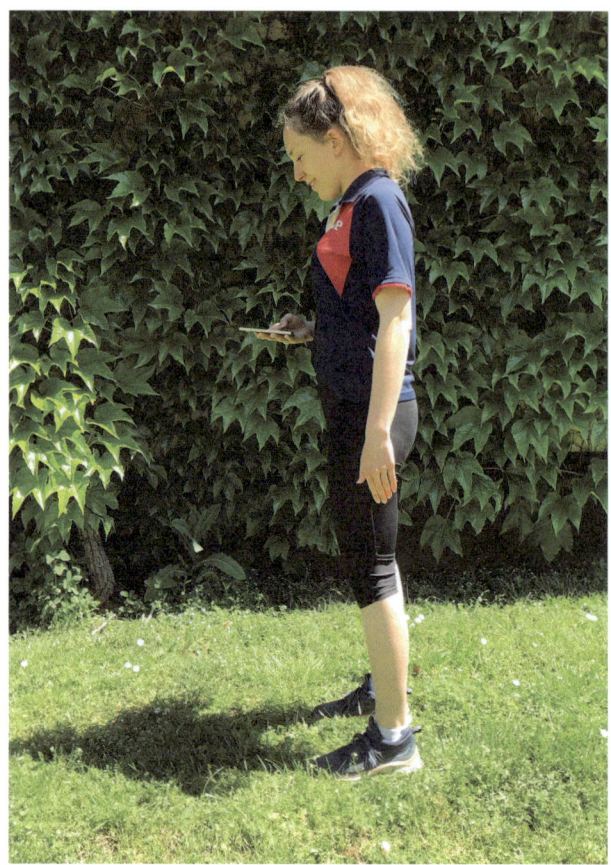

2. Aufnehmen des Counter Movement Jump: Nimm mit dem gleichen Schema schließlich noch deinen Beschleunigungsverlauf beim Counter Movement Jump auf. Vergesse nach deinem Sprung den Screenshot nicht!

Nach diesen zwei Sprüngen darf dein*e Partner*in seine*ihre zwei Sprünge aufnehmen. Geht dabei genauso vor. Merkt euch in der Gruppe die Reihenfolge, in der ihr die Beschleunigungskurven aufgenommen habt.

b. Schließt die App und klickt auf Fotos, um die Screenshots anzuschauen. Verwendet das Diagramm „Beschleunigung z" und beobachtet das Diagramm nur bis zu dem Zeitpunkt, in dem die Beschleunigung nach dem ersten deutlich sichtbaren Maximum auf ungefähr $0\,\frac{m}{s^2}$ bzw. in den negativen Bereich abfällt. Beobachtet und vergleicht eure Beschleunigungskurven. Die Beschleunigungskurven müssten sehr ähnlich aussehen wie die Kurven in ▶ Infobox 1 und 2.

c. Bestimmt eure eigene maximale Beschleunigung bei beiden Sprüngen.

Tipp

Die maximale Beschleunigung ist der höchste Punkt des Beschleunigungsverlaufs.

■ **Zusatzaufgabe (sehr schwierig, freiwillig)**

Erkläre, warum das Beschleunigungsmessgerät in der Hand in der Flugphase bei beiden Sprüngen eine Beschleunigung von ungefähr $0\,\frac{m}{s^2}$ anzeigt, obwohl man mit dem Auge eine Geschwindigkeit bzw. Beschleunigung sehen kann.

Tipp

Es muss differenziert werden zwischen der Beschleunigung, die das Messgerät anzeigt, und zwischen der Beschleunigung, die Außenstehende sehen.

Infobox 3: Beschleunigung

Die Beschleunigung a bezeichnet die Geschwindigkeitsänderung zwischen zwei verschiedenen Zeitpunkten.

Die Beschleunigung wird als Quotient von der Geschwindigkeitsänderung und dem Zeitintervall definiert:

$$a = \frac{v^2 - v^1}{t^2 - t^1} \quad \text{oder} \quad a = \frac{\Delta v}{\Delta t}$$

Erdbeschleunigung

Jeder Körper mit einer Masse, egal ob er sich bewegt oder in Ruhe ist, erfährt im Bereich um die Erde eine Erdbeschleunigung/Gewichtskraft von $9{,}81\,\frac{m^2}{s}$.

Infobox 4: Erklärung der Abwärtsbewegung des Counter Movement Jump (▶ Infobox 2)

Das Phänomen des Beschleunigungsverlaufs bei der Abwärtsbewegung beim Counter Movement Jump kann mit dem Halten und Bewegen einer gefüllten 1,5-Liter-Flasche simuliert werden.

Der Durchführende des Versuchs müsste merken, dass man mehr Kraft aufwenden muss, um die Flasche in Ruhe waagerecht zu halten, als die Flasche während der Bewegung nach unten festzuhalten. Dies bedeutet, dass während der Bewegung der Flasche nach unten im Vergleich zum Halten der Flasche weniger Kraft aufgewendet werden muss. Dies bedeutet, dass ein Beschleunigungsmesser, welcher an der Flasche montiert wurde, eine niedrigere Beschleunigung während der Bewegung im Vergleich zur Ruhelage anzeigt.

Bezug zu den Sprüngen

Während der Abwärtsbewegung bewegt sich der Körper und somit auch das Beschleunigungsmessgerät nach unten. Auf den Körper wirkt während der Abwärtsbewegung weniger Kraft F, und somit verringert sich aufgrund der Formel $F = m \cdot a$ die Beschleunigung a. Wenn sich F verkleinert, muss sich die Beschleunigung a ebenfalls verkleinern, da die Masse m konstant bleibt (die Proportionalität von F und a wird hier verwendet). Die Beschleunigung a ist folglich zu Beginn der Abwärtsbewegung kleiner als die Erdbeschleunigung von $10\,\frac{m}{s^2}$.

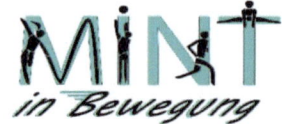

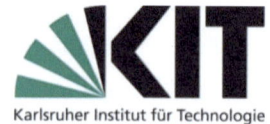

MINT in Bewegung

KIT Karlsruher Institut für Technologie

2.3 Arbeitsblatt: Beschleunigungs-Zeit-Verläufe – Squat Jump und Counter Movement Jump

Aufgabe 1

Bild 1: Standphase (1) bis 0,80 s

Bild 2: ______________ (__) 0,80 s–1,30 s

Bild 3: ______________ (__) 1,30 s–1,38 s (Tiefpunkt)

Bild 4: ______________ (__) 1,38 s–1,64 s

Bild 5: ______________ (__) 1,64 s–1,69 s

Bild 6–7: ______________ (__) ab 1,69 s

t_0 = ______________

t_1 = ______________

t_2 = ______________

t_3 = ______________

t_4 = ______________

Aufgabe 2

a) ______________ mit Formelzeichen _____ hat die Einheit $\frac{\text{m}}{\text{s}^2}$.

b) Warum beträgt die Beschleunigung bei beiden Sprüngen in Ruhe ungefähr 10 $\frac{\text{m}}{\text{s}^2}$?

____

____

____

____

Aufgabe 3

a) Versuch mit gefüllter 1,5-l-Flasche: Kreuze die richtige Antwort an.

i) Die Flasche in Ruhe zu halten.

ii) Die Flasche befindet sich bereits in Bewegung. Die Flasche kurz nach dem Start der Bewegung in der Hand zu halten.

Aufgabe 4

Vergleich der beiden Kurven (Squat Jump und Counter Movement Jump) im Hinblick auf die maximale Beschleunigung:

_____
_____
_____
_____

Sprung mit größter Beschleunigung: _____

Erklärung:

_____
_____
_____

Zusatzaufgabe

Erkläre, warum das Beschleunigungsmessgerät in der Hand in der Flugphase bei beiden Sprüngen eine Beschleunigung von etwa $0 \frac{m}{s^2}$ anzeigt, obwohl man mit dem Auge eine Geschwindigkeit bzw. Beschleunigung sehen kann.

_____
_____
_____

_____
_____
_____

Literatur

Bannwarth, H., Kremer, B. P., & Schulz, A. (2019). *Basiswissen Physik, Chemie und Biochemie: Vom Atom bis zur Atmung – für Biologen, Mediziner, Pharmazeuten und Agrarwissenschaftler*. Springer Spektrum.

Göhner, U. (2008). *Angewandte Bewegungslehre und Biomechanik des Sports – Eine Einführung mit zahlreichen Abbildungen und Aufgaben Themenschwerpunkt Abspringen*. Eigenverlag Ulrich Göhner.

Gollhofer, A., & Müller, E. (Hrsg.). (2009). *Handbuch Sportmechanik* (Beitrag zur Lehre und Forschung im Sport, Bd. 171). Hofmann-Verlag.

Ministerium für Kultus, Jugend und Sport Baden-Württemberg [MKJS BW Physik]. (Hrsg.). (2016). Bildungsplan des Gymnasiums. Physik. http://www.bildungsplaene-bw.de/,Lde/LS/BP2016BW/ALLG/GYM/PH. Zugegriffen am 01.07.2019.

Ministerium für Kultus, Jugend und Sport Baden-Württemberg [MKJS BW Sport]. (Hrsg.). (2016). Bildungsplan des Gymnasiums. Sport. http://www.bildungsplaene-bw.de/,Lde/LS/BP2016BW/ALLG/GYM/SPO. Zugegriffen am 23.05.2019.

Schnur, A., & Schwameder, H. (2014). *Praxisorientierte Biomechanik im Sportunterricht – Vom Tun zum Verstehen*. Hofmann.

Bewegungsdiagramme – Squat Jump, Counter Movement Jump und Drop Jump

Katharina Beck

Inhaltsverzeichnis

© Der/die Autor(en), exklusiv lizenziert an Springer-Verlag GmbH, DE,
ein Teil von Springer Nature 2023
I. Wagner, S. Neher-Asylbekov (Hrsg.), *MINT in Bewegung*,
https://doi.org/10.1007/978-3-662-63451-6_3

3.1 Ausarbeitung

3.1.1 Kurzbeschreibung und Zielsetzung

Das Ziel dieser Lerneinheit ist es, die vertikale Bewegung der beidbeinigen Sprung-formen Squat Jump, Counter Movement Jump und Drop Jump über die Weg-Zeit-Dia-gramme der Körperschwerpunktbahn zu analysieren. Im Bereich der inhaltsbezogenen Kompetenzen geht es um das Beschreiben und Interpretieren dieser Bewegungsdia-gramme in Verbindung mit den Bewegungsphasen der Sprünge. Durch die Videoauf-nahmen der Sprungformen, die zur Unterstützung für die Bearbeitung der Aufgaben dieser Station verwendet werden, wird im Bereich der Medienbildung der Einsatz von digitalen Medien wie Smartphones und Tablets für Bewegungsanalysen im Sport thema-tisiert. Zudem werden fächerübergreifende Inhalte aus den Fächern Sport, Physik und Mathematik implizit miteinander verknüpft.

3.1.2 Rahmenbedingungen

- Zielgruppe: Klassenstufen 7/8 und 9/10
- Anzahl der Schüler*innen: 2–4
- Zeitlicher Rahmen: 25–30 min
- Räumlichkeiten: 2 m² mit Wand
- Material: Videokamera (z. B. Smartphone oder Tablet), Niedersprunghöhe (z. B. kleines Kastenoberteil), Arbeitsmaterial der Station, ggf. Einverständnis-erklärungen für die Videoaufzeichnung

3.1.3 Sachanalyse

3.1.3.1 Grundformen für beidbeiniges Abspringen

- **Bewegungsbeschreibung**

In der Sportwissenschaft werden drei Grundformen für beidbeiniges Abspringen unterschieden: Squat Jump, Counter Movement Jump und Drop Jump. Alle drei Sprungformen sind Vertikalsprünge. Beim Squat Jump springt der*die Sportler*in aus einem ruhigen Hockstand ohne Auftaktbewegung durch das Strecken der Sprung-, Knie- und Hüftgelenke explosiv nach oben (◘ Abb. 3.1) (Göhner, 2008).

Beim Counter Movement Jump ist die Ausgangssituation der aufrechte Stand. Durch das Beugen der Sprung-, Knie- und Hüftgelenke erfolgt ein Tiefgehen, wel-ches anschließend abgebremst und durch das Strecken der Beine in eine aufwärts gerichtete Bewegung umgewandelt wird. Der Übergang von der Abwärts- zur Auf-wärtsbewegung erfolgt dabei flüssig ohne Pause, sodass durch das explosive Strecken der unteren Extremitäten eine möglichst große Sprunghöhe erreicht wird (◘ Abb. 3.2) (Göhner, 2008). Der Counter Movement Jump sowie der Drop Jump sind durch den Dehnungs-Verkürzungs-Zyklus charakterisiert. Durch die Ausholbewegung resul-tiert eine Vorspannung in der Muskulatur der Beine. Es wird kurzfristig Energie in

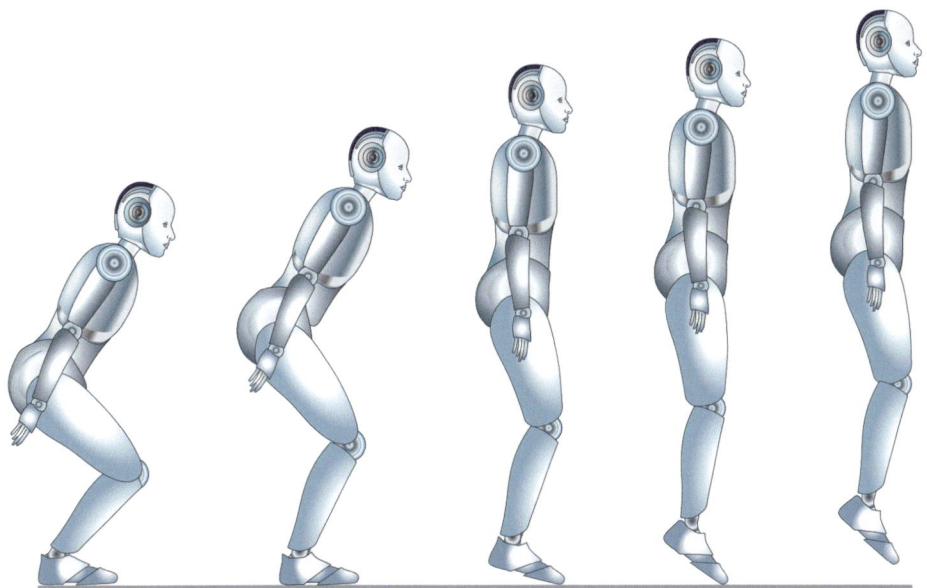

◘ **Abb. 3.1** Squat Jump

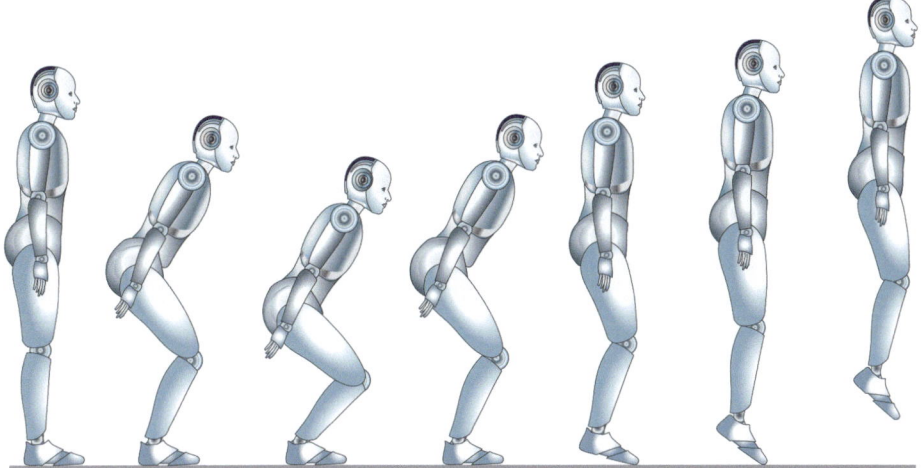

◘ **Abb. 3.2** Counter Movement Jump

den elastischen Muskelkomponenten gespeichert, die in der anschließenden Absprungbewegung in kinetische Energie umgewandelt wird und so zu einer größeren Sprunghöhe beiträgt. In der Regel erreicht ein*e Sportler*in beim Counter Movement Jump im Vergleich zum Squat Jump eine größere Sprunghöhe.

Der Drop Jump wird durch einen Sprung von einer Erhöhung eingeleitet. Dem dadurch erzwungenen Tiefgehen wird das zum Abspringen führende explosive Strecken der Beine angeschlossen, um ebenfalls eine möglichst große Sprunghöhe zu erreichen (◘ Abb. 3.3) (Göhner, 2008). Analog zur Ausholbewegung beim Counter

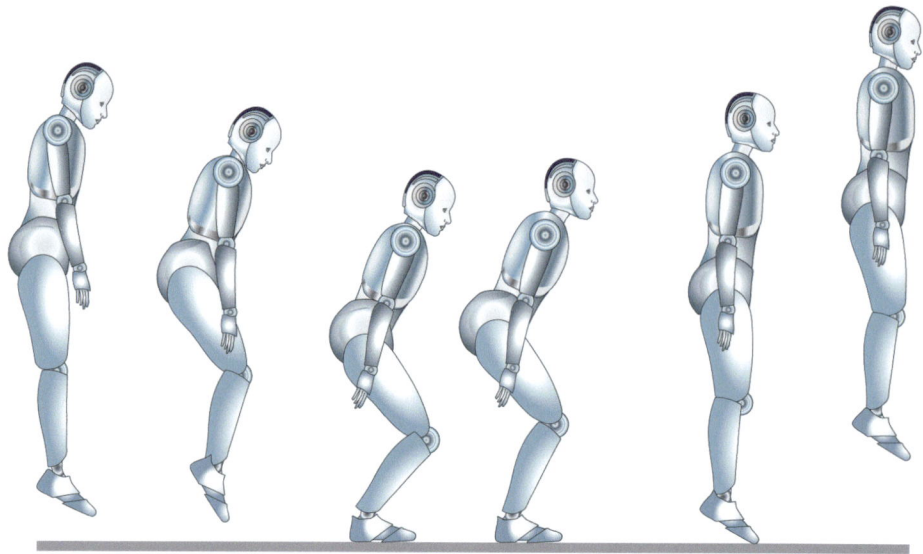

◘ **Abb. 3.3** Drop Jump

Movement Jump wird durch das Einspringen beim Drop Jump Energie in den elastischen Muskelkomponenten der Beine kurzzeitig gespeichert und in der anschließenden Absprungbewegung wieder in kinetische Energie umgewandelt. In Abhängigkeit der Niedersprunghöhe und der Bodenkontaktzeit können größere
Sprunghöhen erreicht werden. Bei zu großen Niedersprunghöhen und einer zu langen Bodenkontaktzeit erfolgt keine optimale Kraftentwicklung, und somit kommt es
auch zu keinen maximalen Sprunghöhen.

Auf eine genauere Betrachtung der drei Sprungformen in Zusammenhang mit
der Kraftentwicklung während der Absprungbewegungen wird an dieser Stelle verzichtet; in diesem Zusammenhang ergeben sich aber interessante Vertiefungs- und
Weiterführungsmöglichkeiten der Lerneinheit (s. ▶ Abschn. 4.3 und Lerneinheit in
▶ Kap. 2).

■ Beidbeinige Sprungformen im Sport

Die dargestellten Sprungformen kommen in dieser isolierten Form und Ausführung
(z. B. ohne Armeinsatz) zur Sprungkraftdiagnostik zum Einsatz. Die verschiedenen
Parameter wie die Sprunghöhe sowie Bodenkontaktzeit beim Drop Jump als kinematische Größen und die Kraft-Zeit-Verläufe im Bereich der Dynamik geben einen
Einblick in die Kraft- und Reaktivkraftfähigkeiten von Sportler*innen.

Daneben finden diese Sprungformen auch bei sportlichen Bewegungen in den
unterschiedlichen Sportarten Anwendung. Ein typisches Beispiel für einen Squat
Jump ist die Absprungbewegung am Schanzentisch beim Skispringen. Die Sprungbewegung beim Block im Volleyball ist ein Beispiel für einen Counter Movement
Jump. Daneben gibt es beim Beachvolleyball eine Sprungtechnik zum Block, bei der
aus einer tiefen Hockposition nach oben gesprungen wird und die damit mit einem
Squat Jump vergleichbar ist. Diese Technik hat sich beim Beachvolleyball aufgrund
der anderen Bodenbeschaffenheit durch den Sand gegenüber dem festen Hallen-

boden entwickelt. Für den Drop Jump lassen sich Beispiele beim Sprung im Turnen finden. Das Einspringen auf das Sprungbrett vor dem Sprungtisch aus dem Anlauf heraus führt neben der Umlenkung der horizontalen Bewegung im Anlauf in die vertikale Sprungbewegung auch zu einer günstigen Kraftentwicklung gemäß des Dehnungs-Verkürzungs-Zyklus.

3.1.3.2 Körperschwerpunktverlauf (Weg-Zeit-Diagramm)

Bei der Videoanalyse von menschlichen Bewegungen kann der zeitliche Verlauf verschiedener physikalischer Größen aufgenommen werden. Im Folgenden wird der zeitliche Verlauf der Körperschwerpunktbahn für die beidbeinigen Sprungformen Squat Jump, Counter Movement Jump und Drop Jump genauer betrachtet. Aufgrund der vertikalen Sprungbewegungen bei den unterschiedlichen Sprungformen ist für diese Lerneinheit auch nur die vertikale Komponente der Körperschwerpunktbahn entscheidend und in den entsprechenden Diagrammen dargestellt.

Der Körperschwerpunkt (KSP) ist ein fiktiver Punkt, in dem die gesamte Masse des Körpers vereinigt gedacht (Massenmittelpunkt) und der Angriffspunkt der Gewichtskraft ist. Der KSP ist kein fixer Punkt, sondern seine Position verändert sich in Abhängigkeit der Position der Gliedmaßen des Körpers. Im aufrechten Stand befindet sich der KSP in etwa auf Hüfthöhe. Die im Folgenden betrachteten Sprünge werden ohne Armeinsatz absolviert, sodass die Position des KSP während der Sprungbewegung ungefähr gleichbleibend auf Hüfthöhe angenommen werden kann.

- **Squat Jump**

In ◨ Abb. 3.4 ist eine Bildreihe zum Squat Jump dargestellt. Durch die Darstellung der Sprungbewegung in einer Bildreihe wird der zeitliche Verlauf des KSP bereits angedeutet.

◨ Abb. 3.5 zeigt den zeitlichen Verlauf des KSP während der Sprungbewegung. Bis zum Zeitpunkt t_0 befindet sich der Sportler in der Ausgangsposition in einer ruhigen Hockstellung. Zum Zeitpunkt t_0 beginnt die Aufwärtsbewegung. Durch die explosive Streckung der Hüft-, Knie- und Sprunggelenke erfolgt eine Beschleunigung bis hin zum Absprung. In der anschließenden Flugphase bewegt sich der Sportler zunächst weiter aufwärts, bis die maximale Sprunghöhe zum Zeitpunkt t_1 erreicht wird. Anschließend erfolgt eine Abwärtsbewegung. Nach der Landung bewegt sich der KSP bei dem nachfolgenden Abbremsen der Bewegung weiter nach unten. Zum

◨ **Abb. 3.4** Bildreihe zum Squat Jump

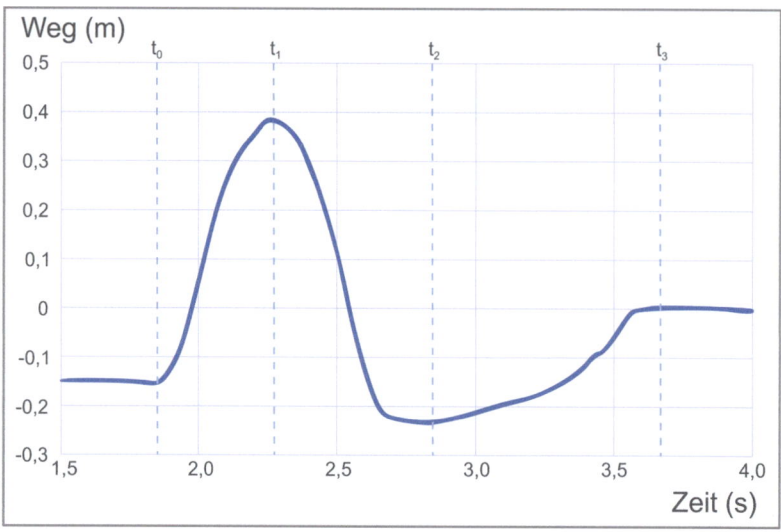

Abb. 3.5 Zeitlicher Verlauf des Körperschwerpunkts beim Squat Jump

Abb. 3.6 Bildreihe zum Counter Movement Jump

Zeitpunkt t_2 ist die Bewegung vollständig abgebremst, und der Sportler befindet sich kurzzeitig in der Hockstellung, bevor sie sich anschließend aufrichtet und die Endposition im aufrechten Stand zum Zeitpunkt t_3 erreicht.

▪ Counter Movement Jump

Der in ▪ Abb. 3.6 dargestellte Counter Movement Jump beginnt mit der Ausgangsposition im aufrechten Stand und endet in der gleichen Position nach dem Absolvieren der Sprungbewegung. Auch hier wird über die Bildreihe bereits die KSP-Bahn in vertikaler Richtung in Abhängigkeit der Zeit angedeutet.

Bis zum Zeitpunkt t_0 befindet sich der Sportler in der Ausgangsposition im aufrechten Stand. Entsprechend der Bewegungsstruktur des Counter Movement Jump erfolgt vor der eigentlichen Sprungbewegung eine Ausholbewegung durch das Beugen der Beine. Diesem Tiefgehen ist die aufwärts gerichtete Absprungbewegung direkt anzuschließen, was zum Zeitpunkt t_1 durch den stetigen Verlauf der Kurve deutlich wird. Zu diesem Zeitpunkt ist der Sportler am Umkehrpunkt. Es folgt die

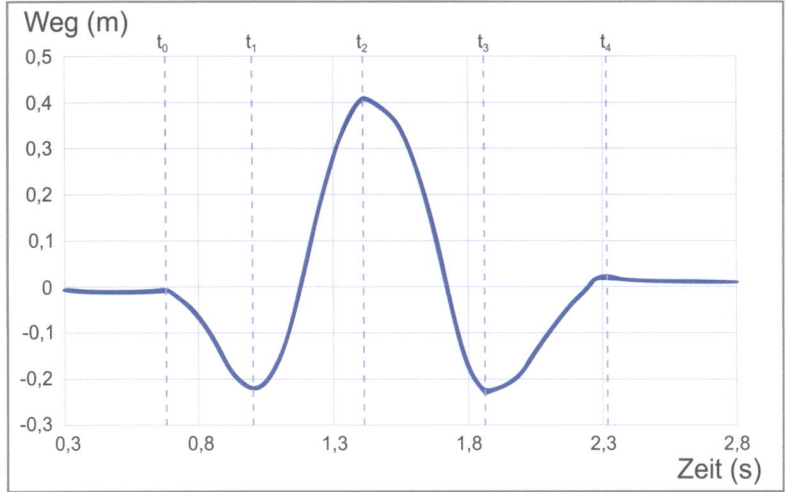

◼ Abb. 3.7　Zeitlicher Verlauf des Körperschwerpunkts beim Counter Movement Jump

aufwärts gerichtete Sprungbewegung durch das Strecken der Sprung-, Knie- und Hüftgelenke. Mit dem Verlassen des Bodens schließt die Flugphase bis zu der maximalen Sprunghöhe zum Zeitpunkt t_2 an. Darauf folgt die Abwärtsbewegung mit Landung und Abbremsvorgang bis zum Zeitpunkt t_3. Hier befindet sich der Sportler am Umkehrpunkt und richtet sich anschließend durch das Strecken der Beine wieder auf. Ab Zeitpunkt t_4 befindet sich der Sportler in der Endposition im aufrechten Stand (◼ Abb. 3.7).

■ **Drop Jump**

Der Drop Jump wird durch das Abspringen von einer Erhöhung eingeleitet. Die Sprungbewegung beginnt demnach von einer höheren Ausgangssituation und endet auf dem Boden, was in ◼ Abb. 3.9 bei dem Vergleich der Kurve vor Zeitpunkt t_0 und nach Zeitpunkt t_4 deutlich wird. ◼ Abb. 3.8 zeigt die Bildreihe zum Drop Jump, beginnend mit dem initialen Einspringen bis zum aufrechten Stand am Ende der Bewegung.

Bis zum Zeitpunkt t_0 befindet sich der Sportler in der Ausgangsposition auf der Erhöhung. Zwischen den Zeitpunkten t_0 und t_1 erfolgt ein Anheben des KSP, um von der Erhöhung abzuspringen (◼ Abb. 3.9). Anschließend bewegt sich der Sportler abwärts. Zunächst folgt eine kurze Flugphase bis zum Erreichen des Bodens. Dem erzwungenen Tiefgehen folgt umgehend die aufwärts gerichtete Absprungbewegung. Zum Zeitpunkt t_2 erreicht der Sportler den tiefsten Punkt. Die Kurve steigt mit der Absprungbewegung und der daran anschließenden Flugphase. Bei Zeitpunkt t_3 erreicht der Sportler ihre maximale Sprunghöhe. Daran schließt die abwärts gerichtete Flugphase mit nachfolgender Landung sowie dem Abbremsen der Bewegung bis zum Zeitpunkt t_4. Durch das Strecken der Beine folgt das Aufrichten mit der Endposition im aufrechten Stand, welche mit dem Zeitpunkt t_5 erreicht wird.

Abb. 3.8   Bildreihe zum Drop Jump

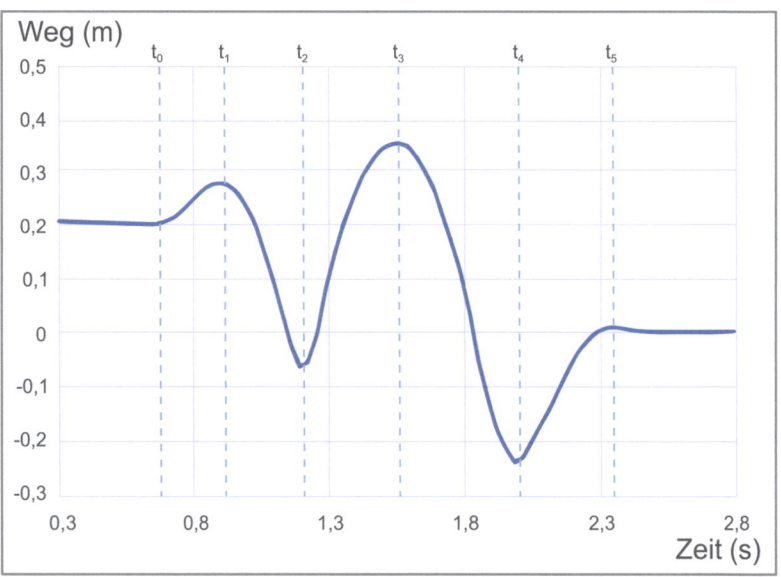

Abb. 3.9   Zeitlicher Verlauf des Körperschwerpunkts beim Drop Jump

3.1.3.3 Maximale Sprunghöhe

Interessant ist der Vergleich der maximalen Sprunghöhen für die unterschiedlichen Sprungformen. Aus den Weg-Zeit-Diagrammen kann die maximale Sprunghöhe durch den Hochpunkt der Kurve und den dazugehörigen y-Wert bestimmt werden.

Aus ◘ Abb. 3.5, ◘ Abb. 3.7 und ◘ Abb. 3.9 können für die maximalen Sprunghöhen der drei Sprungformen des beidbeinigen Abspringens Squat Jump, Counter Movement Jump und Drop Jump die folgenden Werte abgelesen werden:

— Squat Jump: 0,38 m = 38 cm
— Counter Movement Jump: 0,41 m = 41 cm
— Drop Jump: 0,35 m = 35 cm

3.1.3.4 Geschwindigkeit

Die Geschwindigkeit v gibt allgemein an, wie schnell sich ein Objekt bewegt. Es wird zwischen der Durchschnitts- und Momentangeschwindigkeit unterschieden. Die Durchschnittsgeschwindigkeit ist definiert über die zurückgelegte Strecke Δs über eine Zeitspanne Δt:

$$v = \frac{\Delta s}{\Delta t}$$

Die Momentangeschwindigkeit bezieht sich auf die Geschwindigkeit an einem bestimmten Ort s zum Zeitpunkt t. Zu beachten sind die Bezeichnungen Strecke (bzw. Weg) und Ort. Der Ort gibt die Lage eines Objekts zu einem bestimmten Zeitpunkt an. Die Strecke ist dagegen über die Differenz zweier Ortspunkte gegeben und gibt die Entfernung zwischen diesen Punkten an.

Mathematisch korrekt gilt für die Momentangeschwindigkeit als Funktion in Abhängigkeit der Zeit:

$$v(t) = \lim_{\Delta t \to t} \frac{\Delta s}{\Delta t} = \frac{ds}{dt} = \dot{s}(t)$$

Demnach ergibt sich die Geschwindigkeit zum Zeitpunkt t über die Ableitung der Ortsfunktion zu diesem Zeitpunkt. Qualitativ beschrieben ist die Geschwindigkeit immer dann null, wenn keine Ortsänderung vorliegt. Mathematisch ist die Ableitung einer Funktion genau dann null, wenn ein Extrempunkt (Hochpunkt oder Tiefpunkt) oder ein Sattelpunkt vorliegt.

Bei Betrachtung des Weg-Zeit-Verlaufs des KPK in ◘ Abb. 3.9 können beispielsweise folgende Abschnitte und Zeitpunkte bestimmt werden, in denen die Geschwindigkeit null ist:

— Bis t_0 (Ausgangsposition)
— Zeitpunkte t_1, t_2, t_3, t_4 (Umkehrpunkte Aufwärts- zu Abwärtsbewegung und umgekehrt)
— Ab t_5 (Endposition)

Zusammenfassend gilt: Die Geschwindigkeit ist immer dann null, wenn keine Ortsänderung vorliegt. Dies ist in der Ausgangs- und Endposition sowie an den Extrem-
punkten (Hochpunkt und Tiefpunkt) der Kurve der Fall.

3.1.3.5 Videoanalyse mit Tracker

Die in ▶ Abschn. 3.1.3.2 dieser Ausarbeitung dargestellten Verläufe des KSP
beim Squat Jump, Counter Movement Jump und Drop Jump können mithilfe
eines aufgenommenen Videos und dem Videoanalyseprogramm „Tracker" erzeugt werden. Dabei wird ein automatisches Tracking durchgeführt. Trotz fehlenden Markers resultieren sehenswerte Ergebnisse für den Weg-Zeit-Verlauf des
KSP. In dieser Lerneinheit wird keine Videoanalyse durch die Schüler*innen
selbst durchgeführt, da eine umfassende Analyse den zeitlichen Rahmen überschreiten würde. Dennoch werden im Folgenden die wesentlichen Punkte, die
dabei zu beachten sind, dargestellt, vor dem Hintergrund, diese Station zu einer
Unterrichtseinheit oder zu einem Workshop weiterzuentwickeln. Eine ausführ-
lichere und bebilderte Version dieser Anleitung findet sich im digitalen Zusatz-
material zu diesem Buch.

Das Videoanalyseprogramm „Tracker" kann unter ▶ https://physlets.org/tra-
cker/ kostenfrei heruntergeladen werden. Das durch eine Kamera (z. B. eines Smartphones) aufgenommene Video wird anschließend in das Programm geladen (Datei →
Öffnen…). Das Video kann über Video →Filter →Neu →Drehung in die korrekte
Position gebracht werden. Über Track → Achsen kann ein Haken in dem Feld sichtbar gesetzt werden, sodass das zweidimensionale Koordinatensystem erscheint. Für
die vertikalen Sprungbewegungen ist nur die vertikale Komponente interessant. Das
Koordinatensystem kann mit dem Ursprung auf den KSP gesetzt werden oder alternativ an den Rand des Videos, allerdings so, dass die y-Achse den KSP schneidet. Die
Kalibrierung erfolgt über Track → Neu → Kalibrierungswerkzeuge. Der
Kalibrierungsmaßstab kann über die angezeigte Tastenkombination (Shift+Klick)
gesetzt werden. Beispielsweise kann dafür die Körpergröße der Person auf dem Video
genutzt werden.

Zur automatischen Analyse wird anschließend eine Punktmasse gewählt. Über
den Pfad Track → Neu → Punktmasse und der Tastenkombination Strg+Shift+Klick
kann diese entsprechend festgelegt werden. Unter „Diagramme" kann neben der
x-Komponente die y-Komponente hinzugefügt werden, sodass sowohl das x-t-
Diagramm als auch das y-t-Diagramm für die horizontale und vertikale Komponente angezeigt werden. Das Programm kann trotz des fehlenden Markers gute Ergebnisse der Analyse erzielen. Dennoch ist es hilfreich, einen solchen Marker zu
verwenden. Es kann beispielsweise ein farbiger Kreis mit einem Durchmesser von
7 cm aus Tonpapier ausgeschnitten werden. Optimalerweise trägt die Versuchsperson
schwarze Kleidung, sodass durch den farbigen Kontrast der Marker durch das Programm gut erkannt werden kann.

Das Programm kann eine automatische Analyse durchführen, was den zeitlichen
Aufwand stark reduziert. Dazu kann das Autotrackfenster sichtbar gemacht werden.
Über „Suchen" kann jetzt das automatische Tracking durchgeführt werden. Neben
den Diagrammen für die horizontale und vertikale Komponente werden darunter
auch die Messdaten ausgegeben. Unter „Daten" können neben der x- und y-
Komponente auch noch weitere Größen wie die Geschwindigkeit und Beschleunigung

ausgegeben werden. Diese Daten können anschließend exportiert und weiterverarbeitet werden. Die in diesem Dokument verwendeten Diagramme sind entsprechend über Excel erstellt worden.

3.1.4 Methodisch-didaktische Überlegungen

3.1.4.1 Ziele und Bezüge des Bildungsplans

In dieser Station werden aus unterschiedlichen Fächern Ziele und Inhalte aus dem baden-württembergischen Bildungsplan aufgegriffen. Ausgangspunkt sind die verschiedenen beidbeinigen Sprungformen Squat Jump, Counter Movement Jump und Drop Jump. Diese Sprungformen werden nicht explizit im Bildungsplan thematisiert. In der Sekundarstufe 2 im Bereich der Bewegungslehre und Biomechanik des Sports ist allerdings im Leistungsfach in der Kursstufe in Abhängigkeit des Abschlussjahrgangs der Themenschwerpunkt „Abspringen" Teil der schriftlichen Abiturprüfung. Der Schwerpunkt um das Thema „Biomechanik der Sprünge und des Abspringens" greift biomechanische Aspekte verschiedener einbeiniger und beidbeiniger Sprungformen auf. Auch wenn diese Station für Schüler*innen der Sekundarstufe 1 gedacht ist, können dennoch sportwissenschaftliche Inhalte als interessensfördernder Ausgangspunkt genutzt werden. Außerdem finden die hier verwendeten Sprungformen in unterschiedlichen sportlichen Bewegungen ihre Anwendung, die Unterrichtsgegenstand in der Sportpraxis sind. Hervorzuheben sind im Bereich der kognitiven/reflexiven Lernziele in den verschiedenen Sportfeldern die geforderten Bewegungsbeschreibungen (MKJS BW Sport, 2016). Ziel dieser Station ist es, die einzelnen Bewegungsabschnitte mit dem Kurvenverlauf des KSP in Verbindung zu bringen. Auch wenn die einzelnen Bewegungsabschnitte in einer weniger detaillierter Ausführung beschrieben werden, wird hier dennoch die Kompetenz bei den Schülern*innen herausgefordert, Bewegungsmerkmale zu erkennen.

Im Fach Physik sind im Bereich der Mechanik Anknüpfungspunkte bereits ab Klassenstufe 7/8 zu finden. Die Schüler*innen können Bewegungen verbal mithilfe von Diagrammen beschreiben sowie Bewegungsdiagramme interpretieren (*s-t*-Diagramm) in Bezug auf Zeitpunkt, Ort, Richtung der Bewegung, Form der Bahn, Geschwindigkeit, gleichförmige und beschleunigte Bewegungen (MKJS BW Physik, 2016). Im Mittelpunkt dieser Station ist eine Verknüpfung der Bahnkurve des KSP, dargestellt in einem *s-t*-Diagramm, mit der Bewegung bei den verschiedenen Sprungformen unterstützt durch die eigens aufgenommenen Videos der Schüler*innen. Über die Bewegungsbeschreibung in Form der beiliegenden Karten, welche die Schüler*innen im Diagramm verorten, wird beispielsweise implizit nach der Bewegungsrichtung gefragt (Aufwärts- und Abwärtsbewegung). Über das Arbeiten mit den Diagrammen werden fächerübergreifende Inhalte miteinander verknüpft. Zum einen die sportliche Bewegung mit der Darstellung der Bewegung in Diagrammen als Teilbereich der Physik. Zum anderen lassen sich die weiteren Aufgaben zur Bestimmung der Sprunghöhe und Geschwindigkeit mit mathematischen Inhalten aus dem Bildungsplan in Verbindung bringen. Die Sprunghöhe ist am Hochpunkt der Kurve am *y*-Wert abzulesen. Die Geschwindigkeit ergibt sich mathematisch über die Ableitung der Ortsfunktion (▶ Abschn. 3.1.3.4). Dabei ist in der Regel in der

Mathematik mit $f(x)$ bezeichnete Funktion analog zur Ortsfunktion $s(t)$, und die Ableitung $f'(x)$ ist analog zu der Geschwindigkeit $v(t)$ als Funktion in Abhängigkeit der Zeit. Die Orts- und Geschwindigkeitsfunktion sind Thema in Klassenstufe 9/10, allerdings in Bezug auf geradlinige, gleichförmige sowie geradlinig gleichmäßig beschleunigte Bewegungen. Der mathematische Zusammenhang wird allerdings nicht explizit thematisiert.

Im Bildungsplan Mathematik dagegen sind in Klassenstufe 9/10 unter der Leitidee „Funktionaler Zusammenhang" Elemente der Kurvendiskussion (z. B. Extrempunkte) enthalten (MKJS BW Mathematik, 2016).

Aufgrund der Komplexität der Zusammenhänge ist eine didaktische Reduktion der Inhalte notwendig. Der Zusammenhang zur Geschwindigkeit aus den Weg-Zeit-Diagrammen des KSP wird nur in der abschließenden Expertenaufgabe thematisiert. Allerdings geht es in dieser Aufgabe allein um die Bestimmung der Zeitpunkte und -abschnitte mit Geschwindigkeit null, was mit einem entsprechenden Hintergrundwissen gelöst werden kann. Auf dem Lösungsblatt der Station ist der Zusammenhang zwischen Geschwindigkeit und Ortsänderung beschrieben. Außerdem wird auf die Extrempunkte der Kurve verwiesen. Für ein tiefer gehendes Verständnis lohnt es sich aber, diese Zusammenhänge in einer Phase der Nachbereitung im Schulunterricht weiter zu thematisieren.

3.1.4.2 Relevanz, Lebenswelt- und Schüler*innenbezug

Für Schüler*innen ist diese Station in Bezug auf die Sprungformen, welche im Sport Anwendung finden, interessant. Das Durchführen der Sprünge zu Beginn der Station sowie das Aufnehmen der Videos mit Smartphones oder einem Tablet ist für Schüler*innen motivierend und interessensfördernd. Die Sprungformen als Ausgangspunkt der Station stellen somit einen sinnstiftenden Kontext dar. Daneben bietet das Arbeiten mit dem Medium Smartphone oder Tablet einen Anreiz für Schüler*innen.

Eventuell können die Schüler*innen die thematisierten Sprungformen auf ihre selbst ausgeübten Sportarten übertragen oder eine Verbindung zu sportlichen Bewegungen, die den Schülern*innen zum Beispiel in Sportsendungen begegnen, herstellen.

3.1.4.3 Methodisch-didaktische Inszenierung

Die Schüler*innen werden durch das vorliegende Stationsblatt geführt. Zu Beginn der Station lesen die Schüler*innen die Aufgabenbeschreibung auf dem Stationsblatt. Anschließend bearbeiten sie die Aufgaben in der vorgegebenen Reihenfolge. In einer Aktivierungsphase lesen die Schüler*innen zunächst die kurzen Bewegungsbeschreibungen auf dem Stationsblatt zu den beidbeinigen Sprungformen Squat Jump, Counter Movement Jump und Drop Jump durch. Anschließend probieren die Schüler*innen die Sprungformen selbst aus. Als Hilfestellung für die Bewegungsabläufe der Sprungformen liegen Bildreihen bei. Für den Drop Jump wird als Niedersprunghöhe ein Kastendeckel verwendet. Die Schüler*innen überlegen sich Bewegungen im Sport, in denen diese Sprungformen vorkommen.

Anschließend nehmen sie Videos der drei Sprungformen auf. Jeder Sprung kann dabei von einer anderen Person durchgeführt bzw. gefilmt werden. Es bleibt aber den Schülern*innen überlassen, wer die Sprünge macht und entsprechend gefilmt wird. In Abhängigkeit der einzelnen Stärken und Interessen können sich die Schüler*innen einbringen. Die Videos werden anschließend angeschaut. Dabei wird die Geschwindigkeit reduziert, sodass die Videos in Slow Motion angeschaut werden können.

Die beiliegenden Weg-Zeit-Diagramme für den Verlauf der KSP-Bahn werden von den Schülern*innen den drei Sprungformen zugeordnet. In diesen Diagrammen sind außerdem Zeitpunkte und -abschnitte markiert. Die Schüler*innen haben die Aufgabe, die einzelnen Zeitpunkte und -abschnitte in Zusammenhang mit den Bewegungsabschnitten der verschiedenen Sprünge zu bringen. Dazu liegen Karten mit Stichworten zu den Bewegungsabschnitten für die jeweilige Sprungform bereit, sodass die Schüler*innen eine Art Puzzle zu lösen haben. Letztlich lesen die Schüler*innen die maximale Sprunghöhe aus den Diagrammen ab, und mit einer Expertenaufgabe (optional) zur Geschwindigkeit kann die Station dann final abgeschlossen werden. Zur Kontrolle und Ergebnissicherung liegt ein Lösungsblatt bereit.

Die einführende Lesephase wird in Einzelarbeit absolviert. Anschließend wird zusammen in der Gruppe gearbeitet. Die Schüler*innen erproben die Sprungformen und filmen sich anschließend mit Smartphones oder einem Tablet. Die weiteren Aufgaben werden mit dem beiliegenden Arbeitsmaterial und den aufgenommenen Videos bearbeitet. Mit dem abschließenden Vergleich des Ergebnisses der Gruppe mit dem Lösungsblatt findet eine Selbstkontrolle statt. Diese Station wird demnach primär in Form einer Partner-/Gruppenarbeit absolviert, wobei kommunikativ miteinander agiert wird.

3.1.4.4   Antizipierte Ergebnisse der Schüler*innen

In Bezug auf die Bestimmung der maximalen Sprunghöhe sind die richtigen Ergebnisse zu erwarten, da intuitiv der Hochpunkt der Bahnkurve mit der maximalen Sprunghöhe in Verbindung gebracht wird. Als schwieriger stellt sich wahrscheinlich der Zusammenhang mit der Geschwindigkeit heraus. Zu erwarten ist, dass die Schüler*innen die Zeitabschnitte in der Ausgangs- und Endposition auf Grundlage der Videos und ihrer Intuition korrekt bestimmen. Der Zusammenhang über die Extrempunkte ist weniger zu erwarten.

Die Lösungen des Stationsblatts sind auf dem Lösungsblatt dargestellt.

3.1.4.5   Mögliche Herausforderungen und entsprechende Förder-/Forderangebote

Schwierigkeiten können eventuell beim Verständnis des Begriffs „Körperschwerpunkt" entstehen. Durch die Beschreibung auf dem Stationsblatt wird eine entsprechende Hilfestellung gegeben. Bei weiteren Verständnisproblemen kann ein Bild mit Markierung des KSP weiterhelfen. Für diese Station ist es primär wichtig, dass die Schüler*innen wissen, wo sich der KSP angenähert befindet. Das tiefer gehende Verständnis zum KSP als fiktiver Punkt, dessen Lage sich entsprechend der Extremitätenbewegungen bzw. -positionen verändert, ist für diese Station nicht entscheidend.

Eine weitere Schwierigkeit ergibt sich in Bezug auf den Zusammenhang zwischen Weg und Geschwindigkeit. Die entsprechende Aufgabe ist zur Differenzierung als Expertenaufgabe deklariert. Wie in ▶ Abschn. 3.1.4.3 bereits erwähnt, wird durch die Beschreibung der Lösung auf dem vorgesehenen Lösungsblatt die notwendige Hilfestellung gegeben. Diese Aufgabe ist als Differenzierungsangebot gedacht und für Schüler*innen der Klassenstufe 9/10 beziehungsweise begabte Schüler*innen aus Klassenstufe 7/8 vorgesehen.

Ein Problem könnte auch die hier thematisierte Vertikalbewegung sein. Im Schulunterricht werden zur Einführung von Bewegungsdiagrammen vorwiegend horizontal ausgerichtete Bewegungen wie ein fahrendes Auto auf einer Ebene betrachtet. Oft wird erst mit der Einführung der Beschleunigung am Beispiel des freien Falls in Zusammenhang mit der Erdbeschleunigung eine Vertikalbewegung thematisiert. Diese Problematik wird insofern umgangen, als dass die Diagramme für den Verlauf der KSP-Bahn bereits vorgegeben werden. Zudem können die Diagramme aus den Bildreihen im Zeitverlauf antizipiert werden.

3.1.4.6 Benötigte Vorkenntnisse und Vertiefungs-/ Weiterführungsmöglichkeiten

Primär notwendige Vorkenntnisse sind im Bereich der Physik die Bewegungsdiagramme. Die Schüler*innen sollten bereits allgemein Diagramme und Weg-Zeit-Diagramme gesehen und verstanden haben, was auf den einzelnen Achsen des Koordinatensystems dargestellt wird. Zudem ist es hilfreich, wenn der Begriff des KSP bereits bekannt ist.

Weiterführungsmöglichkeiten der Station sind in unterschiedlichen Bereichen möglich. Der Dehnungs-Verkürzungs-Zyklus für die Erklärung der größeren Sprunghöhe beim Counter Movement Jump im Vergleich zum Squat Jump könnte ausgehend von den bestimmten Sprunghöhen thematisiert werden. Dieses Thema könnte in Bezug zum Bewegungsapparat des Menschen gesetzt werden und fachübergreifend im Biologie- und Sportunterricht behandelt werden. Die hier nur zur Unterstützung aufgenommen Videos könnten weiterführend mit einem Videoanalyseprogramm bearbeitet werden (▶ Abschn. 3.1.3.5). Wie bereits in ▶ Abschn. 3.1.4.1 erwähnt, könnten außerdem der mathematische Zusammenhang zwischen Orts- und Geschwindigkeitsfunktion thematisiert werden. Eine herausfordernde Weiterführungsmöglichkeit ergibt sich außerdem durch das zunächst eigenständige Erstellen des Bewegungsdiagramms für die KSP-Bahn. Diese Skizze könnte dann mit den anhand der Videoanalyse erstellten Diagrammen verglichen werden.

Ausgehend von den betrachteten Sprungformen könnten weiter die Kraft-Zeit-Kurven thematisiert werden. Mit Kraftmessplatten könnten die Sprünge analysiert und die dabei aufgezeichneten Kraft-Zeit-Kurven diskutiert werden. Darauf aufbauend könnten die biomechanischen Prinzipien, wie das Prinzip der Anfangskraft und das Prinzip des optimalen Beschleunigungswegs behandelt werden. Daneben kann der Armeinsatz als unterstützendes Schwungelement in Verbindung mit dem mechanischen Gesetz der Impulserhaltung beziehungsweise Impulsübertragung mit eingebunden werden. Mit diesen Aspekten kann umfassend die Frage diskutiert werden, wie sich die unterschiedlichen Werte für die maximalen Sprunghöhen erklären lassen.

3.1.5 Verlaufsplan

Beschreibung des Ablaufs durch einen Verlaufsplan, der mit konkreten Zeitangaben in kurzer, prägnanter Form die methodisch-didaktische Inszenierung angibt:

Min.	Phase und Ziel	Lehr-Lern-Arrangement	Arbeitsweise (Methoden, Sozialform)	Arbeitstechnik (Material, Medien)
1–5	Ein-arbeitungs-phase	Lesen des Stationsblatts und der Aufgaben	Einzelarbeit	Stationsblatt
6–10	Aktivierung	Durchführen der Sprung-formen Anwendungsbeispiele im Sport finden	Einzel-, Partner- oder Gruppenarbeit	Bildreihen
11–15	Videoauf-nahme	Filmen der Sprungformen	Partner- oder Gruppenarbeit	Smartphone/Tablet
16–25	Erarbeitungs-phase	Anschauen der Videos in Slow Motion Diagramme zur Körper-schwerpunktbahn den Sprungformen zuordnen Puzzleteile der Bewegungs-abschnitte im Diagramm verorten Maximale Sprunghöhe ablesen Expertenaufgabe optional	Partner- oder Gruppenarbeit	Stationsblatt Arbeitsmaterial der Station (Dia-gramme, Kärtchen)
26–30	Kontrolle und Ergebnis-sicherung	Abholen des Lösungsblatts als Kopie bei Betreuenden – Selbstkontrolle	Partner- oder Gruppenarbeit	Lösungsblatt

■ **Digitales Zusatzangebot**

Weitere Materialien (Lösungskarten, Arbeitsmaterial, Anleitung – Videoanalyse mit Tracker) zu diesem Kapitel finden Sie unter ► https://lehrbuch-biologie.springer.com/mint-bewegung.

Karlsruher Institut für Technologie

3

3.2 Stationsblatt: Bewegungsdiagramme – Squat Jump (SJ), Counter Movement Jump (CMJ), Drop Jump (DJ)

■ **Aufgabe 1**

Im Sport wird zwischen den drei beidbeinigen Sprungformen Squat Jump, Counter Movement Jump und Drop Jump unterschieden. Lest euch die Bewegungs-beschreibungen mit den Bildreihen zu den einzelnen Sprüngen durch (▶ Infobox 1) und probiert diese selbst aus. Für den Drop Jump steht ein Hocker bereit, von dem ihr den Drop Jump starten könnt.

Überlegt euch Beispiele aus verschiedenen Sportarten, bei denen diese Sprung-formen vorkommen. Notiert eure Beispiele auf dem Arbeitsblatt.

Infobox 1

Im Sport werden drei Grundformen für beidbeiniges Abspringen unterschieden: Squat Jump, Counter Movement Jump und Drop Jump. Alle drei Sprungformen sind Vertikalsprünge, das bedeutet, die Bewegung erfolgt nach oben:

– Beim Squat Jump (SJ) springt der*die Sportler*in aus einem ruhigen Hockstand ohne Auftaktbewegung durch das Strecken der Beine explosiv nach oben.

– Beim Counter Movement Jump (CMJ) erfolgt ausgehend von einer aufrechten Ausgangsstellung eine Ausholbewegung. Dem Beugen der Beine und der damit verbundenen Abwärtsbewegung folgt ohne Pause die eigentliche Sprungbewegung nach oben. Durch das explosive Strecken der Beine wird eine möglichst große Sprunghöhe erreicht.

– Der Drop Jump (DJ) wird durch einen Sprung von einer Erhöhung (Hocker) ein-geleitet. Dem dadurch erzwungenen Tiefgehen wird das zum Abspringen führende explosive Strecken der Beine angeschlossen, um ebenfalls eine möglichst große Sprunghöhe zu erreichen.

■ **Aufgabe 2**

Filmt mit einem Smartphone die drei Sprünge. Ihr dürft selbst entscheiden, wer von euch springt und wer filmt. Klickt dann auf die App Zeitlupe -> Video. Schaut euch die Videos an und reduziert die Geschwindigkeit. Klickt dafür auf „schleppend" und schaut es euch um das Vierfache verlangsamt an.

■ **Aufgabe 3**

Der Körperschwerpunkt eines Menschen ist ein gedachter Punkt, in dem die gesamte Masse des Körpers vereinigt ist. Dieser liegt in etwa auf Hüfthöhe. Schaut euch die Videos erneut an und beobachtet hierbei den Verlauf des Körperschwerpunkts in vertikaler Richtung (d. h. hoch-runter).

Nutzt nun das zusätzliche Arbeitsmaterial:

a. Ordnet die vorliegenden Weg-Zeit-Diagramme für die Bewegung des Körperschwerpunkts den drei Sprüngen Squat Jump, Counter Movement Jump und Drop Jump zu.

b. Die vorliegenden Stichpunkte als Puzzleteile sind für die verschiedenen Zeitpunkt und Zeitabschnitte, die in den Diagrammen mit den farbigen Balken markiert sind. Ordnet diese entsprechend zu.

c. Lest aus den Diagrammen die dort erreichte maximale Höhe der Sprünge ab. Notiert eure Ergebnisse auf dem Arbeitsblatt.

■ **Aufgabe für Expert*innen**

Bestimmt die Zeitpunkte und Zeitabschnitte in den Diagrammen, bei denen die Geschwindigkeit null ist. Notiert die Ergebnisse auf dem Arbeitsblatt.

3.3 Arbeitsblatt: Bewegungsdiagramme – Squat Jump (SJ), Counter Movement Jump (CMJ), Drop Jump (DJ)

Aufgabe 1

Überlegt euch Beispiele aus verschiedenen Sportarten, bei denen diese Sprungformen vorkommen.

Squat-Jump: _____

Countermovement-Jump: _____

Drop-Jump: _____

Aufgabe 2:

Filmt euch bei den drei Sprüngen!

Aufgabe 3

Schaut euch die Videos erneut an und beobachtet hierbei den Verlauf des Körperschwerpunkts in vertikaler Richtung (d.h. hoch-runter).

a.   und b): Zuordnung der Puzzleteile
c.   Lest aus den Diagrammen die dort erreichte maximale Höhe der Sprünge ab.
     Squat-Jump: _____
     Countermovement-Jump: _____
     Drop-Jump: _____

Aufgabe für Expert*innen

Bestimmt die Zeitpunkte und Zeitabschnitte in den Diagrammen, bei denen die Geschwindigkeit null ist.

_____

_____

_____

Literatur

Göhner, U. (2008). *Angewandte Bewegungslehre und Biomechanik des Sports. Eine Einführung mit zahlreichen Abbildungen und Aufgaben. Themenschwerpunkt Abspringen.* Eigenverlag U. Göhner.

[MKJS BW Mathematik] Ministerium für Kultus, Jugend und Sport Baden-Württemberg. (Hrsg.). (2016). Bildungsplan des Gymnasiums. Mathematik. http://www.bildungsplaene-bw.de/,Lde/LS/ BP2016BW/ALLG/GYM/M. Zugegriffen am 27.06.2019.

[MKJS BW Physik] Ministerium für Kultus, Jugend und Sport Baden-Württemberg. (Hrsg.). (2016). Bildungsplan des Gymnasiums. Physik. http://www.bildungsplaene-bw.de/,Lde/LS/BP2016BW/ ALLG/GYM/PH. Zugegriffen am 27.06.2019.

[MKJS BW Sport] Ministerium für Kultus, Jugend und Sport Baden-Württemberg. (2016). Bildungsplan des Gymnasiums. Sport. http://www.bildungsplaene-bw.de/,Lde/LS/BP2016BW/ALLG/ GYM/SPO. Zugegriffen am 27.06.2019.

Jump and Reach Test bei unterschiedlichen Sprungformen – Sprunghöhe bei unterschiedlichen Sprüngen bestimmen

Kathrin Hessenthaler

Inhaltsverzeichnis

I. Wagner, S. Neher-Asylbekov (Hrsg.), *MINT in Bewegung*,
https://doi.org/10.1007/978-3-662-63451-6_4

4.1   Ausarbeitung

4.1.1   Kurzbeschreibung und Zielsetzung

In dieser Lerneinheit lernen die Schüler*innen, Bewegungen bzw. Bewegungskombinationen aus biomechanischer Sicht zu erklären und zu analysieren. Mithilfe verschiedener Sprungformen werden die biomechanischen Prinzipien, genauer das Prinzip der Anfangskraft und das Prinzip der zeitlichen Koordination von Teilimpulsen, sowie deren Zusammenhang thematisiert. Die erreichte Sprunghöhe bei den verschiedenen Stationen wird mithilfe eines an der Wand befestigten Maßbands bestimmt. Außerdem werden prozessbezogene Kompetenzen im Bereich der Erkenntnisgewinnung durch das Durchführen und Auswerten des Experiments gefördert sowie Erkenntnisse verbalisiert und Ergebnisse bewertet.

4.1.2   Rahmenbedingungen

- Zielgruppe: Klassenstufe 9/10
- Anzahl der Schüler*innen: 2–3
- Zeitlicher Rahmen: 25–30 min
- Räumlichkeiten: ein Stück Wandbereich in einem freien Zimmer, ggf. auch in der Sporthalle möglich
- Material: an der Wand aufgehängtes Maßband, Kasten, Stifte

4.1.3   Sachanalyse

Die Schüler*innen beschäftigen sich in dieser Lerneinheit mit den biomechanischen Prinzipien nach Hochmuth, genauer mit dem Prinzip der Anfangskraft und im zweiten Teil mit dem Prinzip der zeitlichen Koordination von Teilimpulsen. Biomechanische Prinzipien können als allgemeine Erkenntnisse über zielgerichtete Bewegungen im Sport verstanden werden (vgl. Göhner, 2008, S. 72).

Für einen optimalen Bewegungsablauf müssen physikalische bzw. mechanische Gesetze berücksichtigt werden. Aus einem physikalischen Gesetz kann kein optimaler Bewegungsablauf konstruiert werden, da jede*r Sportler*in und jede Sportart unterschiedliche Voraussetzungen, welche die optimale Bewegungsausführung beeinflussen, mitbringen (vgl. Wastl, o.J., S. 6).

4.1.3.1   Das Prinzip der Anfangskraft

Das Prinzip der Anfangskraft besagt (nach Hochmuth), dass eine Körperbewegung, mit der ein großer Kraftstoß erreicht werden soll, durch eine entgegengesetzt gerichtete Bewegung eingeleitet werden muss. Wenn die anfängliche Ausholbewegung entgegengesetzt zur eigentlichen Bewegungsrichtung abgebremst wird, entsteht zu Beginn der eigentlichen Zielbewegung eine positive Kraft. Diese positive Kraft (Anfangskraft) kann für die Beschleunigung der Bewegung verwendet werden. Voraussetzung ist allerdings, dass die anfängliche entgegengesetzte Bewegung und die Zielbewegung fließend ineinanderübergehen. Die Größe der Anfangskraft ist optimal, nicht maximal zu gestalten (vgl. Göhner, 2008, S. 72 f; Wastl, o.J., S. 6). Falls Brems- und Beschleunigungskraftstoß in einem optimalen Verhältnis zueinander stehen, kann diese Ausholbewegung den eigentlichen Kraftstoß vergrößern.

Das Abbremsen der Ausholbewegung wird als Amortisation bezeichnet. Die positive Kraft ist am größten, d. h., die Amortisation ist optimal, wenn Bremskraftstoß und Beschleunigungskraftstoß das Verhältnis 1:3 nicht überschreiten (vgl. Göhner, 2008, S. 74 f; Wastl, o.J., S. 6). Der Bremskraftstoß ist die Fläche unter der Kraftkurve (in 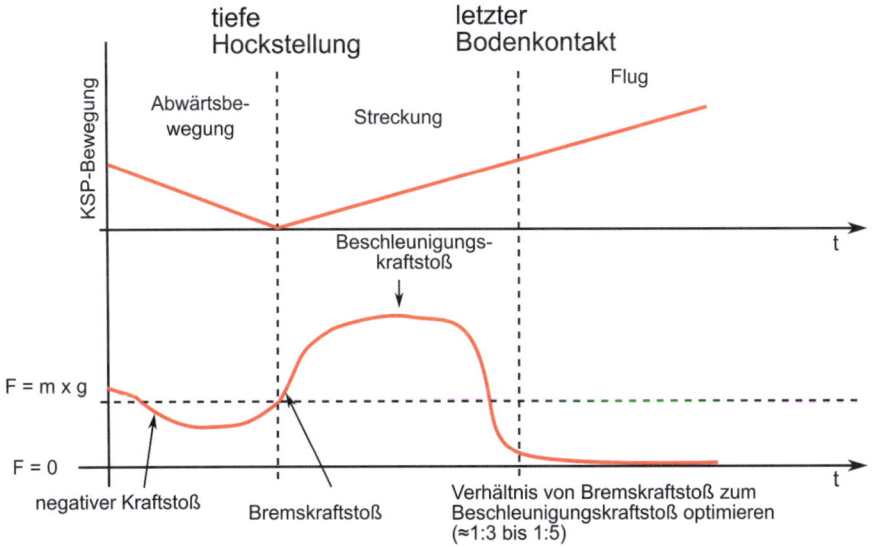 Abb. 4.1 in Rot dargestellt) von Beginn der Abwärtsbewegung bis zur tiefen Hockstellung. Der Beschleunigungskraftstoß ist die Fläche von der tiefen Hockstellung bis zum Flug.

Ist die entgegengesetzt gerichtete Ausholbewegung zu groß, wird für das Abbremsen der Ausholbewegung zu viel Kraft verbraucht. Diese Kraft steht dem*der Sportler*in für die Beschleunigung der eigentlichen Bewegung dann nicht mehr zur Verfügung, und durch das Fehlen der positiven Anfangskraft können nur geringere Weiten bzw. Höhen erreicht werden (vgl. Göhner, 2008, S. 72). Der Kraftstoß bezeichnet die Fläche unter einer Kraft-Zeit-Kurve. Der Bremskraftstoß ist dabei die Fläche von 0 s bis zur ersten gestrichelten Linie, der Beschleunigungskraftstoß ist die Fläche zwischen den beiden gestrichelten Linien (Abb. 4.1).

Um das Prinzip der Anfangskraft zu verstehen, sollen verschiedene Sprünge durchgeführt werden. Bei allen Sprüngen ist das Ziel, die größtmögliche Sprunghöhe zu erreichen. Die erreichte Sprunghöhe wird an der Wand mithilfe einer befestigten Zentimeterskala abgelesen. Die erreichte Sprunghöhe soll dann im Anschluss von der Größe der Person subtrahiert werden. Die Größe der Person wird vor dem Durchführen der Sprünge gemessen, indem sich die Schüler*innen vor der Wand mit gestreckten Beinen positionieren und die Arme so weit wie möglich nach oben strecken. Die Größe der Person entspricht dem Abstand zwischen dem Boden und dem höchsten Punkt, der mit den Armen erreicht werden kann, was auch als vertikale

Abb. 4.1   Kraft-Zeit-Kurve eines optimalen Vertikalsprungs (verändert nach Wastl, o.J., S. 5)

Reichweite im Stand bezeichnet werden kann. Bei den ersten vier Sprüngen liegt das Augenmerk nur auf dem Absprung, jedoch sollten die Schüler*innen die Arme so weit wie möglich nach oben strecken, da die erreichte Sprunghöhe mithilfe des höchsten Punkts der Arme gemessen wird.

■ **Sprung 1: Squat Jump**

Der*die Sportler*in bewegt sich aus der Ausgangsposition (aufrechter Stand) in die Ausholstellung (der Winkel zwischen Oberschenkel und Unterschenkel sollte ca. 100°–120°betragen), das bedeutet, dass die Sprung-, Knie- und Hüftgelenke gebeugt werden (■ Abb. 4.2). Der*die Sportler*in verharrt in dieser Position ca. 2 Sekunden und springt dann ohne weitere Ausholbewegung nach oben ab, das bedeutet, Sprung-, Knie- und Hüftgelenke werden nun explosiv gestreckt. Bei diesem Sprung verpufft die positive Kraft, da Brems- und Beschleunigungskraftstoß nicht ineinanderübergehen (vgl. Göhner, 2008, S. 86 f). Denn durch die 2-Sekunden-Pause kann sich die entstandene positive Kraft nicht auf die eigentliche Bewegung auswirken.

■ **Sprung 2: Counter Movement Jump**

Der*die Sportler*in lässt die Ausholbewegung und den Sprung fließend ineinanderübergehen. Bei der Ausholstellung soll der Winkel zwischen Oberschenkel und Unterschenkel ebenfalls ca. 100°–120° betragen. Der Sprung ist somit vom Ablauf her gleich wie der Squat Jump, jedoch soll die 2-Sekunden-Pause zwischen entgegengesetzter Ausholbewegung und Absprung weggelassen werden (■ Abb. 4.3). Bei diesem Sprung stehen Brems- und Beschleunigungskraft in einem guten Verhältnis, da Bremskraftstoß und Beschleunigungskraftstoß das Verhältnis 1:3 nicht überschreiten. Dies bedeutet, dass das Abbremsen der entgegengesetzten Ausholbewegung nicht zu viel Kraft benötigt. Die positive Kraft kann sich auf die Sprung-

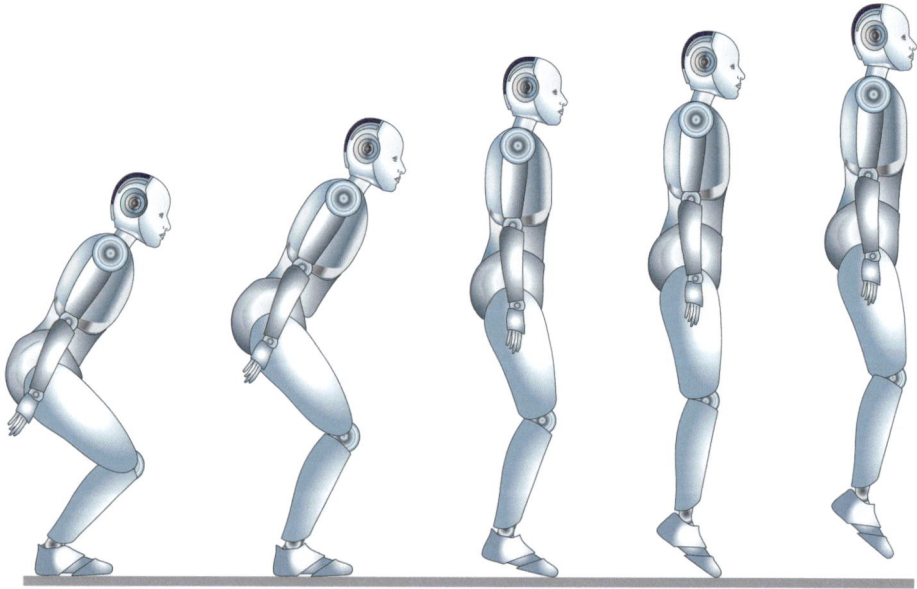

■ **Abb. 4.2**   Squat Jump

◘ **Abb. 4.3** Counter Movement Jump

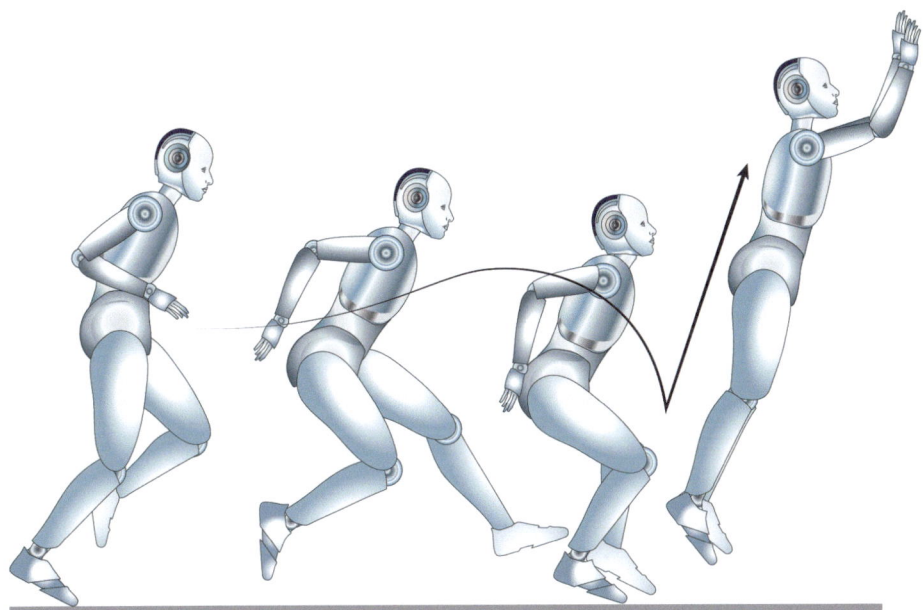

◘ **Abb. 4.4** Drop Jump

höhe auswirken, da die entgegengesetzte Ausholbewegung und die eigentliche Bewegung fließend ineinanderübergehen (vgl. Göhner, 2008, S. 72 f; Wastl, o.J., S. 6).

■ **Sprung 3: Drop Jump**

Der*die Sportler*in läuft mit zwei bis drei Anlaufschritten an und springt dann fließend mit beiden Beinen nach oben ab. Anlauf, Ausholbewegung und Absprung gehen dabei fließend ineinander über; es finden daher keine Pausen zwischen den verschiedenen Phasen statt (◘ Abb. 4.4). Bei diesem Sprung stehen Brems- und Beschleunigungskraftstoß in einem optimalen Verhältnis, da das Abbremsen des Anlaufs nicht zu viel Kraft benötigt. Die positive Kraft kann sich somit positiv auf die Sprunghöhe auswirken, da die Anlaufschritte und der Absprung fließend ineinanderübergehen. Die positive Kraft, die beim Anlauf entsteht, müsste bei entsprechendem Tempo und fließendem Übergang höher sein als bei Sprung 1 und 2. Bei diesem Sprung müsste damit die höchste Sprunghöhe erreicht werden.

▪ Sprung 4: Drop Jump als Niedersprung

Der*die Sportler*in steht auf einem Kasten, springt von diesem herunter auf den Boden und springt dann direkt (ohne Pause bzw. ohne Abbremsen) mit beiden Beinen nach oben ab. Es soll dabei versucht werden, so hoch wie möglich zu springen (◘ Abb. 4.5). Bei diesem Sprung stehen Brems- und Beschleunigungskraftstoß in keinem optimalen Verhältnis zueinander, das bedeutet, für das Abbremsen der eigentlichen Ausholbewegung wird zu viel Kraft verschwendet. Deshalb steht dem*der Sportler*in dann für die eigentliche Bewegung zu wenig Kraft zur Verfügung. Bei diesem Sprung müsste der*die Sportler*in somit die geringste Höhe erreichen.

▪ Berechnung der Sprunghöhe

Nach den vier Sprüngen soll für jeden Sprung jeweils die Höhe errechnet werden. Diese kann nach folgendem Schema ausgerechnet werden:

Höhe des Sprungs = absolute, erreichte Sprunghöhe, die beim Sprung gemessen wird – [minus] Größe der Person mit nach oben gestreckten Armen

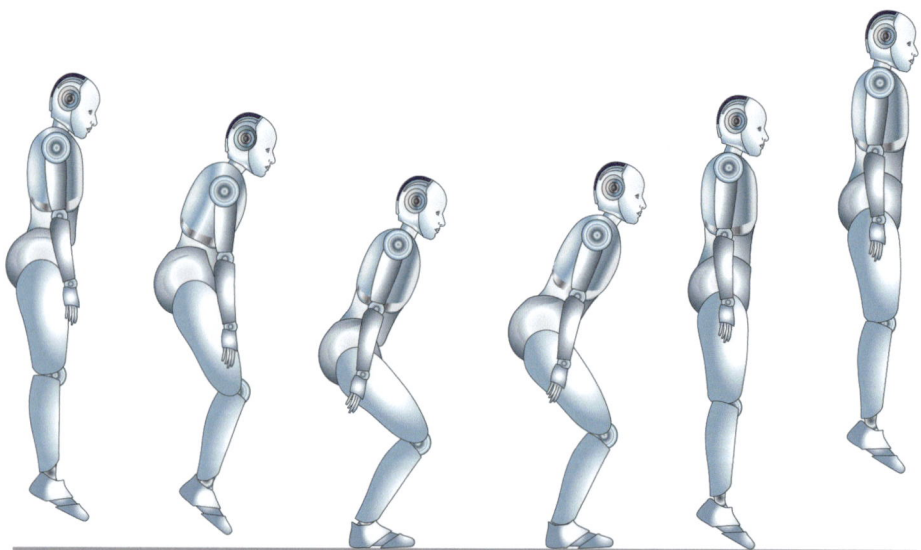

◘ **Abb. 4.5**   Drop Jump als Niedersprung

4.1.3.2 Das Prinzip der zeitlichen Koordination von Teilimpulsen

Bei sportlichen Bewegungen werden in der Regel Einzelbewegungen hintereinandergeschaltet. Hohe Endgeschwindigkeiten bzw. hohe Sprünge können nur erreicht werden, wenn die Einzelbewegungen optimal aufeinander abgestimmt und hintereinandergeschaltet werden (vgl. Scheid & Prohl, 2007, S. 26).

Jedes sich bewegende Körperteil besitzt eine Geschwindigkeit (v) und eine Masse (m) und somit auch einen Impuls p. Die Formel des Impulses lautet: $p = m \cdot v$. Teilbewegungen besitzen deshalb auch Teilimpulse und können den Gesamtimpuls ändern bzw. erhöhen. Die Richtung des Impulses spielt dabei auch eine entscheidende Rolle (vgl. Bannwarth et al., 2019, S. 35). Wenn die Teilimpulse in dieselbe Richtung wirken, ist der Gesamtimpuls und damit auch die Gesamtgeschwindigkeit höher.

Es wird von Impulsübertragung gesprochen, wenn ein Körperteil abgebremst wird und die „positive Kraft" auf das nächste Körperteil übertragen wird. Der Impuls des Gesamtkörpers bleibt trotz der Bewegungsübertragung konstant. Bei sportlichen Sprüngen kann eine gleichgerichtete Schwungbewegung der Arme den Absprungkraftstoß erhöhen, da der Impuls der Arme für die Aufwärtsbewegung genutzt werden kann (vgl. Wastl, o.J., S. 6).

◘ Abb. 4.6 zeigt den Kraftverlauf der Arme beim Sprung, den Kraftverlauf der Beinbewegung und den Kraftverlauf der Arm- und Beinbewegung in einem Diagramm. Der Kraftstoß in der Beschleunigungsphase bezeichnet dabei die Fläche unter der Kraft-Zeit-Kurve zwischen dem Zeitpunkt t_2 und t_3. Wird der Kraftstoß der Armbewegung vom Zeitpunkt t_2 bis t_3 mit dem Kraftstoß der Beinbewegung vom Zeitpunkt t_2 bis t_3 addiert, erhält man den Kraftstoß der Gesamtbewegung in diesem Zeitpunkt, in diesem Fall den Kraftstoß bei einem Counter Movement Jump mit Einsatz der Arme. Dieser Kraftstoß ist im Vergleich zum Kraftstoß der Beinbewegung größer, und dadurch kann mit dem Einsatz der Arme höher gesprungen werden.

Nun soll der Counter Movement Jump auf zwei verschiedene Weisen ausprobiert werden. Als Erstes sollen die Arme dicht am Körper angelegt und gerade nach oben gestreckt werden. In dieser Position soll der Counter Movement Jump durchgeführt und die erreichte Sprunghöhe soll notiert werden. Im zweiten Versuch sollen die Arme als zusätzliches Schwungelement eingesetzt werden. Die erreichte Sprunghöhe soll ebenfalls notiert werden. Das Ziel bei beiden Sprüngen ist es, so hoch wie möglich zu springen.

Die erreichte Sprunghöhe soll im Anschluss verglichen werden.

4

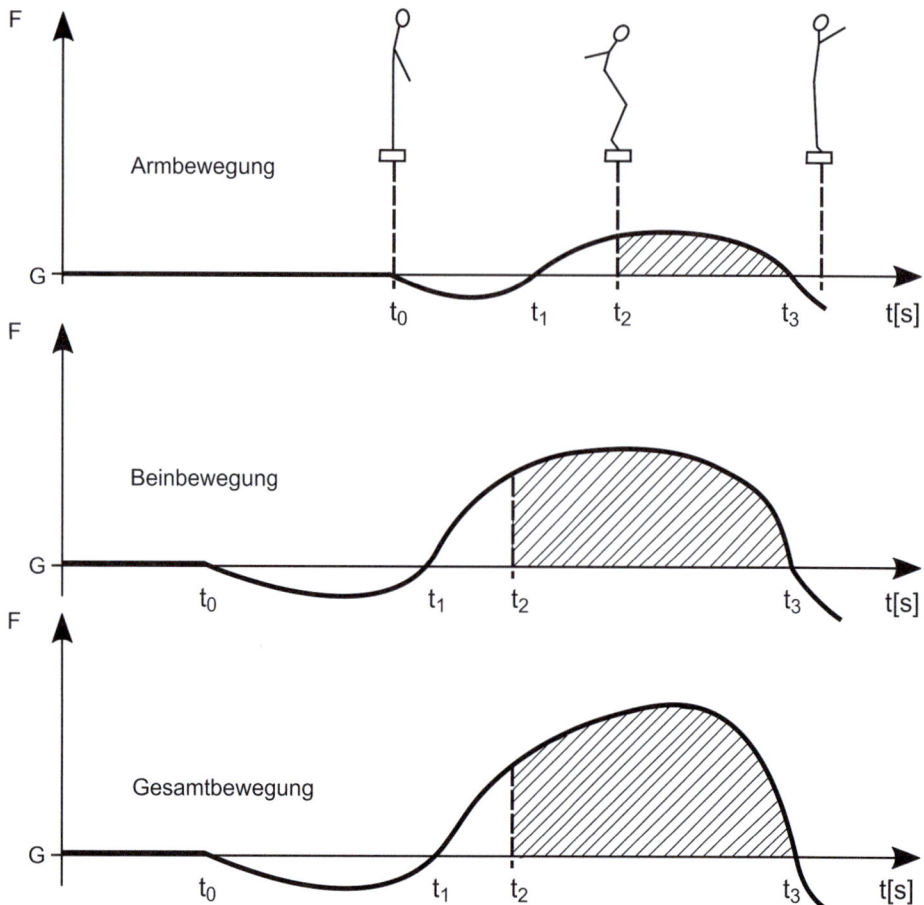

■ **Abb. 4.6**   Kraftverlauf der Arm- und Beinbewegung bei einem Sprung in die Höhe (verändert nach Wastl, o.J., S. 6)

4.1.4   Methodisch-didaktische Überlegungen

4.1.4.1   Ziele und Bezüge des Bildungsplans

Die Thematik dieser Lerneinheit kann im baden-württembergischen Bildungsplan von 2016 im Fach Sport wiedergefunden werden. Im Bildungsplan von 2016 für das Fach Sport im Gymnasium werden inhalts- und prozessbezogene Kompetenzen unterschieden. In dieser Lerneinheit können sowohl inhalts- als auch prozessbezogene Kompetenzen vermittelt werden.

Laut Bildungsplan sollen in Klassenstufe 9 und 10 des Gymnasiums die folgenden inhaltsbezogenen Kompetenzen vermittelt werden: In dieser Klassenstufe sollen das Hochspringen und das Weitspringen thematisiert werden. Weiterführend lernen die Schüler*innen in dieser Klassenstufe, erlernte Bewegungen aus biomechanischer Sicht zu erklären (vgl. MKJS BW Sport, 2016, S. 45 f.).

Laut Bildungsplan sollen in Klassenstufe 9 und 10 des Gymnasiums folgende prozessbezogene Kompetenzen vermittelt werden: Die Schüler*innen sollen im Bereich Urteils- und Reflexionskompetenz das Erkennen verschiedener Sinnrichtungen des Sports durch die Analyse sportlicher Handlungssituationen erlernen (vgl. MKJS BW Sport, 2016, S. 17).

4.1.4.2 Relevanz, Lebenswelt- und Schüler*innenbezug

Biomechanische Prinzipien treten nicht nur bei sportlichen Bewegungen, sondern auch bei Bewegungen im Alltag auf. Viele Schüler*innen haben bestimmt schon einmal versucht, eine Kiste bzw. einen Gegenstand, welche sich auf einem hohen Schrank befand, herunterzuholen. Für diese Aktion wird beispielsweise ein Sprung in die Höhe benötigt. Das Prinzip der Anfangskraft bzw. ein Sprung in die Höhe wird beim Block oder beim Angriffsschlag im Volleyball benötigt. Des Weiteren wird bei einem Basketballabschluss oder bei einem Sprungwurf im Handball ein Sprung in die Höhe benötigt. Der Absprung bzw. das Absprungverhalten sind außerdem beim Weitsprung oder beim Hochsprung von Bedeutung.

In der Schule wird nur sehr wenig Zeit investiert, den genauen biomechanische Grund einer Bewegung zu erklären, da die hohe Wiederholungszahl und das Bewegen tendenziell mehr im Vordergrund stehen sollten. Diese Lerneinheit bietet den Schüler*innen somit die Möglichkeit, Bewegungen unter biomechanischer Betrachtungsweise zu analysieren.

4.1.4.3 Methodisch-didaktische Inszenierung

Durch diese verschiedenen Sprünge sollen das Prinzip der Anfangskraft und das Prinzip der zeitlichen Koordination von Teilimpulsen näher verdeutlicht bzw. erklärt werden. Die Schüler*innen erhalten das Arbeitsblatt und das Stationsblatt zu dieser Station, auf welchen Aufgabenstellungen sowie Informationstexte über die biomechanischen Prinzipien dargestellt sind. Im ersten Themenbereich der Lerneinheit sollen sie sich zuerst Gedanken machen, wie sie beidbeinig in die Höhe springen können und mit welcher Methode bzw. Technik sie bei einem beidbeinigen Absprung die größtmögliche Höhe erzielen können. Im zweiten Schritt sollen die Schüler*innen eine Vermutung aufstellen und diese auch schriftlich festhalten.

Danach lesen die Schüler*innen den Arbeitsauftrag und den Informationstext durch. Im Anschluss stellen sich die Schüler *innen neben eine Wand und strecken ihre Arme so weit wie möglich nach oben. Die erreichte Höhe wird dokumentiert. In diesem Schritt wird die vertikale Reichweite im Stand gemessen.

Daraufhin werden die vier verschiedenen Sprünge durchgeführt. Jede*r Teilnehmer*in soll dabei jeden Sprung ausprobieren und seine*ihre Ergebnisse festhalten. Falls ein*e Teilnehmer*in seine*ihre genauen Daten nicht aufnehmen möchte, muss er*sie dies nicht. Jedoch sollten die verschiedenen Sprünge bei diesen Personen trotzdem ohne Höhenmessung durchgeführt werden. Falls die vermuteten Sprünge aus Phase 1 nicht bei den Testsprüngen dabei sind, können diese Sprünge zusätzlich noch durchgeführt werden (falls das ohne weitere Hilfsmittel möglich ist).

Die Messergebnisse werden auf dem Arbeitsblatt in den Lücken notiert. Mithilfe der Messergebnisse soll die Höhe der verschiedenen Sprünge bestimmt werden. Anschließend sollen Unterschiede und Gemeinsamkeiten der Sprünge herausgearbeitet und schriftlich festgehalten werden. Im nächsten Schritt sollen die Schüler*innen die Phasen, die für die Sprunghöhe entscheidend sind, benennen und beschreiben. Am

Ende des ersten Themenbereichs beziehen sich die Schüler*innen auf die eigentliche Vermutung. Die Ergebnisse sollen im Lückentext schriftlich festgehalten werden, und es soll notiert werden, ob die Ergebnisse mit den Erwartungen bzw. Vermutungen übereinstimmen.

Im zweiten Themenbereich der Lerneinheit lesen die Schüler*innen zuerst die weiteren Aufgabenstellungen durch und diskutieren dann in der Gruppe, wie die Arme bei einem Counter Movement Jump eingesetzt werden können. Das Ziel sollte sein, dass jede*r Teilnehmer*in einen Counter Movement Jump ohne Armeinsatz und mit Armeinsatz durchgeführt hat. Die Schüler*innen sollen in diesem Teil erkennen, dass bei einem Sprung mit explosivem Armeinsatz höhere Sprünge erreicht werden können. Die Ergebnisse werden auf dem Arbeitsblatt dokumentiert, und der abschließende Lückentext soll ausgefüllt werden. Als Abschluss soll eine Zusammenfassung der wichtigsten Erkenntnisse der Lerneinheit erstellt werden.

4.1.4.4 Antizipierte Ergebnisse der Schüler*innen

Da die Größe der Person mit ausgestreckten Armen bei allen Schüler*innen unterschiedlich ist, ist auch deren Sprunghöhe verschieden. Alle Schüler*innen sollten jedoch beim Drop Jump die größte Sprunghöhe erreichen (es sei denn, koordinative Schwierigkeiten verhindern eine optimale Bewegungsausführung). Außerdem sollte die Sprunghöhe beim Counter Movement Jump höher sein als beim Squat Jump. Die Lösungen der Aufgaben 3c und d werden im Folgenden erläutert.

■ **Aufgabe 3c: Unterschiede und Gemeinsamkeiten der Sprünge**

Im Vergleich zum Counter Movement Jump ist beim Squat Jump eine Pause zwischen der entgegengesetzten Ausholbewegung und dem Absprung. Beim Counter Movement Jump geht die entgegengesetzte Ausholbewegung fließend in den Absprung über. Beim Drop Jump dagegen werden vor dem Sprung zwei bis drei Anlaufschritte durchgeführt. Die Anlaufschritte, die Ausholbewegung und der Absprung gehen dabei fließend ineinander über. Der Drop Jump als Niedersprung wird im Vergleich zu den anderen Sprüngen von einem Kasten herunter ausgeführt. Die entgegengesetzte Ausholbewegung und der Absprung gehen wie beim Counter Movement Jump und beim Drop Jump fließend ineinander über.

■ **Aufgabe 3d: Entscheidende Phasen der Sprünge**

Entscheidend ist bei diesen Sprüngen, ob eine Pause zwischen der entgegengesetzten Ausholbewegung und dem Absprung vorhanden ist. Außerdem ist die Absprunghöhe von Bedeutung, d. h., es ist entscheidend, ob von einer Erhöhung heruntergesprungen wird oder nicht.

Wenn eine anfängliche Ausholbewegung entgegengesetzt zur eigentlichen Bewegungsrichtung abgebremst wird, entsteht zu Beginn der eigentlichen Zielbewegung eine positive Kraft. Für die erreichte Sprunghöhe ist schließlich die Größe der positiven Kraft von Bedeutung.

Die Lösungen der Lückentexte (Aufgabe 5) sind in den digitalen Lösungskarten sichtbar. Die Lösung der Aufgabe 4b lautet, dass im Vergleich zum Counter Movement Jump ohne Armeinsatz bei einem Counter Movement Jump mit Armeinsatz eine größere Sprunghöhe erreicht wird.

4.1.4.5 Mögliche Herausforderungen und entsprechende Förder-/Forderangebote

Da sich die verschiedenen Sprungformen auch auf Volleyball beziehen, ist zu Beginn eine Infobox zum Volleyball vorhanden. Diese Infobox soll dem*der Schüler*in grundlegende Informationen zum Volleyball bzw. zu den dargestellten Bildern vermitteln. In dieser Lerneinheit könnten Schwierigkeiten auftreten, falls die Werte der Sprunghöhen fehlerhaft bzw. unerwartet ausfallen. Falls das Ausrechnen der Sprunghöhe dabei Probleme bereitet, kann die Infobox verwendet werden. Außerdem könnte es sein, dass die Schüler*innen den Zusammenhang zwischen Ausholbewegung und erbrachter Sprunghöhe nicht verstehen bzw. nicht erkennen.

Zur Ergebnissicherung sollen die Schüler*innen einen Lückentext ausfüllen. Falls die Schüler*innen Probleme haben, den Lückentext auszufüllen, können sie die Infobox über das Prinzip der Anfangskraft verwenden.

Im letzten Teil der Aufgabe soll ebenfalls zur Ergebnissicherung ein Schaubild vervollständigt werden. Leistungsstärkere Schüler*innen können dies ohne Infobox lösen, leistungsschwächere Schüler*innen hingegen können die Infobox zum Prinzip der zeitlichen Koordination der Teilimpulse verwenden.

Den Schülern*innen könnte als Tipp mitgegeben werden, dass sie die verschiedenen Ausholphasen bzw. -bewegungen untersuchen, beschreiben und differenzieren sollen.

4.1.4.6 Benötigte Vorkenntnisse und Vertiefungs-/ Weiterführungsmöglichkeiten

Die Schüler*innen sollten für diese Lerneinheit eine gewisse Grundfitness und Erfahrungen im Bereich Springen mitbringen. Diese Grundkenntnisse sollten in den Klassenstufen 5 bis 9 laut Bildungsplan 2016 geschaffen werden. Außerdem sollten die Schüler*innen Kompetenzen bzw. Erfahrungen beim Experimentieren und Erarbeiten einer Thematik in einer Kleingruppe besitzen. Für diese Lerneinheit müssen die Schüler*innen somit i. d. R. nicht explizit vorbereitet werden.

Die Schüler*innen können sich nach dieser Einheit mit den anderen biomechanischen Prinzipien vertraut machen. Die weiteren biomechanischen Prinzipien lauten:

- Prinzip der Gegenkraft
- Prinzip der Impulserhaltung
- Prinzip des optimalen Beschleunigungswegs
- Prinzip der optimalen Tendenz im Beschleunigungsverlauf

In diese Einheit könnte als Erweiterung noch der Counter Movement Jump mit einer App, welche die Beschleunigung während des Sprungs misst, analysiert werden. Die Schüler*innen könnten dann die verschiedenen Beschleunigungskurven analysieren, vergleichen und erklären.

Als zusätzliche Erweiterung könnte jeder Sprung per Video aufgenommen werden. Mit einem Videoanalyseprogramm könnte das entstandene Video dann analysiert werden.

Diese verschiedenen Sprungformen könnten auch für Schüler*innen der Klassenstufe 7/8 vereinfacht werden. In dieser Klassenstufe würden die biomechanischen Prinzipien dann nicht unbedingt explizit benannt werden. Die Schüler*innen sollen dann die unterschiedlichen Sprungformen beschreiben, Unterschiede herausarbeiten und entscheidende Faktoren wie beispielsweise den Armeinsatz oder die Pause zwischen dem Beugen und Abspringen benennen. Außerdem sollen die Schüler*innen herausfinden und begründen, mit welcher Sprungart die größten Höhen erzielt werden können.

4.1.5 Verlaufsplan

Beschreibung des Ablaufs durch einen Verlaufsplan, der mit konkreten Zeitangaben in kurzer, prägnanter Form die methodisch-didaktische Inszenierung angibt:

Min.	Phase und Ziel	Lehr-Lern-Arrangement	Arbeitsweise (Methoden, Sozialform)	Arbeitstechnik (Material, Medien)
1–3	Einstieg, Aktivierung: Fragestellung und Interesse wecken	Beachvolleyballerin: Einleitung Leitfrage: Mit welcher Sprungtechnik kann bei einem beidbeinigen Absprung die größte Sprunghöhe erreicht werden? Lesen der Infobox und Arbeitsblatt, Aufgabenstellung verstehen Vermutungen aufstellen	Lesen in Einzelarbeit, Vermutungen in der Kleingruppe aufstellen	Stift, Arbeitsblatt
4–6	Experiment vorbereiten	Lesen des Arbeitsauftrags und des Informationstexts Vorbereiten des Experiments	Kleingruppen -> verschiedene Aufgaben werden zugeteilt	Stift, Arbeitsblatt
7–15	Erarbeitung: Experiment zum Prinzip der Anfangskraft durchführen	Messung der Sprunghöhe bei den verschiedenen Sprüngen für jede*n teilnehmende*n Schüler*in: Größe der verschiedenen Personen mit nach oben gestreckten Armen bestimmen Herz-Kreislauf-System erwärmen durch Hampelmänner die vier verschiedenen Sprünge durchführen andere vermutete Sprünge aus Phase 1 durchführen	Kleingruppen	Stift, Papier, Arbeitsblatt, Experimentiermaterial: Kasten, Maßstab bzw. Messskala

Min.	Phase und Ziel	Lehr-Lern-Arrangement	Arbeitsweise (Methoden, Sozialform)	Arbeitstechnik (Material, Medien)
15–19	Ergebnisauswertung, -interpretation und -sicherung	Bearbeitung der Aufgaben: Messergebnisse auf dem Arbeitsblatt notieren absolute Höhe des Sprungs ausrechnen -> Infobox Unterschiede zwischen den verschiedenen Sprüngen herausarbeiten ausschlaggebende bzw. entscheidende Phasen benennen Rückschluss zum Anfang: Ist das eingetreten, was am Anfang vermutet wurde? Infobox lesen und Lückentext ausfüllen	Kleingruppen	Stift, Arbeitsblatt
20	Vorbereitung: neues Problem bzw. neue Aufgabenstellung kennenlernen	Durchlesen des Arbeitsblatts bzw. der Aufgabenstellung	Kleingruppen	Arbeitsblatt, Stift
21–25	Durchführung des Experiments zum Prinzip der zeitlichen Koordination von Teilimpulsen	Durchführung des Experiments bei jedem*jeder teilnehmenden Schüler*in: Counter Movement Jump mit verschiedenen Armeinsätzen	Kleingruppen	Experimentiermaterial: Wand, Maßband bzw. Messskala
25–30	Auswertung und Ergebnissicherung	Dokumentation und Interpretation der Ergebnisse auf dem Arbeitsblatt, Lesen der Infobox, Ausfüllen des Lückentexts	Kleingruppen	Arbeitsblatt, Stift
	Wiederholung bzw. Besprechung der Ergebnisse -> Schüler*innen haben die richtigen Ergebnisse, Austausch der verschiedenen Gruppen	Besprechen der Ergebnisse mit der ganzen Gruppe	ganze Gruppe mit einer führenden Person, die die Diskussion anleitet	ausgefülltes Arbeitsblatt und Stift

- **Digitales Zusatzangebot**

Weitere Materialien (Lösungskarten) zu diesem Kapitel finden Sie unter ▶ https://lehrbuch-biologie.springer.com/mint-bewegung.

Karlsruher Institut für Technologie

4

4.2 Stationsblatt: Jump and Reach Test bei unterschiedlichen Sprungformen – Sprunghöhe bei unterschiedlichen Sprüngen bestimmen

Wie hoch kann eine Beachvolleyballerin im Sand mit einem beidbeinigen Absprung springen?

Lest ▶ Infobox 1.

Infobox 1

Die Beachvolleyballerin in ▪ Abb. 4.7 ist in etwa 1,84 m groß. Die Netzhöhe beim Frauen-Beachvolleyball beträgt 2,24 m. Aus dem Bild kann man erkennen, dass die Beachvolleyballerin mit ihren Fingerspitzen ungefähr 50 cm über die Netzhöhe springen kann.

Um die größtmögliche Höhe erreichen zu können, benötigt man eine gute Sprungkraft und die optimale Technik.

Im Vergleich dazu sprang Leonel Marhall, ein kubanischer Volleyballspieler mit einer Körpergröße von 1,96 m, angeblich aus dem Stand 127 cm hoch.

▪ **Abb. 4.7** Beachvolleyballerinnen

■ **Aufgabe 1**

Überlegt euch, welche verschiedenen Möglichkeiten es gibt, mit einem *beidbeinigen* Absprung in die Höhe zu springen!

Überlegt im zweiten Schritt, mit welcher Sprungtechnik ihr die größtmögliche Höhe erreichen könnt und welche Körperteile dabei entscheidend sein könnten? Notiert eure Erkenntnisse auf dem Arbeitsblatt.

■ **Aufgabe 2**

Führt nun die unten beschriebenen Sprünge durch und messt dabei jeweils die Sprunghöhe:

— Schritt 1: Stellt euch hierfür als Erstes mit nach oben gestreckten Armen vor die Wand mit einer Messskala. Dein*e Partner*in misst den höchsten Punkt, den du mit gestreckten Beinen und Armen erreichen kannst. Achtet darauf, dass ihr auf dem ganzen Fuß steht. Führt dies bei jedem Teammitglied durch. Notiert jeweils die Höhe a auf dem Arbeitsblatt.

— Schritt 2: Jede*r Teilnehmer*in soll nun die vier verschiedenen Sprünge durchführen. Gruppenmitglied 1 soll dabei zuerst alle vier Sprünge absolvieren, und danach führt das nächste Gruppenmitglied alle vier Sprünge durch. Das Ziel bei allen Sprüngen ist es, die *größtmögliche Sprunghöhe* zu erreichen. Notiert eure Sprunghöhen mit d_1, d_2, d_3 und d_4 auf dem Arbeitsblatt.

Stellt euch beim ersten Sprung ca. schulterbreit vor die Wand, bewegt euch dann in die Hocke, sodass der Winkel zwischen Oberschenkel und Unterschenkel ca. 100° bis 120° beträgt (■ Abb. 4.8). Verharrt in dieser Position 2 Sekunden und springt dann

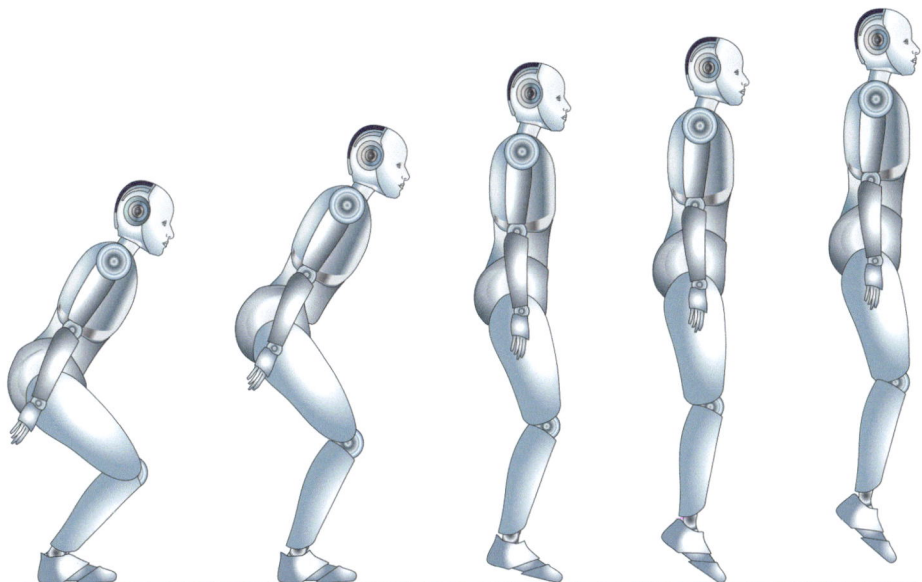

■ **Abb. 4.8** Bildreihe zum Squat Jump

4

mit einem beidbeinigen Absprung so hoch wie möglich. Versucht dabei die Hände so weit wie möglich nach oben an die Wand mit Messskala zu bringen. Ein Teammitglied beobachtet den Sprung und versucht, die erreichte Sprunghöhe zu bestimmen. Diesen Sprung bezeichnet man als *Squat Jump*.

— Schritt 3: Der zweite Sprung soll genauso ausgeführt werden wie der erste, jedoch muss die 2-Sekunden-Pause vor dem Absprung weggelassen werden. Damit soll die Ausholbewegung flüssig in den Absprung übergehen. Dieser Sprung wird *Counter Movement Jump* genannt (⬛ Abb. 4.9).

— Schritt 4: Führt direkt vor dem dritten Sprung zwei bis drei Anlaufschritte durch, schließt die Beine und springt dann beidbeinig genauso wie bei Sprung 2 ab. Dieser Sprung wird *Drop Jump* genannt (⬛ Abb. 4.10).

— Schritt 5: Springt nun aus dem Stand vom Klapptritt/Kastenteil auf den Boden nach unten, dann direkt wieder nach oben und versucht so hoch wie möglich zu springen. Dieser Sprung wird als *Drop Jump als Niedersprung* bezeichnet (⬛ Abb. 4.11).

Falls ihr bei Aufgabe 1 noch weitere Sprünge beschrieben habt, führt diese nun durch und notiert eure erreichte Sprunghöhe (falls möglich).

▪ **Aufgabe 3**

a. Berechnet für jeden Sprung die Höhe des Sprungs. Ihr könnt die ▶ Infobox 2 zu Hilfe nehmen.

b. Bei welchem Sprung erreicht ihr die größte Höhe?

c. Wie unterscheiden sich die vier verschiedenen Sprünge? Benennt Unterschiede und Gemeinsamkeiten.

d. Welche Phasen sind ausschlaggebend für die erreichte Sprunghöhe? Welche Teile der Bewegung haben einen Einfluss auf die erreichte Sprunghöhe? Notiert eure Ergebnisse.

e. Sind eure Vermutungen eingetreten?

⬛ **Abb. 4.9**   Bildreihe zum Counter Movement Jump

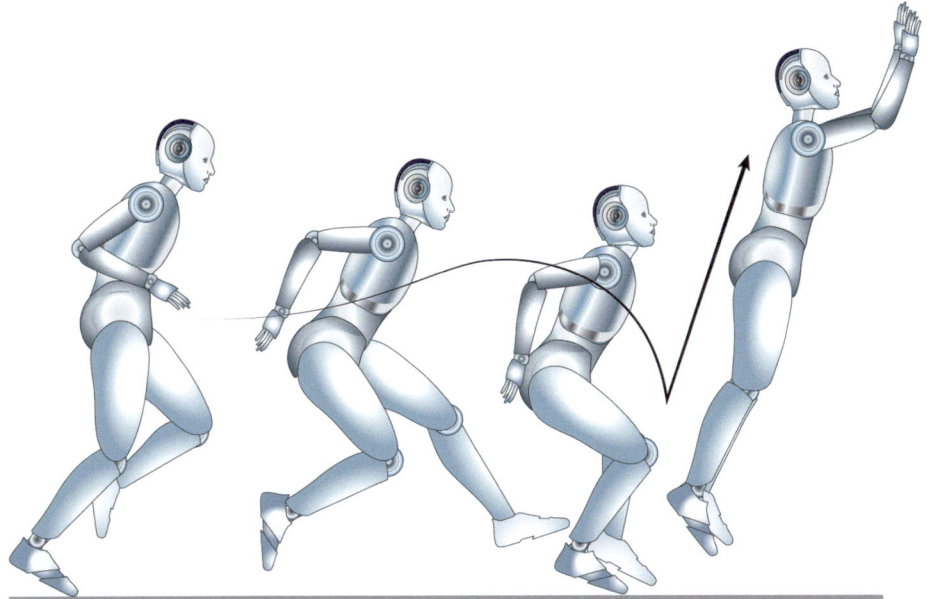

☑ **Abb. 4.10**   Bildreihe zum Drop Jump

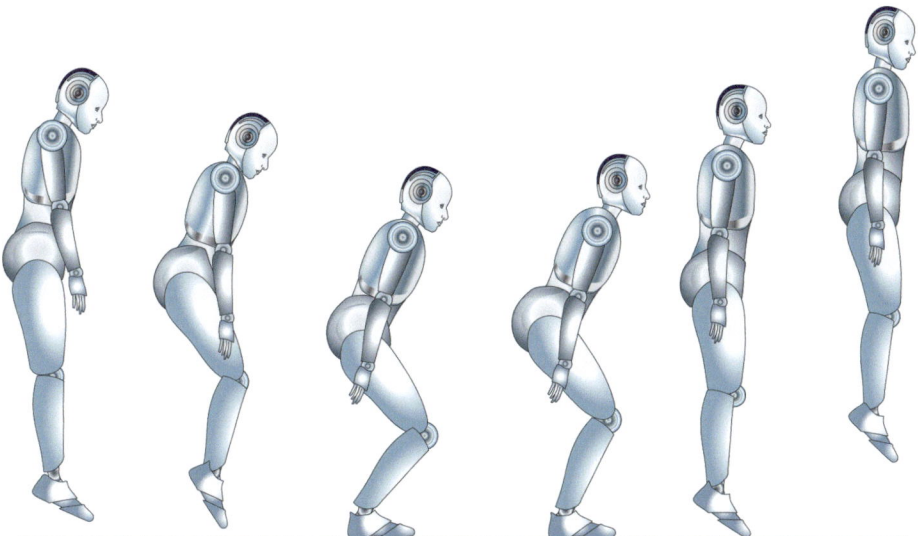

☑ **Abb. 4.11**   Bildreihe zum Drop Jump als Niedersprung

4

Infobox 2

Die Höhe des Sprungs *h* kann folgendermaßen berechnet werden:

H = d_j – *a* = absolute, erreiche Sprunghöhe, die beim Sprung gemessen wird – Größe der Person mit nach oben gestreckten Armen.

j ist eine Variable und nimmt die Zahlen 1, 2, 3 und 4 an.

Infobox 3

Bei diesen Sprüngen wirkt das biomechanische Prinzip der Anfangskraft.

Das Prinzip der Anfangskraft besagt, dass eine Körperbewegung, mit der ein großer Kraftstoß erreicht werden soll, durch eine entgegengesetzt gerichtete Bewegung eingeleitet werden muss. Wenn die anfängliche Ausholbewegung entgegengesetzt zur eigentlichen Bewegungsrichtung abgebremst wird, entsteht zu Beginn der eigentlichen Bewegung eine positive Kraft. Diese positive Kraft (Anfangskraft) kann für die Beschleunigung der Bewegung verwendet werden. Falls Brems- und Beschleunigungskraftstoß in einem optimalen Verhältnis zueinander stehen, kann diese Ausholbewegung den eigentlichen Kraftstoß vergrößern.

- **Aufgabe 4**
a. Wie können die Arme beim Sprung optimal eingesetzt werden, um eine möglichst hohe Sprunghöhe zu erreichen? Führt den Counter Movement Jump (Sprung 2) mit und ohne Armeinsatz durch.
b. Durch welche Variante wird dabei die größere Sprunghöhe erreicht?

- **Aufgabe 5**
Lest zum Verständnis Infobox 4. Füllt anschließend den Lückentext aus.

Infobox 4

Bei diesen Sprüngen wirkt ebenfalls das Prinzip der zeitlichen Koordination von Teilimpulsen.

Das Prinzip der zeitlichen Koordination von Teilimpulsen besagt, dass hohe Sprünge nur erreicht werden können, wenn die Einzelbewegungen optimal aufeinander abgestimmt und hintereinandergeschaltet werden. Bei sportlichen Sprüngen kann eine gleichgerichtete Schwungbewegung der Arme den Absprungkraftstoß erhöhen.

Karlsruher Institut für Technologie

4.3   Arbeitsblatt: Jump and Reach Test bei unterschiedlichen Sprungformen – Sprunghöhe bei unterschiedlichen Sprüngen bestimmen

Aufgabe 1

Mögliche Sprünge mit einem beidbeinigen Absprung

_____

_____

_____

_____

_____

Aufgabe 3

a.   a = Größe einer Person mit nach oben gestreckten Armen = _____

	Sprung 1: Squat-Jump	Sprung 2: Counter-Movement-Jump	Sprung 3: Drop-Jump	Sprung 4: Drop-Jump mit Niedersprung
Höhe in cm	$d_1 =$	$d_2 =$	$d_3 =$	$d_4=$
absolute Höhe des Sprungs in cm				

b.   Sprung mit größter Höhe:

c.   Unterschiede und Gemeinsamkeiten der Sprünge:

_____

_____

_____

_____

_____

_____

d.   entscheidende Phasen des Sprungs:

_____

_____

_____

_____

f. Lückentext

negativ / positiv / verpufft / nicht verpufft   / nicht zu viel Kraft / die positive Kraft / zu viel Kraft

Beim Squat-Jump _____ die positive Kraft, da Brems- und Beschleunigungskraftstoß nicht ineinander übergehen. Durch die 2 Sekunden Pause vor dem Absprung kann sich _____ nicht auf die eigentliche Bewegung auswirken.

Das Abbremsen der entgegengesetzten Ausholbewegung beim Counter-Movement-Jump benötigt _____, sodass eine positive Kraft für die eigentliche Bewegung entsteht.

Beim Drop -Jump gehen die Anlaufschritte und der Absprung fließend ineinander über, sodass die positive Anfangskraft _____. Die Ausholbewegung wirkt sich bei diesem Sprung _____ auf die Sprunghöhe aus.

Das Abbremsen der entgegengesetzten Ausholbewegung beim Drop-Jump mit Niedersprung benötigt_____, sodass sich die Ausholbewegung _____ auf die Sprunghöhe auswirkt.

Aufgabe 4

Sprung mit größter Höhe:

_____

Aufgabe 5

Lückentext

gleichbleibender Absprungkraftstoß / kein zusätzliches Schwungelement / Armeinsatz als zusätzliches Schwungelement / erhöhter Absprungkraftstoß

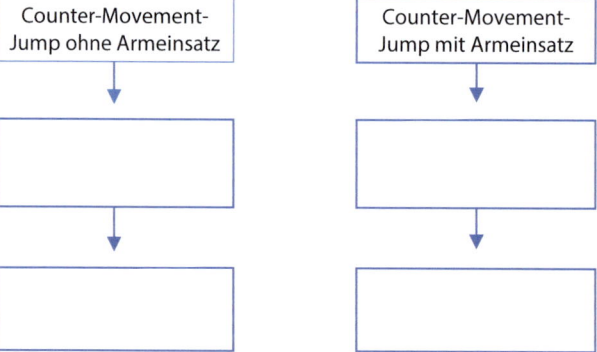

Literatur

Bannwarth, H., Kremer, B. P., & Schulz, A. (2019). *Basiswissen Physik, Chemie und Biochemie: Vom Atom bis zur Atmung- für Biologen, Mediziner, Pharmazeuten und Agrarwissenschaftler*. Springer Spektrum.

Göhner, U. (2008). *Angewandte Bewegungslehre und Biomechanik des Sports – Eine Einführung mit zahlreichen Abbildungen und Aufgaben Themenschwerpunkt Abspringen*. Eigenverlag Ulrich Göhner.

[MKJS BW Sport] Ministerium für Kultus, Jugend und Sport Baden- Württemberg. (2016). Bildungsplan des Gymnasiums. Sport. http://www.bildungsplaene-bw.de/,Lde/LS/BP2016BW/ALLG/GYM/SPO. Zugegriffen am 23.05.2019.

Scheid, V. & Prohl, R. (Hrsg.). (2007). *Bewegungslehre* (8., durchgesehene und korrigierte Aufl.). Limpert Verlag.

Wastl, P. (o.J.). Grundlagen der Bewegungslehre im Sport. http://www.cvo-sport.de/biomechanik/Biomechanische%20Prinzipien.pdf. Zugegriffen am 22.05.2019.

MINT & Fortbewegen

Inhaltsverzeichnis

Gehen, Laufen und Sprinten

Katharina Beck

Inhaltsverzeichnis

5.1 Ausarbeitung

5.1.1 Kurzbeschreibung und Zielsetzung

Anhand des Kontexts der menschlichen Fortbewegungsarten Gehen, Laufen und Sprinten werden die kinematischen Größen Geschwindigkeit, Strecke und Zeit sowie deren funktionaler Zusammenhang thematisiert. Die Berechnung der Geschwindigkeiten beim Gehen, Laufen und Sprinten basiert auf eigens aufgenommenen Messwerten der Schüler*innen. Daneben werden prozessbezogene Kompetenzen im Bereich der Erkenntnisgewinnung durch das Durchführen und Auswerten des Experiments gefördert sowie Erkenntnisse verbalisiert und Ergebnisse bewertet. Neben den physikalischen Inhalten werden spezifische Aspekte der drei Fortbewegungsarten Gehen, Laufen und Sprinten hervorgehoben und unterschieden.

5.1.2 Rahmenbedingungen

- Zielgruppe: Klassenstufe 7–9
- Anzahl der Schüler*innen: 2–4
- Zeitlicher Rahmen der Station: 25–30 min
- Räumlichkeiten: Flur (ca. 20 m)
- Material: Stoppuhr, Maßband, Taschenrechner, 2 Pylonen
- Nötige Vorkenntnisse: keine

5.1.3 Sachanalyse

5.1.3.1 Kinematische Größen: Strecke, Geschwindigkeit und Zeit

Bei der Untersuchung von Bewegungen wird zwischen der Kinematik und der Dynamik unterschieden. Die Kinematik beschäftigt sich mit der Beschreibung von Bewegungen über kinematische Größen wie die Strecke s und Geschwindigkeit v in Abhängigkeit der Zeit t. In der Dynamik geht es um die Untersuchung der Ursachen von Bewegungen und damit um dynamische Größen wie die Kraft F.

Die Strecke Δs beschreibt die Differenz zwischen einem Anfangs- und Endpunkt. Beispiel: Startet ein Objekt bei $s_0 = 0\,\text{m}$ und kommt an dem Ort $s_1 = 5\,\text{m}$ an, dann hat es die Strecke $\Delta s = s_1 - s_0 = 5\,\text{m} - 0\,\text{m} = 5\,\text{m}$ zurückgelegt.

Allgemein wird zwischen der Durchschnittsgeschwindigkeit und der Momentangeschwindigkeit unterschieden. Die Durchschnittsgeschwindigkeit gibt die Geschwindigkeit über eine Zeitspanne an, während die Momentangeschwindigkeit sich auf einen Zeitpunkt der Bewegung bezieht. Mit dem im Folgenden verwendeten Begriff der Geschwindigkeit ist die Durchschnittsgeschwindigkeit gemeint.

Die Geschwindigkeit v gibt an, welche Strecke Δs pro Zeit Δt zurückgelegt wird. Sie ergibt sich über den Quotienten aus der zurückgelegten Strecke $\Delta s = s_1 - s_0$ und der Zeitspanne $\Delta t = t_1 - t_0$:

$$v = \frac{\Delta s}{\Delta t} = \frac{s_1 - s_0}{t_1 - t_0}$$

Die Maßeinheit der Geschwindigkeit ist

$$[v] = \frac{[\Delta s]}{[\Delta t]} = \frac{1\,\mathrm{m}}{1\,\mathrm{s}} = 1\frac{\mathrm{m}}{\mathrm{s}} \ .$$

Die Bezeichnung der physikalischen Größe der Strecke mit s ist nicht mit der SI-Einheit für die Zeit $[t] = 1\,\mathrm{s} = 1\,\mathrm{Sekunde}$ zu verwechseln. In der Physik ist der Unterschied zwischen physikalischer Größe und physikalischer Einheit grundlegend. Eine physikalische Größe ist eine messbare Eigenschaft, wie beispielsweise die Strecke, Geschwindigkeit und Zeit. Die dazugehörigen Formelzeichen sind s, v und t (in Anlehnung an den Bildungsplan; MKJS BW Physik, 2016) Für jede physikalische Größe gibt es Maßeinheiten, mit der diese Größe gemessen und angegeben wird. Das am weitesten verbreitete Einheitensystem ist das Internationale Einheitensystem oder kurz SI. In diesem Einheitensystem wird die physikalische Größe Strecke s in Metern ($[s] = 1\,\mathrm{m}$) und die Zeit t in Sekunden ($[t] = 1\,\mathrm{s}$) angegeben.

Beispiel: Befindet sich ein Objekt zum Zeitpunkt $t_0 = 0\,\mathrm{s}$ am Ort $s_0 = 0\,\mathrm{m}$ und zum Zeitpunkt $t_1 = 2\,\mathrm{s}$ am Ort $s_1 = 5\,\mathrm{m}$, dann bewegt es sich mit der Geschwindigkeit

$$v = \frac{\Delta s}{\Delta t} = \frac{s_1 - s_0}{t_1 - t_0} = \frac{(5-0)\mathrm{m}}{(2-0)\mathrm{s}} = 2{,}5\frac{\mathrm{m}}{\mathrm{s}}.$$

Es gilt $1\dfrac{\mathrm{m}}{\mathrm{s}} = 3{,}6\dfrac{\mathrm{km}}{\mathrm{h}}$

Damit folgt für die Geschwindigkeit

$$2{,}5\frac{\mathrm{m}}{\mathrm{s}} = 9\frac{\mathrm{km}}{\mathrm{h}}.$$

5.1.3.2 Bewegungsanalyse

Gehen, Laufen und Sprinten als Formen der menschlichen Fortbewegung sind zyklische Bewegungen, was bedeutet, dass sich während des Bewegungsablaufs ein Grundmuster wiederholt. Die Fortbewegungsarten Gehen, Laufen und Sprinten unterscheiden sich hinsichtlich verschiedener Aspekte.

■ **Geschwindigkeit**

Die Geschwindigkeit nimmt beim Gehen über das Laufen bis hin zum Sprinten zu. Interessant ist, dass beim freien Gehen die Geschwindigkeit in der Regel automatisch so gewählt wird, dass eine größtmögliche Ökonomie bei der Bewegung erzielt und der Energieumsatz dabei gering gehalten wird. Normwerte für die Ganggeschwindigkeit liegen für Erwachsene im Bereich zwischen 4,3 km/h und 5,4 km/h (1,2–1,5 m/s) (Weidt, 2011). Im Vergleich dazu beträgt die Geschwindigkeit beim lockeren Laufen in etwa 9,4 km/h (2,6 m/s) (Weidt, 2011). Die maximale Sprintgeschwindigkeit differiert von Mensch zu Mensch. Beim Weltrekordlauf von Usain Bolt bei der

Leichtathletik WM 2009 über die 100-m-Distanz in 9,58 s erreichte er eine Höchstgeschwindigkeit von 44,72 km/h (12,42 m/s) (n-tv, 2009).

Die Geschwindigkeit beim Gehen, Laufen und Sprinten ergibt sich über das Produkt aus Schrittfrequenz und Schrittlänge. Die Schrittlänge (als Streckenangabe in m) multipliziert mit der Schrittfrequenz (als Schritte pro Zeit in 1/s) ergibt die Geschwindigkeit (in m/s). Über die zunehmende Schrittfrequenz sowie Schrittlänge vom Gehen über das Laufen hin zum Sprinten ist der Zusammenhang zu der entsprechend steigenden Geschwindigkeit gegeben.

Zur Steigerung der Geschwindigkeit innerhalb der menschlichen Fortbewegungsarten gibt es demnach zwei Möglichkeiten: zum einen durch eine Steigerung der Schrittfrequenz, zum anderen durch die Schrittlänge. Die Größen bedingen einander: Eine zu große Schrittlänge äußert sich in einer Abnahme der Schrittfrequenz, und umgekehrt geht eine zu hohe Schrittfrequenz mit einer kleineren Schrittlänge einher. Weltklassesprinter wie Usain Bolt haben neben einer großen Schrittlänge auch die Fähigkeit, hohe Schrittfrequenzen beizubehalten. Im Breiten- und Freizeitsport ist sowohl bei Erwachsenen als auch bei Kindern und Jugendlichen die Problematik einer zu großen Schrittlänge zu beobachten. Dies geht mit einer unsauberen Lauf- oder Sprinttechnik einher, wobei der initiale Bodenkontakt mit der Ferse erfolgt. Dies führt zu einem Abbremsen der Bewegung. Demnach ist es für eine Steigerung der Geschwindigkeit ökonomischer, die Schrittfrequenz zu erhöhen.

■ **Bewegungstechnik**

Mit steigender Geschwindigkeit und demnach in der Regel zunehmender Schrittfrequenz und -länge vom Gehen über das Laufen hin zum Sprinten verändert sich die Bewegungstechnik. Ein wesentlicher Unterschied zwischen dem Gehen und den schnelleren Fortbewegungsarten Laufen und Sprinten ist, dass immer mindestens ein Fuß Bodenkontakt hat. Neben dieser Einbeinstandphase im Gangzyklus gibt es eine für das Gehen charakteristische Zweibeinstandphase, bei der beide Füße Bodenkontakt haben (◘ Abb. 5.1). Beim Übergang vom Gehen zum Laufen verkürzen sich die Zweibeinstandphasen sukzessive, bis es zu einer Flugphase kommt, die charakteristisch für die Bewegungsformen Laufen und Sprinten sind (◘ Abb. 5.2 und 5.3) (Weidt, 2011). Während beim Gehen innerhalb des Zyklus von einer Stand- und Schwungphase der Beine gesprochen wird, spricht man bei den schnelleren Fortbewegungsarten Laufen und Sprinten von der Stütz- und Schwungphase (Neumann & Hottenrott, 2016).

Die Stand- beziehungsweise Stützphase wird hinsichtlich der damit einhergehenden Bodenkontaktzeit der Füße mit zunehmender Geschwindigkeit kürzer gestaltet, sodass eine Erhöhung der Schrittfrequenz durch eine verkürzte Bodenkontaktzeit

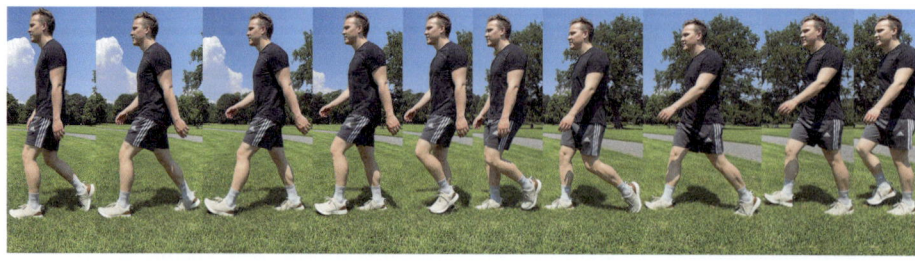

◘ **Abb. 5.1**   Gehen

⬛ **Abb. 5.2**   Laufen

⬛ **Abb. 5.3**   Sprinten

erreicht wird. Bewegungstechnisch können hier verschiedene Aspekte zur Erklärung herangezogen werden. Entscheidend für die Schrittgestaltung ist der Fußaufsatz während des Bodenkontakts. Es wird zwischen dem Rückfuß-, Mittelfuß- und Vorfußaufsatz unterschieden (Weidt, 2011). Beim Rückfußaufsatz oder auch Fersenlauf erfolgt der initiale Bodenkontakt mit dem Aufsetzen des hinteren Fußdrittels, beim Mittelfußaufsatz oder auch Mittelfußlauf erfolgt der erste Bodenkontakt mit dem mittleren Fußdrittel und beim Vorfußaufsatz oder auch Ballenlauf entsprechend mit dem Aufsetzen des vorderen Fußdrittels. Durch die längere Abrollstrecke von der Ferse beim Aufsetzen bis zur Fußspitze beim Abdruck vor dem Verlassen des Fußes vom Boden folgt entsprechend die längere Bodenkontaktzeit beim Gehen (⬛ Abb. 5.1). Die Bodenkontaktzeit verkürzt sich mit der Verlagerung des Fußaufsatzes vom Rückfuß über den Mittelfuß zum Vorfuß hin sukzessive und resultiert in einer höheren Schrittfrequenz (⬛ Abb. 5.2 und 5.3). Der Fußaufsatz wird durch die zuvor gestaltete Schwungphase des Beins vorbereitet, sodass mit einem aktiv greifenden Fußaufsatz eine ökonomische Sprinttechnik resultiert (⬛ Abb. 5.3) (Weidt, 2011).

Ausblick: Der aktiv greifende Fußaufsatz beim Sprintschritt führt zu einer Reduktion des bremsenden Anteils der Bodenreaktionskraft (Weidt, 2011). Die Bodenreaktionskraft als Teil der Dynamik im Bereich der Sportbiomechanik bietet interessante Weiterführungsmöglichkeiten des Themas „Gehen, Laufen und Sprinten als menschliche Fortbewegungsarten" in einem authentischen Kontext und im Rahmen eines fächerübergreifenden Unterrichts sowie in weiteren Stationen im Schülerlabor (z. B. via Kraftmessplatte, Beschleunigungssensoren in Smartphones oder Videoanalyse).

5.1.3.3   Messmethode, Auswertung und Diskussion

Die Geschwindigkeit wird über die zurückgelegte Strecke Δs und die dafür benötigte Zeit Δt bestimmt. Es wird eine Messstrecke von etwa 5m markiert (z. B. mit Klebeband oder Pylonen). Vor und nach der Messstrecke sollte ausreichend Beschleunigungs- und Auslaufstrecke vorhanden sein. Neben der Versuchsperson werden zwei Personen für die Zeitnahme benötigt. Person 1 positioniert sich an der ersten Markierung, die den Anfang der Messstrecke kenntlich macht. Person 2 positioniert sich mit der Stoppuhr an der Endmarkierung der Messstrecke. Beim Überqueren der ersten Markierung mit einem Körperteil (z. B. mit dem Kopf) gibt Person 1 durch ein akustisches Signal (z. B. durch den Zuruf „Hepp" oder „Los") oder per Handzeichen das Startsignal für den Zeitnehmer mit der Stoppuhr. Diese stoppt die Stoppuhr entsprechend beim Überqueren des gleichen Körperteils bei der zweiten Markierung. Eine vierte Person kann das Laborprotokoll führen. Anschließend wird durchrotiert, sodass von jedem*jeder Schüler*in die Zeiten beim Gehen, Laufen und Sprinten genommen und in der nachfolgenden Auswertung die Geschwindigkeiten bestimmt werden können.

Die Bewegung über die Messstrecke wird als gleichförmig mit konstanter Geschwindigkeit angenommen. Aus den Daten der Versuchsreihe werden die Geschwindigkeiten für die Fortbewegungsarten Gehen, Laufen und Sprinten über Quotientenbildung $\frac{\Delta s}{\Delta t}$ berechnet. Zur Einordnung der Geschwindigkeiten werden die in der SI-Einheit $\frac{m}{s}$ berechneten Ergebnisse in die Einheit km / h umgerechnet ($1\frac{m}{s} = 3,6 km / h$).

Bezüglich der Messwerterfassung werden Fragen nach möglichen Fehlerquellen sowie Möglichkeiten zur Minimierung dieser Fehlerquellen gestellt. Die Messung einer quantitativen Größe wie der Zeit kann nur mit einer begrenzten Genauigkeit gelingen. Bei Wiederholung der Messung wird voraussichtlich festgestellt werden, dass die Messergebnisse streuen. Ziel ist es, diese Messfehler und die Streuung der Messwerte zu minimieren, um ein Ergebnis möglichst nah an dem „wahren" Wert zu erhalten. Es wird zwischen zufälligen (statistischen) und systematischen Fehlern unterschieden. Ein systematischer Messfehler verfälscht das Messergebnis so, dass die Abweichungen von dem wahren Wert regelmäßig sind. Zufällige Fehler treten in ihrer Größe und in ihrem Vorzeichen zufällig auf, sodass man bei einer Messung einmal ein zu großes und einmal ein zu kleines Ergebnis erhalten kann (Kamke, 2010). Durch die einmalige Messung der Zeit bei dieser Station wird die Problematik der Messfehler zunächst nicht thematisiert. In den differenzierenden Teilaufgaben und vor allem in der Versuchsdiskussion kann dies aber aufgegriffen und erörtert werden. Mit ausreichend Bearbeitungszeit für die Station können die Schüler*innen auch weitere Messungen zur Minimierung der Messfehler machen (Mittelwertbildung über mehrere Messwerte, digitale Zeiterfassungssysteme wie zum Beispiel Lichtschranken).

5.1.4 Methodisch-didaktische Überlegungen

5.1.4.1 Ziele und Bezüge des Bildungsplans

Die Inhalte dieser Station lassen sich sowohl in die baden-württembergischen Bildungsstandards für das Fach Physik als auch für das Fach Sport einordnen. Hinsichtlich der inhaltsbezogenen Kompetenzen im Fach Physik sind in Klassenstufe 7/8 sowie Klassenstufe 9/10 folgende Lernziele im Bereich der Mechanik, genauer Kinematik, formuliert: Die Schüler*innen können Bewegungsabläufe experimentell aufzeichnen und Messwerte aufnehmen sowie durch Quotientenbildung aus der Strecke Δs und der Zeitspanne Δt die Geschwindigkeit berechnen ($v = \Delta s / \Delta t$) (MKJS BW Physik, 2016). Diese inhaltsbezogenen Kompetenzen sind mit folgenden prozessbezogenen Kompetenzen bei der Bearbeitung der Station verzahnt: Im Bereich der Erkenntnisgewinnung steht das zielgerichtete Experimentieren im Mittelpunkt; durch die klar definierte Aufgabenstellung, die Geschwindigkeit beim Gehen, Laufen und Sprinten zu bestimmen, führen die Schüler*innen ein Experiment durch, wobei sie Messwerte aufnehmen und anschließen auswerten. Die daraus gewonnenen Erkenntnisse können sie verbalisieren und dokumentieren. Sie können zum Beispiel den funktionalen Zusammenhang zwischen den kinematischen Größen Geschwindigkeit, Strecke und Zeit verbal beschreiben sowie an physikalischen Formeln erläutern. Die Ergebnisse des durchgeführten Experiments können die Schüler*innen hinsichtlich möglicher Messfehler und der Genauigkeit der Messung bewerten (MKJS BW Physik, 2016).

Die Bildungsstandards für das Fach Sport sehen eine explizite Theorie-Praxis-Verknüpfung erst in Klassenstufe 10 vor. Allerdings sind in den unteren Klassenstufen neben den motorischen Lernzielen auch kognitive und reflexive Lernziele implementiert, sodass für diese Station auch im Fach Sport Zusammenhänge mit dem Bildungsplan gegeben sind. Anknüpfungspunkte sind insbesondere zum Inhaltsbereich „Laufen, Springen, Werfen" zu finden. Im motorischen Lernbereich sollen die Schüler*innen in Klassenstufe 7/8 und Klassenstufe 9/10 unter Berücksichtigung grundlegender Technikmerkmale schnell laufen (z. B. Ballenlauf) (MKJS BW Sport, 2016). Demnach wird der Fußaufsatz auf dem Vorfuß als Technik für schnelles Laufen und Sprinten praktisch thematisiert. Damit stehen die folgenden kognitiven und reflexiven Lernziele in Verbindung: In Klassenstufe 7/8 ist vorgesehen, dass die Schüler*innen leistungsbestimmende Merkmale und Techniken nennen, beschreiben und erklären können. Aufbauend darauf können die Schüler*innen in Klassenstufe 9/10 erlernte Bewegungen sowie die Phasengliederung einer Bewegung beschreiben und dokumentieren sowie diese Bewegungen aus biomechanischer Sicht erklären (MKJS BW Sport, 2016).

Insbesondere die Sportbiomechanik als sportwissenschaftliches Themenfeld bietet authentische Möglichkeiten für einen fächerübergreifenden Unterricht der Fächer Physik und Sport. Der Fokus dieser Lerneinheit liegt auf den physikalischen Inhalten. Die sportwissenschaftlichen Themen können in die Erklärung der von den Schülern*innen gefundenen Ergebnisse mit einbezogen werden.

5.1.4.2 Relevanz, Lebenswelt- und Schüler*innenbezug

Im Mittelpunkt dieser Station stehen die menschlichen Fortbewegungsarten, die im alltäglichen Leben der Schüler*innen integriert sind, allerdings vorwiegend unbewusst ablaufen. Die Bewegungsformen stellen damit einen authentischen Kontext zur Aufbereitung physikalischer Inhalte dar, die um sportwissenschaftliche Inhalte ergänzt und in Verbindung mit diesen gebracht werden können. Die Schüler*innen erhalten über die Ergebnisse für die Geschwindigkeiten beim Gehen, Laufen und Sprinten eine Einschätzung darüber, wie schnell sich Objekte in ihrer Lebenswelt bewegen. Beispielsweise ist hier das Tempolimit in verkehrsberuhigten Bereichen (Spielstraßen) zu nennen, das auf die Schrittgeschwindigkeit des Menschen (maximal 7 km/h) begrenzt ist. Über die Höchstgeschwindigkeit des Weltrekordsprinters Usain Bolt von 44,72 km/h (n-tv, 2009) kann der Vergleich zwischen sportlichen Höchstleistungen und der Geschwindigkeitsbegrenzung im Straßenverkehr innerhalb von Ortschaften thematisiert werden. Neben diesen verkehrserziehenden Aspekten kann gerade die Höchstgeschwindigkeit von Usain Bolt als interessensfördernder Kontext angesehen werden, wonach die Schüler*innen ihre Sprintgeschwindigkeit mit der Weltrekordleistung vergleichen wollen.

5.1.4.3 Methodisch-didaktische Inszenierung

Die Lerneinheit wird in einer offenen Form mit einem Stationsblatt mit Aufgabenstellungen und Infotexten sowie einem Arbeitsblatt mit Messprotokoll von den Schülern*innen bearbeitet. Nach einer kognitiven Aktivierung durch einen kurzen Infotext mit Bezug auf einen authentischen Kontext, dem Sprint-Weltrekord von Usain Bolt und dessen dabei erreichte Höchstgeschwindigkeit, wird durch die Versuchsanleitung mit den entsprechenden Aufgabenstellungen ein roter Faden vorgegeben. Die Ausführung der Aufgaben wird aber frei und mehr in die Verantwortung der Schüler*innen gelegt, sodass die Eigentätigkeit gefordert und gefördert wird.

Zum Verständnis der Begrifflichkeiten Gehen, Laufen und Sprinten führen die Schüler*innen diese menschlichen Fortbewegungsarten selbst kurz durch. Als Anhaltspunkt liegen drei Bildreihen bei, welche die Schüler*innen entsprechend zuordnen. Dann folgt das eigentliche Experiment mit den Messungen. Anhaltspunkte für die Schüler*innen bieten bei der Vorbereitung, Durchführung und Auswertung das Messprotokoll sowie eine Skizze des Versuchsaufbaus. Die Schüler*innen erhalten über die Skizze ein Verständnis des Aufbaus und Ablaufs der Messung; in Abhängigkeit der Klassenstufe kann diese Versuchsskizze aber auch außen vorgelassen werden, sodass die Schüler*innen eigens eine Idee zur Bestimmung der Geschwindigkeit über die zurückgelegte Strecke und die dafür benötigte Zeit entwickeln. Die Schüler*innen bereiten anschließend die Messung entsprechend vor. Dazu wird eine Messstrecke von $\Delta s = 5\,\mathrm{m}$ markiert. Vor und nach dieser Messstrecke muss ausreichend Platz zum An- und Auslaufen vorhanden sein. Dies ist vor allem bei der Messung zum Sprinten entscheidend, sodass die Probanden*innen bis zur eigentlichen Messstrecke ihre Maximalgeschwindigkeit erreichen können. Je nach Altersstufe und Experimentiererfahrung bietet es sich an, die Schüler*innen einen Probedurchlauf durchführen zu lassen, damit die Aufgaben der einzelnen Zeichen- und Zeitnehmer klar sind. Anschließend werden die eigentlichen Messungen gemacht. Für jede*n Schüler*in werden die Zeiten über die Messstrecke für das Gehen, Laufen und Sprinten genommen und in dem vorliegenden Messprotokoll notiert. Anschließend erfolgt die Auswertung des Experiments. Dabei werden die Geschwindigkeiten in den Einheiten m/s und km/h berechnet. Mit offenen Fragen werden die Schüler*innen zu einer Diskussion und Einordnung der Ergebnisse angeregt. Individuell nach Vorwissen der Schüler*innen können hier unterschiedliche Aspekte tiefergehend diskutiert werden.

Die Gruppenarbeitsphase bietet neben der Notwendigkeit zur damit erst möglichen Durchführung auch andere Vorteile. Die Schüler*innen können sich individuell nach ihrem Können und ihren Ideen einbringen, wodurch neben den fachlichen auch die personalen und sozialen Kompetenzen gefördert werden. Die Auswertung kann in der Gruppe aber auch in Einzelarbeit erfolgen. Diese Dynamik entwickelt sich individuell für jede Gruppe. In der abschließenden Diskussion wird die Kommunikation in der Gruppe gefördert. Am Ende steht ein Ergebnis, das nur über die Zusammenarbeit in der Gruppe entstanden ist und ohne den Einzelnen in Bezug auf die Messwerterfassung bei der Durchführung des Experiments nicht möglich wäre.

5.1.4.4 Antizipierte Ergebnisse der Schüler*innen

In Abhängigkeit der Klassenstufe werden die Schüler*innen mehr oder weniger Vorkenntnisse zu den in der Station behandelten Inhalten haben. In Bezug auf die physikalischen Inhalte werden die grundlegenden Zusammenhänge der kinematischen Größen bekannt sein ($v = \Delta s / \Delta t$), sodass die Bestimmung der Geschwindigkeit aus der gemessenen Zeit korrekt erfolgen sollte. Die Diskussion und das Beantworten der unterschiedlichen Fragen können in Abhängigkeit der Vorkenntnisse der Schüler*innen in verschiedene Richtungen vertieft werden. Themen sind hierbei die Messwerterfassung mit der Diskussion hinsichtlich der Messfehlerthematik und die Bewegungsanalyse der menschlichen Fortbewegungsarten in eine sportwissenschaftliche Richtung.

5.1.4.5 Mögliche Herausforderungen und entsprechende Förder-/Forderangebote

Mögliche Lernschwierigkeiten bei den Schülern*innen können bei der Durchführung der Messung und Auswertung des Experiments entstehen. Bei einer offenen Aufgabenformulierung (z. B. „Bestimme die Geschwindigkeit beim Gehen, Laufen und Sprinten mithilfe einer Stoppuhr") könnte die Idee für die Messung fehlen. Eine Versuchsanleitung mit kleinschrittigen Anweisungen gemäß einem Kochrezept ist eine Möglichkeit, solchen Problemen entgegenzuwirken. Daneben können allgemeiner gehaltene Tipps zur Station helfen, den Schülern*innen eine Idee zu geben. Durch eine Versuchsskizze und ein Messprotokoll kann so eine offenere Form angeboten werden, bei der die Schüler*innen auch eigene Ideen einbringen können.

Ein weiteres mögliches Problem entsteht eventuell bei der Umrechnung der Einheiten der Geschwindigkeit, von der SI-Einheit m/s in die alltäglich verwendete Einheit km/h. Durch ein einfaches Rechenbeispiel kann den Schülern*innen hier eine Hilfestellung gegeben werden.

5.1.4.6 Benötigte Vorkenntnisse und Vertiefungs-/ Weiterführungsmöglichkeiten

Mittelpunkt der physikalischen Inhalte ist der funktionale Zusammenhang zwischen den kinematischen Größen Geschwindigkeit, Strecke und Zeit. Diese Größen sowie der Zusammenhang zwischen den Größen sollten den Schüler*innen bekannt sein. In einer Infobox können die Inhalte dazu aber nachgelesen werden. Das Thema „Gehen, Laufen und Sprinten" kann ausgehend von dieser Station umfassend zu einem Workshop ausgearbeitet oder in mehreren kleinen Stationen weitergeführt werden. Themen im Bereich der Messwerterfassung sind die Videoanalyse sowie Messungen mit Kraftmessplatten und Beschleunigungssensoren.

Des Weiteren kann das Thema „Gehen, Laufen und Sprinten" im Rahmen eines kontextorientierten Unterrichts in einem fächerübergreifenden Rahmen aufgenommen werden. Dies kann in einem Sprintexperiment resultieren, wobei die gesamte Klasse mit involviert werden kann. Dieses Sprintexperiment kann sowohl aus einer physikalischen als auch einer sportwissenschaftlichen Perspektive bearbeitet werden, sodass in einem fächerübergreifenden Unterricht Synergien genutzt werden können und neben theoretischen Inhalten der Fächer Physik und Sport auch eine sportpraktische Umsetzung und damit eine erfahrbare Anwendung auf Seiten der Schüler*innen stattfinden kann. Das eigene Erfahren und das Sichbewegen als Ausgangspunkt sind dabei motivierende und interessensfördernde Komponenten eines authentischen Unterrichts.

Physikalische Inhalte für eine Aufarbeitung des Themas „Sprint" können ebenfalls die kinematischen Größen Strecke und Geschwindigkeit in Abhängigkeit der Zeit sowie die Beschleunigung sein. Durch Zeitnahmen an mehreren Messpunkten über die gesamte Sprintstrecke (50 m, 75 m oder 100 m in Abhängigkeit der Klassenstufe) können die kinematischen Größen in Abhängigkeit der Zeit in Diagramme eingetragen werden. Interessant ist hier beispielsweise der Geschwindigkeitsverlauf über ein gesamtes Sprintrennen hinweg. Daran schließen sportwissenschaftliche Inhalte an. Über den Geschwindigkeitsverlauf kann ein Sprintrennen in unterschiedliche Phasen eingeteilt werden. Weiter kann die Sprinttechnik aus biomechanischer Sicht thematisiert werden. Stichpunkte sind hier der aktiv greifende Fußaufsatz, der Vergleich zwischen der stoßenden und ziehenden Lauftechnik für die Beschleunigungsphase und Phase der maximalen Geschwindigkeit in einem Sprintrennen sowie die Gestaltung der Schrittlänge und Schrittfrequenz in diesen Phasen. Daran kann die Bestimmung der Geschwindigkeit über die Schrittlänge und Schrittfrequenz angeschlossen werden.

Mittels eines authentischen Kontexts wie Usain Bolt als Topsprinter lassen sich weitere interessante Fragen anschließen, die sich aus sportwissenschaftlicher Perspektive und in Verknüpfung mit fächerübergreifenden Inhalten beantworten lassen. Fragen könnten beispielsweise sein: Welche Faktoren beeinflussen die Sprintleistung eines Menschen? Was macht Usain Bolt zum schnellsten Menschen der Welt? Auf Basis der unterschiedlichen Disziplinen der Sportwissenschaft können solche umfassenden Fragen in einer Unterrichtseinheit zum Thema „Sprint" beantwortet werden, und es kann ein authentischer, fächerübergreifender Unterricht stattfinden.

5.1.5 Verlaufsplan

Beschreibung des Ablaufs durch einen Verlaufsplan, der mit konkreten Zeitangaben in kurzer, prägnanter Form die methodisch-didaktische Inszenierung angibt:

Min.	Phase und Ziel	Lehr-Lern-Arrangement	Arbeitsweise (Methoden, Sozialform)	Arbeitstechnik (Material, Medien)
1–5	Aktivierung, Interessenförderung	Usain Bolt – Einleitung Definitionen von Gehen, Laufen und Sprinten: 3 Bildreihen mit den drei Fortbewegungsarten des Menschen (spezifische Phasen: Fußaufsatz) – Zuordnen der entsprechenden Bilder	Lesen in Einzelarbeit Zuordnung in Gruppenarbeit (Zweiergruppen)	Stationsblatt Arbeitsblatt

Min.	Phase und Ziel	Lehr-Lern-Arrangement	Arbeitsweise (Methoden, Sozialform)	Arbeitstechnik (Material, Medien)
6–8	Einführung in das Experiment Aktivierung von Vorwissen Ideen zur Messung entwickeln	Messung der Geschwindigkeit beim Gehen, Laufen und Sprinten Quotient aus Strecke und Zeit Versuchsskizze: Messstrecke (5 m), Starter (via Signal beim Überqueren der ersten Markierung); Stopper (beim Überqueren der zweiten Markierung) Verweis auf „Anlauf" Arbeitsblatt mit Protokoll vorgegeben	Gruppenarbeit	Aufbauskizze Arbeitsblatt Stationsblatt
9–12	Aufbau des Experiments	Markierung der Messstrecke Probedurchlauf	Gruppenarbeit	Stoppuhr Maßband Stifte Pylonen
13–20	Durchführung des Experiments	Zeitnahme für jede*n teilnehmende*n Schüler*in Gehen Laufen Sprinten	Gruppenarbeit	Stoppuhr Maßband Klebeband Stift Arbeitsblatt
21–27	Auswertung und Ergebnissicherung	Berechnen der Geschwindigkeiten beim Gehen, Laufen und Sprinten auf Grundlage der Messergebnisse Vergleich der Ergebnisse (m/s und km/h: Bezug zu Geschwindigkeiten im Alltag)	Gruppenarbeit	Taschenrechner Arbeitsblatt Stationsblatt Stift
28–30	Diskussion und Einordnung	Diskussion: Messfehler und Minimierung – Genauigkeit der Messung (z. B. mehrere Messwerte und Mittelwertbildung) – Schüler*innen sammeln Ideen Bewegungstechniken beim Gehen, Laufen und Sprinten (Schrittfrequenz, Fußaufsatz, Bodenkontaktzeit)	Gruppenarbeit	Arbeitsblatt Stationsblatt

■ **Digitales Zusatzangebot**

Weitere Materialien (Lösungskarten, Arbeitsmaterial, Anleitung – Videoanalyse mit Tracker) zu diesem Kapitel finden Sie unter ▶ https://lehrbuch-biologie.springer. com/mint-bewegung.

5

5.2   Stationsblatt: Gehen, Laufen und Sprinten

▪ **Aufgabe 1: Lesen**

Einzelarbeit: Lies den Text in ▶ Infobox 1.

Infobox 1: Höchstgeschwindigkeit von 44,72 km/h – Bolt schneller als ein Kleinwagen

Der jamaikanische Superstart Usain Bolt ist bei seinem Weltrekord mit einer Höchstgeschwindigkeit von 44,72 km/h (im Durchschnitt: 37,58 km/h) zu WM-Gold gesprintet. Beim Finale der Leichtathletik-Weltmeisterschaften im Jahr 2009 in Berlin stellte Usain Bolt einen neuen Weltrekord über die 100-m-Distanz auf. Mit einer Zeit von 9,58 s wurde er zum schnellsten Mann der Welt.

▪ **Aufgabe 2: Bildreihen**

Partnerarbeit: Was versteht ihr unter Gehen, Laufen und Sprinten?

Bewegt euch selbst entsprechend dieser drei Fortbewegungsarten und ordnet sie gemeinsam den Bildreihen in ▶ Infobox 2 zu.

▪ **Aufgabe 3: Geschwindigkeitsmessung**

Partnerarbeit: Bestimmt die Geschwindigkeiten beim Gehen, Laufen und Sprinten.

Welche Höchstgeschwindigkeit erreicht ihr beim Sprinten? Bearbeitet dazu gemeinsam das beiliegende Arbeitsblatt! In ▶ Infobox 4 findet ihr Hinweise zur Bestimmung der Geschwindigkeit. Außerdem liegt eine Skizze für den Aufbau des Versuchs bei (▶ Infobox 3).

Material: Stoppuhr, Maßband, Markierungen, Taschenrechner, Stift, Arbeitsblatt.

■ **Aufgabe 4: Diskussion**

Partnerarbeit: Diskutiert die folgenden Aufgaben:

a. Wie genau ist eure Messung? Wie könnt ihr Messfehler minimieren?

b. Wie unterscheiden sich die Bewegung beim Gehen, Laufen und Sprinten (z. B. Schrittfrequenz, Fußaufsatz, Bodenkontaktzeit, Stand- und Flugphase)? Nutzt auch die Bildreihen in ▶ Infobox 2!

Infobox 2: Bildreihen

Infobox 3: Aufbauskizze

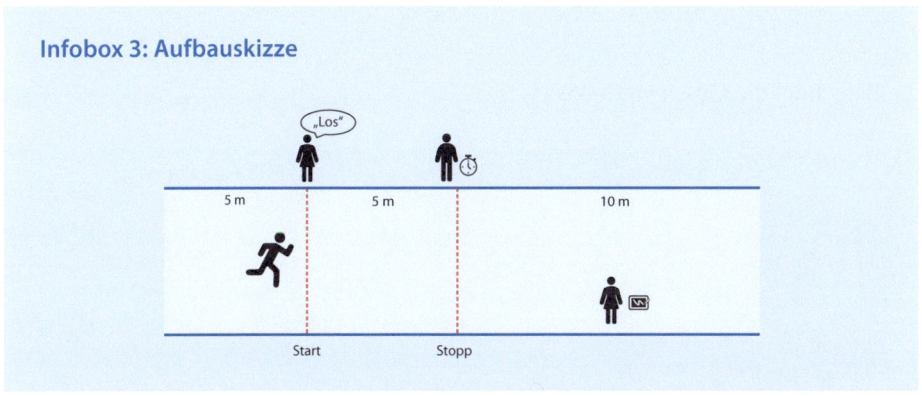

Infobox 4: Berechnung der Geschwindigkeit

Die Geschwindigkeit v gibt an, welche Strecke Δs über eine Zeitspanne Δt zurückgelegt wird, und ergibt sich über:

$$v = \frac{\Delta s}{\Delta t}$$

$\Delta s = s_1 - s_0$ beschreibt die Strecke zwischen dem Start- und Endpunkt der Messstrecke. $\Delta t = t_1 - t_0$ beschreibt die Zeitspanne zwischen dem Überqueren des Start- und Endpunkts.

Die Maßeinheit der Geschwindigkeit ist $[v] = \dfrac{[\Delta s]}{[\Delta t]} = \dfrac{1m}{1s} = 1\dfrac{m}{s}$. Für die Umrechnung in km/h gilt: $1\dfrac{m}{s} = 3,6\,km/h$. Dabei steht m für Meter, s für Sekunde, km für Kilometer und h für Stunde.

Beispiel: Die Versuchsperson überquert zum Zeitpunkt $t_0 = 0\,s$ die Startlinie bei $s_0 = 0\,m$ und zum Zeitpunkt $t_1 = 2\,s$ bei $s_1 = 5\,m$ die Ziellinie. Für die Geschwindigkeit folgt:

$$v = \frac{\Delta s}{\Delta t} \frac{s_1 - s_0}{t_1 - t_0} = \frac{5\,m - 0\,m}{2\,s - 0\,s} = 2,5\frac{m}{s} = 9\frac{km}{h}$$

Karlsruher Institut für Technologie

5.3 Arbeitsblatt: Gehen, Laufen und Sprinten

- **Aufgabe 3: Geschwindigkeitsmessung**
1. Stoppt die Zeit, die ihr beim Gehen, Laufen und Sprinten über eine Strecke von 5 m benötigt.

	Gehen	Laufen	Sprinten
Zeit in Sekunden (s)			

2. Berechnet die Geschwindigkeit v.

	Gehen	Laufen	Sprinten
$v\left(\dfrac{m}{s}\right)$			
$V\left(\dfrac{km}{h}\right)$			

■ **Aufgabe 4: Diskussionsprotokoll**

a.

_____

_____

_____

_____

b.

_____

_____

_____

_____

Literaturverzeichnis

Kamke, W. (2010). _Der Umgang mit experimentellen Daten, insbesondere Fehleranalyse im Physikalischen Anfänger-Praktikum_. Kamke.

[MKJS BW Physik] Ministerium für Kultus, Jugend und Sport Baden-Württemberg (Hrsg.). (2016). _Bildungsplan des Gymnasiums. Physik_. http://www.bildungsplaene-bw.de/Lde/LS/BP2016BW/ALLG/GYM/PH. Zugegriffen am 15.05.2019.

[MKJS BW Sport] Ministerium für Kultus, Jugend und Sport Baden-Württemberg. (2016). _Bildungsplan des Gymnasiums. Sport_. http://www.bildungsplaene-bw.de/Lde/LS/BP2016BW/ALLG/GYM/SPO. Zugegriffen am 15.05.2019.

Neumann, G., & Hottenrott, K. (2016). _Das große Buch vom Laufen_. Meyer & Meyer.

n-tv. (2009). Höchstgeschwindigkeit von 44,72 km/h. Bolt schneller als ein Kleinwagen. https://www.n-tv.de/sport/leichtathletik-WM/Bolt-schneller-als-Kleinwagen-article464161.html. Zugegriffen am 15.05.2019.

Weidt, M. (2011). _Gehen, Laufen, Springen und weitere Fortbewegungsarten des Menschen im Physikunterricht_ (Zulassungsarbeit). Julius-Maximilians-Universität Würzburg. http://www.thomas-wilhelm.net/arbeiten/Zula_Gehen.pdf. Zugegriffen am 15.05.2019.

Rekorde im Tierreich – der Gepard

Lisa-Denise Hart, Tiffany Krug und Vivian Haspel

Inhaltsverzeichnis

6.1 Ausarbeitung

6.1.1 Kurzbeschreibung und Zielsetzung

Die Lerneinheit befasst sich mit dem Geparden und dessen Angepasstheiten an seine Lebenswelt. Als das schnellste Landsäugetier schafft es der Gepard auf Beschleunigungen, die einem Porsche 911 gleichen (Porsche, 2019). Die Schüler*innen sollen in dieser Lerneinheit einige der körperlichen Voraussetzungen, die eine Raubkatze zum Rennen benötigt, kennenlernen. Um ein solches Phänomen zu verstehen, sollen sich Schüler*innen besonders mit den Krallen des Geparden beschäftigen. Dazu sollen sie nicht nur deren Funktion in der Natur verstehen, sondern auch, inwieweit sich der Mensch solche Anpassungen der Tiere abgeschaut und sich zunutze gemacht hat. In reduzierter Form sollen die Schüler*innen selbst den Effekt der Bodenhaftung erleben. Dies testen sie in zwei Experimenten, welche sich mit der Geschwindigkeit des Sprints mit und ohne Turnschuhe beschäftigt.

6.1.2 Rahmenbedingungen

- Zielgruppe: Klassenstufe 5/6
- Anzahl der Schüler*innen: 2
- Zeitlicher Rahmen der Station: ca. 20 (bis 25) min
- Räumlichkeiten: entweder im Freien oder in einem Raum, welcher mindestens 20 m lang ist
- Material: etwas zum Markieren der Start- und Ziellinie (z. B. Kreppband), Stoppuhr, Taschenrechner
- Nötige Vorkenntnisse: Grundaufbau der Säugetieranatomie

6.1.3 Sachanalyse

Der Gepard schleicht sich bei der Jagd auf zwischen 50 und 100 m an sein Beutetier heran und nutzt dann seine Geschwindigkeit von bis zu 100 km/h, um dieses zu erlegen (Wilson et al., 2013). Dieses Tempo kann er allerdings nur auf sehr kurzen Distanzen durchhalten, weshalb er sich in seinem Jagdverhalten deutlich von anderen Raubkatzen unterscheidet. Dennoch ist seine Jagdweise in 25 % der Fälle erfolgreich, was der höchsten Effizienzquote unter den solitär jagenden Raubtieren entspricht. Der Gepard überrennt dabei seine Beute (Pölking & Rosing, 1993). Nach seinem ca. 45 Sekunden langen Sprint muss der Gepard eine Pause machen, damit seine Muskeln nicht überhitzen. Die Besonderheit seines Sprints liegt dabei zum einen in der stark elastischen Wirbelsäule und auch den damit verbundenen Schulterblättern. Ca. 60 % seiner Muskeln befinden sich in diesem Bereich. Darüber hinaus hat der Gepard eine verlängerte Achillessehne, welche das Abfedern während des Sprints ermöglicht. Zudem besitzt der Gepard ausgeprägte Krallen im vorderen Bereich an seinen Füßen, wodurch ein Wegrutschen verhindert wird und gleichzeitig die Abstoßkraft vom Boden optimal ausgenutzt werden kann. Auf dieser Ausbildung der Fußstruktur soll auch hier der Fokus liegen. Die Kombination aus den verschiedenen Optimierungen des Laufens zeigt sich unter anderem in seiner 8 m langen Schrittlänge, was der ca. fünffachen Körperlänge entspricht. Durch die Auseinandersetzung mit der Anatomie der Fußsohle des Geparden sollen die Schüler*innen Rückschlüsse auf die im Sport eingesetzten (sportartspezifischen) Schuhe treffen und beschreiben, welche Vorteile sich der Mensch zunutze macht, um den menschlichen Körper extern zu optimieren. Durch Experimente lernen die Schüler*innen Unterschiede bei der Verwendung verschiedener Profilformen kennen und können sich der Bedeutung der Krallen bewusst werden.

6.1.4 Methodisch-didaktische Überlegungen

6.1.4.1 Ziele und Bezüge des Bildungsplans

Die Schüler*innen werden besonders in der 5. und 6. Klasse an die naturwissenschaftliche Arbeitsweise herangeführt (MKJS BW BNT, 2016). Auch diese Lernstation trägt ihren Teil dazu bei, indem Experimente durchgeführt, analysiert und interpretiert werden. Das Durchführen selbst, das Erfassen von Messwerten und das Protokollieren werden in dieser Station geübt (Bildungsplan BNT; 3.1.1. (5)). Des Weiteren werden die Schüler*innen dazu animiert, gemeinsam über die Ergebnisse zu sprechen und dadurch Analogien zwischen dem Experiment und der Natur zu finden. Es erfolgt eine spielerische Herangehensweise an das naturwissenschaftliche Arbeiten, wie es der baden-württembergische BNT-Bildungsplan (3.1.1 (4)) vorsieht.

Im biologischen Bereich des Schulfachs BNT wird zusätzlich erwähnt, dass Schüler*innen den Körperbau von heimischen Säugetieren als Angepasstheit erläutern können sollen (3.1.5 (6)). Da es sich beim Geparden nicht um ein heimisches Säugetier handelt, wird das Ziel des Bildungsplans durch diesen erweitert. Zusätzlich können die Schüler*innen den Körperbau des Geparden mit ihrem eigenen vergleichen. In Klassenstufe 7/8 wird das Thema der Angepasstheit erneut im Rahmen der Ökologie im Fach Biologie aufgegriffen (3.3.3) (MKJS BW Physik, 2022).

Der sportliche Aspekt der Lerneinheit wird durch einen möglichst schnellen Sprint repräsentiert. Auch das schnelle Laufen wird im Bildungsplan des Gymnasiums im Fach Sport als motorisches Ziel der 5. bzw. 6. Klasse aufgezeigt (3.1.1.2 (1)) ► http://www.bildungsplaene-bw.de/Lde/LS/BP2016BW/ALLG/GYM/SPO.

In der Lerneinheit wird der Begriff der Geschwindigkeit angesprochen. Diesen Begriff verstehen die meisten Schüler*innen auch ohne die Behandlung im Unterricht, da es ein im Alltag häufig verwendeter Begriff ist. Jedoch wird die Geschwindigkeit als Quotient aus Weg und Zeit erst in der Klassenstufe 7/8 eingeführt (MKJS BW Physik, 2022). Bei der Durchführung der Station durch jüngere Schüler*innen kann folglich eine eigenständige Verrechnung der im Experiment für den Sprint benötigten Zeit mit der Länge der Rennstrecke nicht erwartet werden. Ihnen wird deshalb die Formel angegeben, mit der sie die Rechnung durchführen können, und aufgezeigt, wie die Werte eingesetzt werden müssen. Somit stellt die Station eine Vorbereitung des Themas „Geschwindigkeit" für die Klassenstufe 7/8 dar.

6.1.4.2 Relevanz, Lebenswelt- und Schüler*innenbezug

Von 0 km/h auf 100 km/h in 4 Sekunden entspricht dem Tempo eines Porsches. Es ist sehr beeindruckend, dass ein Tier ein alltägliches Auto sogar überholen kann. Das Familienauto, eine an Bewegungsabläufen vermeintlich perfektionierte Maschine, kann nicht so schnell beschleunigen wie ein Gepard. Für die Schüler*innen könnte es folglich von Interesse sein, was es einem Tier ermöglicht, schneller als eine Maschine zu sein. Des Weiteren stellt sich die Frage, weshalb Menschen eine begrenzte Laufgeschwindigkeit haben und welche Methoden im Profisport angewandt werden, um dem Menschen beim Sprint zu helfen. Verschiedene Faktoren können Schüler*innen dabei in den Kopf kommen: Ist es die Körpergröße, die Beinlänge, der aufrechte Gang? Hier lässt sich mit der Lerneinheit zum Geparden an die Fragen der Schüler*innen anknüpfen. Hinzu kommt, dass Katzen zu den beliebtesten Haustieren der Deutschen zählen (Lenz, 2019). Auch viele Schüler*innen haben alltäglich mit ihnen zu tun. Sogar die Hauskatzen verwenden bei der Jagd die Technik des Geparden, wenn auch nicht so effizient. Das Phänomen der hohen Geschwindigkeit wird somit auch unbewusst im Alltag erlebt.

Im Sinne des Sports ist es für die Schüler*innen interessant, den Grund der Spikes oder Stollen im Spitzensport kennenzulernen. Viele Fußballspieler*innen tragen diese, um auf dem Gras nicht auszurutschen, und auch in der Leichtathletik werden Spikes zur Beschleunigung eingesetzt. Die Schüler*innen haben in diesem Zusammenhang eventuell schon einmal gehört, dass Spikes als unfair bezeichnet werden, jedoch nicht erfahren, warum diese überhaupt verwendet werden. Diese Erklärung soll in der hiesigen Lernstation gegeben werden. Zusätzlich können die Schüler*innen nach der Lernstation selbst ihre eigene Sportausrüstung einschätzen und verstehen.

6.1.4.3 Methodisch-didaktische Inszenierung

Die Einführung in die Station über den Vergleich eines Geparden mit einem Porsche 911 wurde gewählt, um die Schüler*innen zu motivieren. Dabei soll den Schüler*innen die Geschwindigkeit des Geparden über ein Auto verdeutlicht werden, da dies leichter ist als die Vorstellung einer bestimmten Zahl. Gleichzeitig soll bei den Schüler*innen schon hier ein gewisses Maß an Erstaunen über den Geparden hervorgerufen werden, welches sie motiviert, die Lernstation fortzuführen.

Um den sportlichen Bezug der Lernstation aufzuzeigen und die Schüler*innen zu aktivieren, sollen die Schüler*innen zunächst das Experiment in Socken durchführen. Dabei sollen sie eine bestimmte Strecke in Socken rennen. Ihnen soll schon hier auffallen, dass es eventuell etwas rutschig ist und die Füße weniger Halt auf dem Boden finden, wenn man keine Schuhe trägt. Die Herausforderung, selbst auf 100 km/h zu kommen, soll dazu dienen, die Schüler*innen zusätzlich zu motivieren, wirklich schnell zu sprinten. Die Bodenbeschaffenheit vor Ort sollte vorab geprüft werden (leichtes Rutschen auf Socken, aber ohne Verletzungsgefahr).

Anschließend soll die eigene Geschwindigkeit berechnet werden. Da die Formel den Schüler*innen zu diesem Zeitpunkt noch unbekannt ist, wird sie vorgegeben, und die Schüler*innen müssen nur noch die gegebenen und gemessenen Werte einsetzen. Da es möglich ist, dass noch nicht alle Schüler*innen die Bruchrechnung kennengelernt oder diese nicht vollständig verstanden haben, wird auf einer Hilfekarte eine Möglichkeit aufgezeigt, wie die Formel in den Taschenrechner eingetippt werden kann.

Weitere Beobachtungen sollen von den Schüler*innen notiert werden. Darunter könnte z. B. das Rutschen über den Boden mit Socken fallen. Diese Beobachtungen sollen das spätere Bearbeiten der Station erleichtern.

Nach der Durchführung des Experiments soll eine Erklärung der deutlich erhöhten Geschwindigkeit des Geparden erfolgen. Dazu sollen die Schüler*innen sich zunächst mithilfe eines Informationstextes über den Körperbau des Geparden informieren. Hierbei wird bewusst nicht verraten, dass die Lernstation auf die Krallen des Geparden abzielt. Das soll die Schüler*innen dazu animieren, selbst Überlegungen anzustellen und diese später zu überdenken. Nach dem Informationstext folgt ein weiteres Experiment, in welchem die Schüler*innen das vorherige Experiment erneut, aber dieses Mal mit Turnschuhen durchführen sollen. Es soll ihnen aufzeigen, dass auch der Mensch sich die Erhöhung der Bodenhaftung zunutze macht, indem er Schuhe beim Rennen trägt. Die Schüler*innen sollen hierzu erneut die von ihnen erzielte Geschwindigkeit berechnen und diese mit dem vorherigen Ergebnis vergleichen.

Um die Ergebnisse der Experimente interpretieren zu können, werden die Schüler*innen dazu animiert, sich mit der veränderten Variablen, den Turnschuhen, genauer zu befassen. Sie sollen sich dazu Gedanken machen, welcher körperlichen Angepasstheiten des Geparden Turnschuhe am meisten entsprechen. Anschließend sollen sie über den Effekt der Turnschuhe diskutieren. Zur Überleitung von der natürlichen Verwendung der Krallen zur Verwendung von Spikes im Sport sollen die Schüler*innen sich eine Möglichkeit ausdenken, wie die Bodenhaftung noch stärker erhöht werden kann. Dazu sollen sie auch ihre Beobachtungen nutzen.

Abschließend wird die Verwendung von Spikes über den ganzen Fuß mit der Verwendung nur an der Fußspitze verglichen. Dies stellt einen Transfer des erlernten Wissens über die erhöhte Haftung von Krallen (bzw. Spikes) auf neue Kontexte dar. Hierzu werden den Schüler*innen Beispielsportarten genannt, wie das Wandern oder das Curling, um ihnen über die Verwendung des Schuhs die Schlussfolgerung zu erleichtern. Ein Grund, warum der Gepard keine Krallen am Hinterfuß benötigt, soll gefunden werden.

6.1.4.4 Antizipierte Ergebnisse der Schüler*innen

Nach dem ersten Experiment sollten die Schüler*innen feststellen, dass ein Mensch deutlich langsamer ist als ein Gepard. Die Schüler*innen sollten zusätzlich beim Experiment mit Socken etwas langsamer ins Ziel laufen als mit Turnschuhen. Dabei sollte ihnen auffallen, dass sie mit Socken deutlich mehr über den Boden rutschen bzw. unsicherer laufen als mit Turnschuhen. Die Ergebnisse der Experimente sollen sie dann in Kombination zu dem Schluss bringen, dass die Turnschuhe die Geschwindigkeit erhöhen, da man mehr Halt auf dem Boden hat. Im Vergleich mit dem Körperbau eines Geparden sollte ihnen anschließend auffallen, dass nur die Krallen eine ähnliche Funktion wie die Turnschuhe übernehmen können. Zwar werden im Informationstext weitere Vorteile des Geparden genannt, doch den Schüler*innen sollte auffallen, dass sie ihren eigenen Körperbau nicht wesentlich durch das Experiment verändern konnten.

Als weitere Möglichkeiten zur Erhöhung der Haftung auf dem Boden könnte den Schüler*innen einfallen, dass man die Schuhe beispielsweise anrauen oder mehr Spikes ansetzen könnte. Um den Sinn weiterer Spikes genau zu verstehen, sollen die Schüler*innen erkennen, dass Wanderschuhe oder Schuhe, die auf dem Eis Halt finden sollen, auch Spikes an der Ferse besitzen, da diese dort das Abrutschen verhindern. Ihnen sollte hierbei bewusst werden, dass es auf die Art der Bewegung an-kommt, in welchem Bereich des Schuhs Spikes verwendet werden und dass Spikes keine Pauschallösung darstellen.

6.1.4.5 Mögliche Herausforderungen und entsprechende Förder-/Forderangebote

Da die Geschwindigkeit erst in Klassenstufe 7/8 im Rahmen des Physikunterrichts thematisiert wird, ist es von Bedeutung, den Schüler*innen die Formel zur Be-rechnung der Geschwindigkeit anzugeben. In diese müssen die Schüler*innen nur die Werte einsetzen. Auf die Herkunft der Formel wird nicht eingegangen. Auch die Umrechnung der Einheiten wird als gegeben betrachtet. Ziel der Lernstation ist die Betrachtung der Anpassungen des Geparden. Das genauere Eingehen auf die physi-kalischen Hintergründe der Geschwindigkeit würde über den Rahmen der Station hinausgehen und zu weit vom eigentlichen Lerngegenstand wegführen.

Es kann außerdem nicht vorausgesetzt werden, dass Schüler*innen bereits mit Brüchen gearbeitet haben. Zur Berechnung der Geschwindigkeit müsste das Rech-nen mit Brüchen jedoch bereits bekannt sein. Da dies aber erst im Laufe der Klassen-stufe 5/6 erlernt wird (MKJS BW Mathematik, 2016), wird den Schüler*innen be-wusst die Möglichkeit gegeben, sich die Rechnung an einem Beispiel anzusehen. Das Beispiel zeigt auch, wie die Werte in den Taschenrechner eingegeben werden müssen. Da die Vorgehensweise jedoch durch eine Hilfekarte von Seiten der Schüler*innen eingeholt werden muss, können auch Schüler*innen, die bereits mit Brüchen um-gehen können, ohne die Hilfekarte rechnen. Die Schwierigkeitsstufe kann folglich von den Schüler*innen selbst gewählt werden. Aus welchem Grund die Formel in dieser Weise in den Taschenrechner eingegeben werden muss, wird jedoch aus ähn-lichen Gründen wie die Bereitstellung der Formel nicht thematisiert.

Um es den jüngeren Schüler*innen zu erleichtern, neue Ideen zu entwickeln, wer-den in den Aufgaben und auf der zweiten Hilfekarte Beispiele für Sportarten bzw. Anwendungsgebiete von Spikes gegeben. Dies soll es den Schüler*innen erleichtern, eine Vorstellung davon zu entwickeln, welche Funktion Spikes besitzen und warum der Gepard keine Krallen am Hinterfuß benötigt.

6.1.4.6 Benötigte Vorkenntnisse und Vertiefungs-/ Weiterführungsmöglichkeiten

Für den Transfer, weshalb der Gepard sehr schnell laufen kann, ist es nötig, dass die Schüler*innen bereits die Säugetiere in ihrer Anatomie thematisiert haben, um Strukturen korrekt zuzuordnen (3.5.1) (MKJS BW BNT, 2016). Dies sollte laut Bildungsplan in der Jahrgangsdoppelstufe 5/6 im Fach „Biologie, Naturphänomene und Technik" geschehen und kann durch die flexible Reihenfolge der einzelnen The-men und Bildungsstandards vor die Forschungsstation gelegt werden. Zudem ist es sinnvoll, wenn die Schüler*innen bereits die Grundzüge in Laufen, Springen Werfen (MKJS BW BNT, 2016) kennengelernt haben. Die Bruchrechnung kann hilfreich für die Schüler*innen sein, wird jedoch durch die Bereitstellung einer Hilfekarte nicht zwingend benötigt.

6.1.5 Verlaufsplan

Beschreibung des Ablaufs durch einen Verlaufsplan, der mit konkreten Zeitangaben in kurzer, prägnanter Form die methodisch-didaktische Inszenierung angibt:

Min.	Phase und Ziel	Lehr-Lern-Arrangement	Arbeitsweise (Methoden, Sozialform)	Arbeitstechnik (Material, Medien)
1–2	Einstieg	Lesen der Einleitung	Einzelarbeit	Stationsblatt
3–6	Aktivierung	Durchführung des ersten Experiments mit Socken Notieren der Ergebnisse	Experiment Partnerarbeit	Rennstrecke Stoppuhr Arbeitsblatt Stationsblatt Hilfekarte 1
7–8	Erarbeitung 1 + Ergebnis-sicherung 1	Berechnung der Geschwindigkeit	Partnerarbeit	Taschenrechner Arbeitsblatt Hilfekarte 2
9–11	Erarbeitung 2	Lesen der Infobox 1	Einzelarbeit	▶ Infobox 1
12–14	Wiederholung	Durchführung des Experiments mit Turnschuhen Notieren der Ergebnisse Berechnung der Geschwindigkeit	Experiment Partnerarbeit	Rennstrecke Stoppuhr Arbeitsblatt Stationsblatt
14–18	Erarbeitung 3 + Ergebnis-sicherung 2 +3	Vergleich der Turnschuhe mit den Krallen des Geparden Verbesserungsvorschläge für Turnschuhe	Partnerarbeit	Arbeitsblatt Stationsblatt Lösungskarte 1 Lösungskarte 2
19–23	Erarbeitung 4 + Ergebnis-sicherung 4	Transfer der Spikes am Vorderfuß zu Funktion dieser am Hinterfuß	Partnerarbeit	Arbeitsblatt Stationsblatt Hilfekarte 3 Lösungskarte 3

■ **Digitales Zusatzangebot**

Weitere Materialien (Hilfs- und Lösungskarten) zu diesem Kapitel finden Sie unter ▶ https://lehrbuch-biologie.springer.com/mint-bewegung.

Karlsruher Institut für Technologie

6.2   Stationsblatt: Rekorde im Tierreich – der Gepard

■   **Aufgabe 1: Von 0 auf 100 in vier Sekunden**

Der Gepard (■ Abb. 6.1) ist das schnellste Landtier, das wir kennen. Besonders zeichnet ihn dabei seine schnelle Beschleunigung aus, sodass er innerhalb von 4 Sekunden auf bis zu 100 km/h beschleunigen kann. Das ist vergleichbar mit der Beschleunigung eines Porsche 911. Doch wie schafft der Gepard dies, und wie ist er dabei noch so wendig?

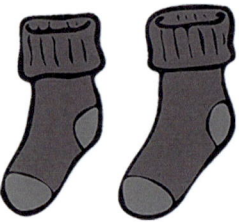

a. Experiment 1: Schafft ihr es auf 100 km/h in Socken?

Teilt euch auf. Eine Person misst und stoppt die Zeit, die andere rennt. Nehmt euch die Stoppuhr und begebt euch zur Rennstrecke. Die Person, die rennt, zieht die Schuhe aus und stellt sich an die Startlinie, die Person mit der Stoppuhr stellt sich an die Ziellinie. Der*die Zeitmesser*in gibt dem Sprinter das Signal zum Start und startet gleichzeitig die Messung mit der Stoppuhr. Der*die Sprinter*in rennt die Strecke

■ **Abb. 6.1**   Gepard (© Anup Shah/nature picture library/mauritius images)

so schnell er*sie kann. Der*die Zeitmesser*in stoppt die Zeitmessung, sobald die Person durch die Ziellinie gerannt ist. Schreibt diese Zeit auf eurem Arbeitsblatt auf.
b. Falls ihr weitere Beobachtungen beim Rennen machen konntet, notiert sie auf eurem Arbeitsblatt. Wenn ihr einen Tipp benötigt, was noch zu beobachten sein könnte, nehmt euch Hilfekarte 1.
c. Berechnung der Geschwindigkeit

Überprüft nun, ob ihr die Geschwindigkeit eines Geparden erreicht habt. Berechnet dazu die Geschwindigkeit des*der Sprinter*in mit dem ausliegenden Taschenrechner. Notiert das Ergebnis auf eurem Arbeitsblatt. Die folgende Formel kann euch dabei helfen:

$$\frac{\text{Länge der Rennstrecke in m}}{\text{Zeit, die der Sprinter benötigt hat in s}} * 3,6 = \text{Geschwindigkeit in } \frac{\text{km}}{\text{h}}$$

Die Rennstrecke ist in unserem Fall genau 20 m lang.
Falls ihr die Rechnung an einem Beispiel sehen wollt, nehmt euch Hilfekarte 2.

■ **Aufgabe 2: Warum ist der Gepard so viel schneller?**

a. Lest euch ► Infobox 1 genau durch und besprecht anschließend, warum der Gepard so schnell rennen kann.
b. Experiment 2: Führt das Sprintexperiment erneut durch. Dieses Mal müsst ihr aber eure Turnschuhe wieder anziehen!
Notiert anschließend wieder die Zeit und weitere Beobachtungen.
Berechnet die neue Geschwindigkeit. Kreuzt zusätzlich an, ob ihr mit Socken oder Turnschuhen schneller gelaufen seid.

■ **Aufgabe 3: Trägt ein Gepard Turnschuhe?**
a. Überlegt gemeinsam, welchem der in ► Infobox 1 genannten körperlichen Vorteile des Geparden die Turnschuhe am ähnlichsten sind, und notiert dies auf eurem Arbeitsblatt.
b. Diskutiert, welchen Effekt Turnschuhe im Vergleich zu Socken haben. Vergleicht dazu eure zusätzlichen Beobachtungen aus dem Experiment mit Socken mit denen des Experiments mit Turnschuhen. Schaut euch anschließend Lösungskarte 1 an.
c. Denkt euch auch eine Möglichkeit aus, wie man diesen Effekt auf z. B. einem Grasuntergrund noch stärker erhöhen könnte. Notiert alles auf eurem Arbeitsblatt. Schaut euch anschließend Lösungskarte 2 an.

- **Aufgabe 4: Schuhe mit Dornen an der Ferse**

Manche Schuhe haben auch an der Ferse „Dornen". Überlegt euch, warum diese Schuhe Dornen an der Ferse haben, der Gepard am hinteren Bereich der Auftritts- fläche seiner Füße aber keine Krallen. Notiert dies auf eurem Arbeitsblatt. Falls ihr Hilfe benötigt, nehmt euch Hilfekarte 3. Vergleicht eure Idee mit Lösungskarte 3.

Infobox 1: Warum ist der Gepard so viel schneller als ein Mensch?

Wie euch sicher gerade aufgefallen ist, schafft ihr es nicht einmal annähernd, die Stre- cke so schnell wie der Gepard zu laufen.

Das liegt daran, dass die Anatomie des Geparden perfekt an die Bewegung und Beschleunigung angepasst ist. So sind seine Hüft- und Schulterblätter nur mit Muskeln und Sehnen mit der Wirbelsäule verbunden. Dies ermöglicht ihm eine sehr große Be- weglichkeit. Etwa 60 % seiner Muskelmasse befinden sich um seine Wirbelsäule herum. Sie ist deshalb sehr elastisch und flexibel und kann sich während der Vorwärtsbewegung sehr stark verbiegen. Eine verlängerte Achillessehne ermöglicht dem Geparden zudem eine optimale Abfederung beim Sprint (die Achillessehne befindet sich direkt über der Ferse). Der Schwanz dient dem Geparden als zusätzliches Steuerruder und vereinfacht ihm das Halten des Gleichgewichts bei solch hohen Geschwindigkeiten. Vor allem die Krallen haben eine wichtige Rolle bei seinem Sprint. Sie bieten ihm einen besonders guten Halt am Boden.

Durch seine Anatomie und sein geringes Gewicht (nur ca. 40 kg trotz 1,5 m Länge) schafft der Gepard damit Schrittlängen von bis zu 6 m. Jedoch hält der Gepard das Tempo von bis zu 120 km/h nur ca. 500 m durch, da die Raubkatze dann „übersäuerte" Muskeln bekommt und bei einem längeren Sprint auch überhitzen würde.

Karlsruher Institut für Technologie

6.3   Arbeitsblatt: Rekorde im Tierreich – der Gepard

Aufgabe 1: Von Null auf 100 in drei Sekunden

a.   Wie schnell kam der/die Sprinter*in auf Socken über die Ziellinie?
_____ Sekunden

b.   Weitere Beobachtungen beim Rennen:
_____
_____
_____

c.   Wie schnell ist der der/die Sprinter*in auf Socken gerannt?

$$\frac{\text{Länge der Rennstrecke in } m}{\text{Zeit, die der Sprinter benötigt hat in } s} * 3{,}6 = \underline{\hspace{3cm}} * 3{,}6 = \underline{\hspace{3cm}} \frac{km}{h}$$

Aufgabe 2: Warum ist der Gepard so viel schneller?

b.   Wie schnell kam der/die Sprinter*in mit Turnschuhen über die Ziellinie?
_____ Sekunden
Weitere Beobachtungen:
_____
_____
_____

Wie schnell ist der der/die Sprinter*in mit Turnschuhen gerannt?

$$\frac{\text{Länge der Rennstrecke in } m}{\text{Zeit, die der Sprinter benötigt hat in } s} * 3{,}6 = \underline{\hspace{3cm}} * 3{,}6 = \underline{\hspace{3cm}} \frac{km}{h}$$

Schnellerer Sprint mit:
☐ Socken
☐ Turnschuhen

Aufgabe 3: Trägt ein Gepard Turnschuhe?

a.   Körperlicher Vorteil eines Geparden, welcher Turnschuhen ähnelt:
_____
_____
_____

   a.   Effekt der Turnschuhe (im Vergleich zu Socken):
_____
_____
_____

   b.   Verbesserungsmöglichkeit für Turnschuhe, um deren Bodenhaftung zu erhöhen:
_____
_____
_____

Aufgabe 4: Schuhe mit Dornen an der Ferse

Vorteil von Schuhen mit Dornen an der Ferse:

_____
_____
_____

Nachteil von Krallen am hinteren Teil des Gepardenfußes:

_____
_____
_____

Literatur

Hildebrand, M. (1959). Motions of the running cheetah and horse. *Journal of Mammalogy*.

Lenz, D. (2019). Forschung und Wissen. Katze, Hund & Co. In Deutschland leben immer mehr Haustiere.: https://www.forschung-und-wissen.de/nachrichten/biologie/in-deutschland-leben-immer-mehr-haustiere-13372999. Zugegriffen am 20.03.2023.

[MKJS BW BNT] Ministerium für Kultus, Jugend und Sport Baden-Württemberg. (2016). *Bildungsplan des Gymnasiums. Biologie, Naturphäomene und Technick (BNT)*. http://www.bildungsplaene-bw.de/,Lde/LS/BP2016BW/ALLG/GYM/BNT. Zugegriffen am 20.03.2023.

[MKJS BW Mathematik] Ministerium für Kultus, Jugend und Sport Baden-Württemberg. (2016). *Bildungsplan des Gymnasiums. Mathematik*. http://www.bildungsplaene-bw.de/,Lde/LS/BP2016BW/ALLG/GYM/M. Zugegriffen am 20.03.2023.

[MKJS BW Physik] Ministerium für Kultus, Jugend und Sport Baden-Württemberg. (2022). *Bildungsplan des Gymnasiums. Physik*. http://www.bildungsplaene-bw.de/,Lde/LS/BP2016BW/ALLG/GYM/PH.V2. Zugegriffen am 20.03.2023.

[MKJS BW Sport] Ministerium für Kultus, Jugend und Sport Baden-Württemberg. (2016). *Bildungsplan des Gymnasiums. Sport*. http://www.bildungsplaene-bw.de/,Lde/LS/BP2016BW/ALLG/GYM/SPO. Zugegriffen am 20.03.2023.

[MKJS BW Biologie] Ministerium für Kultus, Jugend und Sport Baden-Württemberg. (2016). *Bildungsplan des Gymnasiums. Biologie*. http://www.bildungsplaene-bw.de/,Lde/LS/BP2016BW/ALLG/GYM/BIO.V2. Zugegriffen am 20.03.2023.

Pölking, F., & Rosing, N. (1993). *Geparde. Die schnellsten Katzen der Welt*. Tecklenborg.

Porsche AG. (2019). PORSCHE. 911 Carrera Modelle: https://www.porsche.com/germany/models/911/911-carrera-models/?gclid=CjwKCAjwv4_1BRAhEiwAtMDLsj-6nMBEdtClR3x50FA4bUsAq2mEjZgr7VreWb2jVjBaJI0abcC8ZRoCpX4QAvD_BwE. Zugegriffen am 25.04.2020.

Wilson, A., Lowe, J., Roskilly, K., Hudson, P., Golabek, K., & McNutt, J. (2013). Locomotion dynamics of hinting in wild cheetahs. *Nature, 498*, 185–189.

MINT & Werfen

Inhaltsverzeichnis

Die biomechanischen Prinzipien beim Basketballstandwurf

Daniel Kopprasch, Mandy Schulz und Cedrik Bollheimer

Inhaltsverzeichnis

© Der/die Autor(en), exklusiv lizenziert an Springer-Verlag GmbH, DE,
ein Teil von Springer Nature 2023
I. Wagner, S. Neher-Asylbekov (Hrsg.), *MINT in Bewegung*,
https://doi.org/10.1007/978-3-662-63451-6_7

7.1 Ausarbeitung

7.1.1 Kurzbeschreibung und Zielsetzung

Anhand eines Standwurfs im Basketball sollen folgende drei biomechanischen Prinzipien nach Hochmuth (1982) entdeckt und verdeutlicht werden: das Prinzip der Anfangskraft, das Prinzip des optimalen Beschleunigungswegs und das Prinzip der zeitlichen Koordination von Einzelimpulsen

Über die biomechanischen Prinzipien liegt der Fokus auf den Bewegungsabläufen und auf den jeweiligen Teilbewegungen. Die Schüler*innen sollen durch Ausprobieren und mithilfe von Bilderfolgen erkennen, wie viel Theoriewissen hinter dem Wurf eines Basketballs steckt.

7.1.2 Rahmenbedingungen

- Zielgruppe: ab der 9. Klassenstufe
- Anzahl der Schüler*innen: 3–5
- Zeitlicher Rahmen der Station: 20–25 min
- Räumlichkeiten: Sporthalle bzw. Örtlichkeit (mit hoher Decke), an welche ein Basketballkorb gestellt werden kann
- Material: Basketbälle, Sportkleidung, Stifte, Infobox (plus Inhalt), Aufgabenbox (plus Inhalt)
- Nötige Vorkenntnisse: Schon einmal einen Basketball in der Hand gehalten zu haben

7.1.3 Sachanalyse

In den folgenden Schritten wird der optimale Wurf eines Basketballs näher beschrieben. Hierbei werden zuerst die biomechanischen Prinzipien vorgestellt und im zweiten Schritt auf die Bewegungsbeschreibung übertragen.

7.1.3.1 Biomechanische Prinzipien

Die biomechanischen Prinzipien stellen eine Art übergreifende, verallgemeinerte Kriterien dar, welche mechanische Gesetze nutzen und somit sportliche Bewegungen erklären sollen (Wollny, 2017, S. 327). Im Detail sollen die Prinzipien sportliche Bewegungsfertigkeiten, die Ökonomisierung des muskulären Energieverbrauchs bei maximaler Muskelleistung, die Minimierung und die Gleichverteilung der Nutzung des Bewegungsapparats erklären (Wollny, 2017, S. 327).

In der Sportwissenschaft sind folgende sechs biomechanische Prinzipien nach Hochmuth (1982) vertreten:
1. Prinzip des optimalen Beschleunigungswegs
2. Prinzip der optimalen Tendenz im Beschleunigungsverlauf
3. Prinzip der Anfangskraft

4. Prinzip der zeitlichen Koordination von Teilimpulsen
5. Prinzip der Gegenwirkung
6. Prinzip der Impulserhaltung

Für die in dieser Ausarbeitung konzipierte Lerneinheit werden nur das Prinzip 1, 3 und 4 stärker in den Fokus gerückt, da diese in der Praxis besonders gut veranschaulicht werden können. Die drei ausgewählten Prinzipien, die in den folgenden Abschnitten genauer beschrieben werden, sollen aufgrund ihrer Unterschiedlichkeit einen vielfältigen Einblick in die Welt der Biomechanik geben. Für eine Wurfbewegung sind ungeachtet der Schwerpunktsetzung dieser Lerneinheit allerdings alle sechs Prinzipien von Bedeutung. Das Prinzip der Gegenwirkung („actio" = „reactio"), das Prinzip der Impulserhaltung (Impulsübertragung von einem System auf das nächste) und das Prinzip der optimalen Tendenz im Beschleunigungsverlauf (eine Spezialisierung des Prinzips des optimalen Beschleunigungswegs) werden aufgrund dessen, dass sie für Schüler*innen beim Wurf eines Basketballs schwieriger erfahrbar sind, durch die Station nicht abgedeckt und behandelt.

■ Prinzip der Anfangskraft

Die Anfangskraft eines Körpers oder eines Objekts ist immer dann von Relevanz, wenn als Ziel eine hohe Beschleunigung und eine hohe Endgeschwindigkeit erreicht werden sollen.

Für dieses Prinzip werden im Sport und speziell in der Biomechanik häufig Kraftmessplatten eingesetzt. Diese Apparaturen zeichnen Kraft-Zeit-Verläufe mit hoher Präzision auf. Durch solche genauen Messungen kann durch verschiedene, erzeugte Grafiken der genaue Kraftverlauf einer Bewegung dargestellt werden. Hierbei sind die Begriffe „Bremskraftstoß" und „Beschleunigungskraftstoß" von Relevanz. Um dieses Prinzip möglichst eindeutig darzustellen, werden im Folgenden zwei Bewegungsabläufe (einmal mit und einmal ohne Nutzung des Prinzips) einander gegenübergestellt.

Der Kraftverlauf in ■ Abb. 7.1 kann auf einen Basketballwurf aus dem Stand (ohne vorheriges Abknicken der Knie) übertragen werden. Die Person, welche einen Wurf absolviert, befindet sich währenddessen auf einer Kraftmessplatte (deshalb die Anfangskraft von $m*g$), sodass die in ■ Abb. 7.1 und ■ Abb. 7.2 dargestellten Gra-

■ **Abb. 7.1** Kraftverlauf beim Standwurf ohne Absinken in die Hocke (ohne Anfangskraft) (verändert nach TU Darmstadt, 2006)

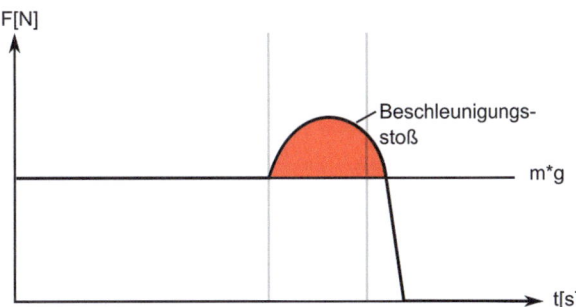

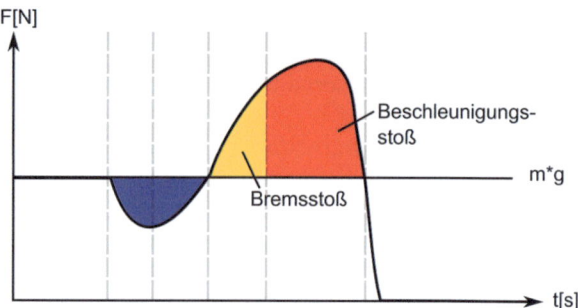

Abb. 7.2 Kraftverlauf beim Standwurf mit Absinken in die Hocke (mit Anfangskraft) (verändert nach TU Darmstadt, 2006)

fiken erzeugt werden konnten. Die schwarze Kurve stellt in beiden Abbildungen den Kraft-Zeit-Verlauf der sich bewegenden Person dar. In ▪ Abb. 7.1 ist bis zum Bereich ① keine Veränderung zu erkennen, da die Person sich in einem ruhigen Stand befindet. Ab Beginn des Bereichs ① ist jedoch eine Veränderung zu erkennen, da sich ab hier die Kraft erhöht. Dieser Bereich kennzeichnet das kraftvolle Strecken der Arme durch den Basketballwurf nach oben und in Richtung Korb. Das Maximum der Kurve ist nicht das Ablösen des Balls von den Handflächen, sondern der Moment der maximalen Krafteinwirkung bei der Durchführung des Wurfs.

Das Abflachen der Kurve kennzeichnet das langsame Zurückkehren zum Anfangsniveau nach dem Wurf. Die rote Fläche kennzeichnet den Beschleunigungsstoß, welcher von der Größe der aufgebauten Muskelkraft abhängig ist. In dieser Abbildung ist keine Nutzung des Prinzips der Anfangskraft erkennbar.

Demgegenüber ist das angesprochene Prinzip in ▪ Abb. 7.2 deutlich erkennbar. Der Verlauf der Kurve in dieser Abbildung kann als ein Basketballwurf mit vorherigem Absinken in die Hocke betrachtet werden.

Der blaue Bereich ① kennzeichnet das Absinken in die Hocke (Kraft auf der Platte nimmt ab). Der gelbe Bereich ② stellt die Kraftentwicklung durch die Hockbewegung beim Absinken vor dem Wurf dar. Gekennzeichnet ist dies durch das gespannte Abbremsen, während die Person in die Hocke absinkt. (Achtung: Damit ist kein vollständiges Absinken in die Hocke gemeint, sondern ein „schwungholendes" Absinken.) Die Spannung durch die Hockbewegung baut Kraft auf, welche als Bremsstoß betitelt wird. Dieser Bremsstoß ② stellt die sogenannte Anfangskraft dar. Auf diese Anfangskraft kommt nun durch den aktiven Beschleunigungsstoß (roter Bereich ③) die muskuläre Beschleunigungskraft hinzu (das Strecken des Körpers bis hin zum Wurf des Balls). Bremsstoß und Beschleunigungsstoß liefern addiert (jedoch nur bei einem flüssigen Übergang zwischen ② und ③) einen optimalen Kraftstoß.

Durch diese Abfolge von Bewegungen kann der Ball dynamisch und kraftvoll geworfen werden. Durch die höhere Generierung der Kraft können zudem auch Würfe aus etwas weiterer Entfernung durchgeführt werden. Das dargestellte Prinzip der Anfangskraft kann analog auf das Werfen von verschiedenen anderen Objekten oder auch auf verschiedene Sprungdisziplinen übertragen werden.

■ **Prinzip des optimalen Beschleunigungswegs**

Dieses Prinzip hat besondere Relevanz bei sportlichen Fertigkeiten, die eine hohe Endgeschwindigkeit erfordern, wie zum Beispiel leichtathletische Sprung-, Stoß- oder Wurfdisziplinen. Das Prinzip lässt sich wie folgt formulieren: „Eine konstante

Kraft gibt einer Masse eine umso höhere Endgeschwindigkeit, je länger die Kraft auf die Masse einwirkt" (Urban, 2012).

Bei diesem Prinzip wird das Ineinandergreifen der verschiedenen Prinzipien deutlich. Soll beispielsweise der Körper oder ein Objekt eine möglichst große Abfluggeschwindigkeit erzielen, muss dieser Körper (oder das Objekt) vor dem Loslösen in die entgegengesetzte Richtung bewegt werden. Dadurch wird der gesamte Beschleunigungsweg vergrößert (Urban, 2012). Entscheidend für den Beschleunigungsweg ist, dass dieser optimal und nicht maximal gewählt wird. Eine Maximierung des Beschleunigungswegs führt zu einer höheren Endgeschwindigkeit als ein kurzer Beschleunigungsweg. Da in vielen sportlichen Disziplinen, wie unter anderem beim Basketball, jedoch nicht endlos viel Zeit und auch kein endloser Weg zur Verfügung steht, sollte der Beschleunigungsweg zum Erreichen einer hohen Endgeschwindigkeit stets optimal gewählt werden. Dies wird an ▣ Abb. 7.3 deutlich:

Der orangene Kreis bei beiden Personen soll die ungefähre Position eines Basketballs symbolisieren, während sie unter Nutzung der Anfangskraft die Hockbewegung durchführen. Es ist deutlich zu erkennen, dass die linke Person durch ein tieferes Absinken in die Hockposition einen längeren Beschleunigungsweg des Balls erzeugt. Sichtbar ist allerdings auch, dass sich der Abstand des Kniegelenks zur roten Schwerkraftlinie des Körperschwerpunkts (KSP) entfernt. Dadurch kann weniger Kraft direkt auf den KSP wirken. Somit ist trotz tieferer Position und längeren Beschleunigungswegs die mittlere Kraft der linken Person geringer als die der rechten Person (TU Darmstadt, 2006). Dies würde sich auch auf den Wurf des Basketballs auswirken. Die mittlere Kraft der Person auf der rechten Seite ist trotz eines kürzeren Wegs gegenüber der Person auf der linken Seite größer. Dies hat zur Folge, dass der

▣ **Abb. 7.3** Körperschwerpunkt mit Schwerkraftlinie

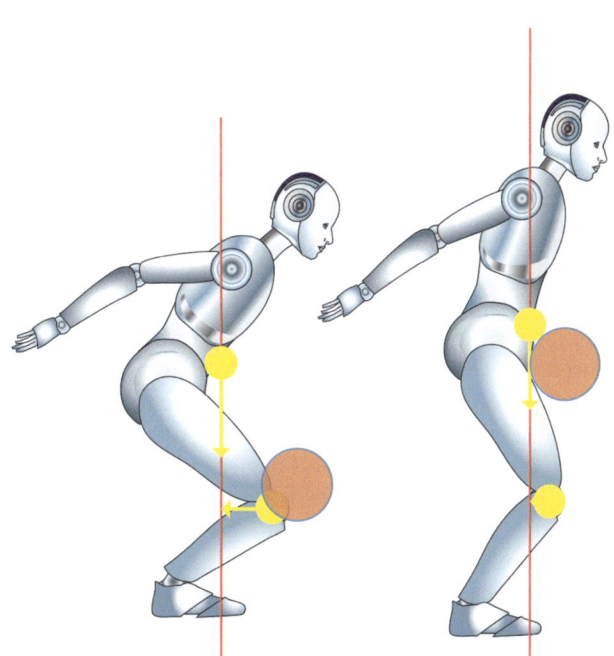

Wurf des Basketballs von der rechten Person kraftvoller ausgeführt werden kann als der Wurf der linken Person. ◘ Abb. 7.3 verdeutlicht erneut, dass das Ziel dieses Prinzips die Optimierung und nicht die Maximierung darstellt. Zur Anschaulichkeit folgen nun noch zwei weitere Beispiele:

1. Boxschlag: Hierbei ist das Ziel, in kurzer Zeit eine möglichst hohe Beschleunigung zu erreichen, das heißt, dass die größten Beschleunigungskräfte bereits zu Beginn der Bewegung wirksam sein müssen, da ein Ziel bereits früh getroffen werden soll.
2. Kugelstoßen: Gegenüber dem Boxschlag, soll hierbei eine möglichst hohe Endgeschwindigkeit erreicht werden. Die größten Beschleunigungskräfte sollen am Ende der Bewegung wirken, sodass die Kugel möglichst weit gestoßen werden kann.

Die Wahl eines optimalen Beschleunigungswegs ist, wie in den jeweiligen Beispielen beschrieben, also maßgeblich von der Bewegung abhängig.

Auch dieses Prinzip sollte nicht isoliert betrachtet werden, sondern immer in der Gesamtheit einer menschlichen Bewegung und der Wechselwirkung zu anderen Prinzipien. So beeinflusst hierbei die Kraftentwicklung von menschlichen Bewegungen neben den mechanischen Voraussetzungen auch z. B. die Winkelstellung des Gelenks, die Muskelvorspannung oder auch die Koordinationsfähigkeit (TU Darmstadt, 2006).

▪ Prinzip der zeitlichen Koordination von Teilimpulsen

Von besonderer Bedeutung für dieses Prinzip ist der Impuls als ein Produkt aus Masse und Geschwindigkeit. Koordination betrachtet aus biomechanischer Perspektive die räumliche, zeitliche und kräftemäßige Ordnung menschlicher Bewegungsabläufe (TU Darmstadt, 2006).

Im Sport sind Teilbewegungen wie zum Beispiel das Eindrehen der Hüfte oder die Schulterrotation Teile eines Gesamtimpulses. Teilbewegungen besitzen demnach auch Teilimpulse. Das Ziel von sportlichen Bewegungen ist es häufig, eine maximale kinetische Energie (Bewegungsenergie) des gesamten Körpers/Objekts zu erreichen. Um dieses zu erreichen, bedarf es einer optimalen Abstimmung der aufeinanderfolgenden Bewegungen (TU Darmstadt, 2006).

Beispielhafte Beschleunigungsentwicklung des Basketballwurfes: Der Wurf eines Basketballs ist eine sowohl technisch als auch koordinativ sehr anspruchsvolle sportliche Aufgabe. In diesem Beispiel wird in ◘ Abb. 7.4 ausschließlich auf die sichtbare optimale Abstimmung der Beschleunigung der Teilbewegungen geachtet.

◘ Abb. 7.4 soll exemplarisch veranschaulichen, dass die am Basketballwurf beteiligten Körperregionen zu einem unterschiedlichen Zeitpunkt ihre Maximalgeschwindigkeit erreichen. Hierbei wird deutlich, dass die Person, welche den Wurf ausgeführt hat, eine optimale Beschleunigung der am Wurf beteiligten Körperregionen durchgeführt hat. Zuerst erreicht die Hüfte ihre maximale Geschwindigkeit, anschließend die Schulter, darauf folgt die Hand, was abschließend zu der optimalen und hohen Geschwindigkeit des Basketballs führt.

Die Kernaussage des Prinzips der zeitlichen Koordination von Teilimpulsen ist, dass eine sportliche Technik die optimale zeitliche Koordination der für die Bewegung relevanten Einzelimpulse als Ziel hat. Nur durch die perfekte Abstimmung der einzelnen Impulse kann ein maximaler und gleichzeitig optimaler Kraftstoß und somit eine maximale Endgeschwindigkeit eines Körpers/Objekts resultieren und erreicht werden.

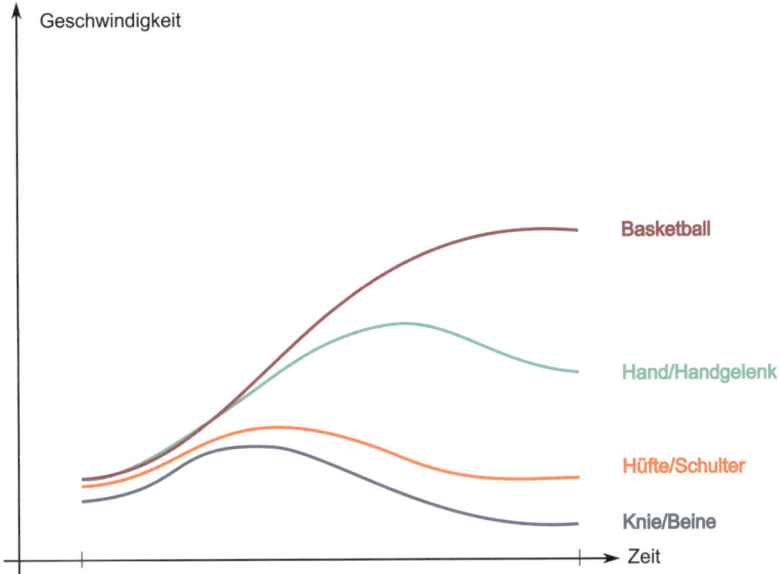

Abb. 7.4 Beschleunigung der Teilbewegungen beim Basketballwurf

Abb. 7.5 Optimaler Basketballwurf

7.1.3.2 **Bewegungsbeschreibung/-ablauf**

In diesem Abschnitt soll unter Zuhilfenahme einer Bilderfolge (Abb. 7.5) der optimale Basketballwurf unter Betrachtung der drei ausgewählten biomechanischen Prinzipien beschrieben und erklärt werden.

Im Folgenden werden die einzelnen Phasen eines optimalen Basketballwurfs durch die Bilderfolge und die Zuordnung der drei ausgewählten biomechanischen Prinzipien dargestellt.

Der Standwurf kann in drei Phasen unterteilt werden:

1. Einleitungsphase (1–4)
2. Hauptphase
   a. Stoßphase (5–6)
   b. Wurfphase (7)
3. Abklingen (8)

Anmerkung: Die Zuordnung der einzelnen Bilder zu den Phasen soll nur eine Momentaufnahme darstellen. Hierbei überschneiden sich in der Praxis verschiedene Phasen bzw. lassen sich nicht eindeutig einem einzelnen Bild zuordnen.

Beschreibung der einzelnen Bilder:

- Bild 1 stellt die Vorbereitung zur bevorstehenden Abfolge von Bewegungen dar. Der Körper ist ruhig, jedoch in leichter Vorspannung. Hierbei sollte die Konzentration an vorderster Stelle stehen und auch eine letzte mentale Repräsentation des bevorstehenden Wurfs erfolgen.
- Bild 2: An dieser Stelle des Wurfs kommen schon zwei biomechanische Prinzipien zum Tragen. Zu Beginn steht das *Prinzip der Anfangskraft*. Der Ball soll in die vertikale nach „oben" geworfen werden, wird hier jedoch zuerst nach unten geführt. Des Weiteren tritt das *Prinzip des optimalen Beschleunigungswegs* auf. Der Werfende geht in die optimale Hockstellung, um von dort aus den optimalen, verlängerten Beschleunigungsweg zu erreichen und durchführen zu können.
- Bild 3 bis 7 können durch das Prinzip der zeitlichen Koordination von Einzelimpulsen charakterisiert werden. Zwischen Bild 3 und 7 findet zeitlich optimal aufeinander abgestimmt die Beschleunigung der Hüfte, der Schulter, des Ellbogens und abschließend der Hände statt. Durch den fließenden Übergang der Einzelimpulse wurde das Prinzip vollständig genutzt und ausgeschöpft.
- In Bild 7 und 8 findet die Wurfphase statt. Durch ein Abklappen des Handgelenks erhält der Ball seine klassische Rückwärtsrotation. Durch den in den vorhergehenden Bildern optimal eingeleiteten Bewegungsablauf sollte der Ball nun eine bogenförmige (leicht parabelförmige) Flugbahn erhalten und im optimalen Fall im Korb landen. Bild 8 charakterisiert abschließend die dritte Phase, also das Abklingen nach der Bewegungsabfolge des Wurfs.

7.1.4 Methodisch-didaktische Überlegungen

7.1.4.1 Ziele und Bezüge des Bildungsplans

Basketball wird im Fach Sport dem Inhaltsbereich „Spielen" zugeordnet. Im baden-württembergischen Lehrplan für Gymnasien (BW BP-Sport, 2016) des Fachs Sport wird dies unter anderem in Klassenstufe 7/8 eingeordnet. Jedoch sollte sich hierbei nicht zu sehr spezifiziert werden, da das Fach Sport wie beispielsweise auch Physik nach dem Spiralprinzip aufgebaut ist, sodass die verschiedenen Sportarten und Themen in den verschiedenen Klassenstufen immer wieder auf unterschiedlichem Niveau thematisiert werden. So kann der Bereich „Spielen" sowohl in der Unterstufe, Mittelstufe als auch in der gymnasialen Oberstufe mit „frei" gewählten Inhalten durchgeführt bzw. behandelt werden.

Das Ziel des sportspielspezifischen Lernens, wozu neben anderen Ballsportarten auch Basketball zählt, ist es, alle leistungsbestimmenden Faktoren eines Sportspiels schülergerecht aufzubereiten und die Schüler*innen die inhaltsbezogenen Kompetenzen erwerben zu lassen.

Der zweite Teil des Themas bzw. der Bezug zur Naturwissenschaft (der Biomechanik) ist im Bildungsplan Sport deutlich konkreter festgehalten.

In Klassenstufe 11/12 wird unter dem Bereich „Wissen" die Biomechanik wie folgt festgehalten: Die Schüler*innen sollen Wissen zur Realisierung des eigenen sportlichen Handelns erwerben. Dies soll in Form von spezifischen Grundlagen der unterrichteten Sportarten und weiterer sportpraktischen Inhalte erfolgen (BW BP-Sport, 2016, S. 57). Beachtet werden muss an dieser Stelle, dass Klasse 11 und 12 nicht die Zielgruppe dieser Lerneinheit ist. Dennoch kann das durch diese Station in der Sekundarstufe 1, in der auch Wissen vermittelt wird, erworbene Wissen gespeichert und im weiteren Verlauf der Schulbahn genutzt und wieder abgerufen werden. Genauer sollen laut dem Lehrplan BP Sport (2016) sportliche Bewegungen unter biomechanischer Betrachtungsweise analysiert werden. Hierzu zählen zum Beispiel allgemeine Grundlagen der Biomechanik oder die biomechanischen Prinzipien. Des Weiteren können hierbei auch mediengestützte Verfahren der Bewegungsbeobachtung und -diagnostik erfolgen (z. B. Beobachtungsbögen, Fotosequenzen, Videoanalysen). In der Lerneinheit werden drei biomechanische Prinzipien umfangreich behandelt. Dadurch deckt die Station schon einen Teil dessen ab, was in höheren Klassenstufen in der Schule behandelt wird. Allgemein wird im Bildungsplan festgehalten, dass ab Klassenstufe 9 Bewegungen aus biomechanischer Perspektive erklärt werden sollten.

Etwas anders sieht der Bildungsplan in Physik aus. Folgende Bereiche des Bildungsplans Physik (MKJS BW Physik, 2016) bedeuten eine Relevanz der Lerneinheit für den Schulalltag.

Ein erster Bezugspunkt zum Bildungsplan findet sich in Klassenstufe 7/8 unter der Mechanik. Hierbei sollen die Schüler*innen Bewegungen verbal und mithilfe von Diagrammen beschreiben und klassifizieren können (in Bezug auf Zeitpunkt, Ort, Richtung, Form der Bahn, Geschwindigkeit, gleichförmige und beschleunigte Bewegungen) (MKJS BW Physik, 2016, S. 17). Des Weiteren findet sich in Klassenstufe 7/8 auch noch das Ziel, dass die Schüler*innen eine Änderung von Bewegungszuständen als Wirkung von Kräften beschreiben lernen und können (MKJS BW Physik, 2016, S. 17). Die im BP Physik beschriebenen Bereiche der Mechanik können durch diese Lerneinheit und die darin enthaltenen Aufgaben abgedeckt werden. Durch die Beschreibung von Bewegungen (auch mit Diagrammen; s Stationsblatt) sowie die Betrachtung verschiedener Kraftverläufe entdecken die Schüler*innen verschiedene physikalische Besonderheiten.

In Klassenstufe 9/10 findet sich unter der Dynamik die Anforderung, dass Schüler*innen das Zusammenwirken beliebig gerichteter Kräfte auf einen Körper beschreiben können und dabei gegebenenfalls ein Kräftegleichgewicht oder die resultierende Kraft erkennen (MKJS BW Physik, 2016, S. 24). Das dritte Prinzip (Koordination von Teilimpulsen) lässt durch das Beispiel auf dem Stationsblatt und die Übertragung auf den Standwurf schon einen kleinen Einblick in diesen Bereich des Lehrplans zu.

Abschließend findet sich auch noch unter den Erhaltungssätzen eine Anforderung, welche in dieser Lehr-Lern-Station vorliegt. Die Schüler*innen soll hierbei Vorgänge aus dem Alltag und der Technik energetisch beschreiben können (S. 25).

7.1.4.2 Relevanz, Lebenswelt- und Schüler*innenbezug

Basketball ist im Sportunterricht sehr verbreitet und findet sich auch oft als Sportart in der Freizeit von Jugendlichen, u. a. als Streetball-Variante, wieder.

7.1.4.3 Methodisch-didaktische Inszenierung

Die Schüler*innen bekommen im ersten Schritt ein Arbeitsblatt, auf welchem detailliert beschrieben steht, in welcher Reihenfolge sie die Aufgaben der Station zu erfüllen haben. Zusätzlich zum Arbeitsblatt wurden mehrere Infoboxen entwickelt, auf welche die Schüler*innen zurückgreifen können, um so verschiedene Hindernisse in den Aufgabenstellungen zu überwinden.

- 1. Phase: Die Schüler*innen nehmen sich zu Beginn der Station das Arbeitsblatt und lesen sich in die Station ein.
- 2. Phase: Die Schüler*innen sollen im zweiten Schritt die Bälle in den Korb werfen. Hierbei soll der Fokus auf die Bewegungsausführung gelegt werden, insbesondere auf die eventuell unterschiedlich ausgeführten Würfe der Schüler*innen

  Ziel: Explorationsverhalten fördern, entdeckendes Lernen, selbstständiges Lernen und Verhalten; der Fokus soll hierbei auf die Bewegungsausführung gelegt werden.
- 3. Phase: Die Schüler*innen sollen nun die vorliegenden Bilder sortieren und die drei Prinzipien den Bildern zuordnen. Im Anschluss kontrollieren sie selbstständig ihre Ergebnisse.

  Ziel: Anwendungsbezogenes Lernen, Theorie-Praxis-Verzahnung
- 4. Phase: Reproduktion und Verknüpfung der neuen Informationen in eigenen Worten. Anschließend findet eine Anwendung des „neu" erlernten Wissens in der Praxis statt.

  Ziel: Kritische Analyse; Ergebnissicherung soll der zukünftigen Nutzung der „neu erlernten" Wissensinhalte dienen

7.1.4.4 Antizipierte Ergebnisse der Schüler*innen

Im Folgenden wird das erwartete Schüler*innenverhalten zu den jeweiligen Aufgaben dargestellt.

In Aufgabe 1 sollen die Schüler*innen auf den Basketballkorb werfen. Dabei sollte ihnen auffallen, wie unterschiedlich die Ausführung des Wurfs der verschiedenen Personen ist. Des Weiteren sollten die Schüler*innen am besten in kleineren Gruppen die anderen beobachten und gemeinsam feststellen und auch festhalten, wie dynamisch oder statisch der Wurf der jeweiligen Person ist.

In Aufgabe 2 nehmen sich die Schüler*innen die Aufgabenbox, in welcher zwölf Bilder und die Namen der drei Prinzipien, welche in der Station beobachtet werden sollen, enthalten sind. Die Schüler*innen legen nun aus vier Bildern einen „schlechteren" Wurf und aus den verbleibenden acht Bildern einen guten Wurf. In einem zweiten Schritt sollen die Schüler*innen diskutieren, was sich hinter den drei Prinzipien verbirgt.

Im Anschluss dürfen die Schüler*innen die Infoboxen nutzen und somit prüfen, ob ihre Grundvorstellungen mit den tatsächlichen Prinzipien übereinstimmen und diese an eine geeignete Stelle des guten Wurfs legen. Im letzten Schritt von Aufgabe 2 sollen sich die Schüler*innen darüber Gedanken machen, welche Schwierigkeiten bei der Zuordnung der drei Prinzipien zu der Bilderfolge auftreten können.

Nachdem die Schüler*innen die Infoboxen zurückgelegt haben, sollen sie in Aufgabe 3 die drei Prinzipien in eigenen Worten wiedergeben. Hierbei sollten möglichst viele eigene Gedanken einfließen.

Als Abschluss der Station sollen die Schüler*innen noch versuchen, die Prinzipien auf den Basketballwurf zu übertragen und den Wurf vom Anfang zu verbessern.

7.1.4.5 Mögliche Herausforderungen und entsprechende Förder-/ Forderangebote

Mögliche Hemmnisse und Probleme der Station sind allgemeiner und spezifischer Art. Zu den allgemeinen zählen:

- Zurückhaltung der Schüler*innen
- Gefühl der Blamage (Versagensangst)
- Desinteresse und/oder fehlende Motivation
- Schüler*innen verstehen die Aufgabe nicht bzw. sind mit der Aufgabenstellung überfordert

Zu den spezifischen gehören:

- Organisatorische Rahmenbedingungen sind nicht optimal, z. B. zu wenig Platz für einen Basketballkorb, schlechter Ball
- Verletzungsgefahr
- Schüler*innen kennen die biomechanischen Prinzipien bereits ausführlich

Auf diese Hemmnisse bzw. Probleme ist die Station wie folgt vorbereitet: Die allgemeinen Probleme können auf jede Station übertragen werden und dort vorkommen. Diese gilt es gezielt durch die umstehenden, jedoch eher passiven Betreuenden/Lehrkräfte zu umgehen. Durch eine freundliche, hilfsbereite und aufgeschlossene Atmosphäre sollten alle allgemeinen Probleme gelöst werden können.

Die organisatorischen Rahmenbedingungen können durch eine sorgfältige Prüfung der Materialien vor Ort umgangen werden. Die größte Schwierigkeit liefert hierbei die Beschaffung eines (transportfähigen) Basketballkorbs. Die verbleibenden Rahmenbedingungen können aber gut gelöst werden.

Die Verletzungsgefahr durch die umherfliegenden Bälle ist natürlich ab Beginn der Station gegeben. Verringert werden kann diese durch den Verweis auf den verantwortungsvollen Umgang mit den Bällen. Des Weiteren sollte ein Behältnis vorhanden sein, in welches man die nicht genutzten Bälle verstauen kann, sodass niemand darüber stolpert.

Wie in ► Abschn. 7.1.4.1 bereits festgestellt, steht im Curriculum, dass die biomechanischen Prinzipien behandelt werden können. Ist dies der Fall, ist der Station schon etwas Inhalt vorweggenommen. Das Ziel, dass die Schüler*innen durch die Station die biomechanischen Prinzipien kennenlernen, kann dann nicht optimal erreicht werden. Zwar kann durch die Station das Wissen diesbezüglich aufgefrischt und vertieft werden, dennoch besteht die Gefahr, dass Schüler*innen gelangweilt sind.

7.1.4.6 Benötigte Vorkenntnisse und Vertiefungs-/ Weiterführungsmöglichkeiten

Schön ist es, wenn die Schüler*innen möglichst wenig oder nichts über die biomechanischen Prinzipien wissen. Dies bietet die Möglichkeit, durch die Lerneinheit genau das Wissen zu schaffen und vielleicht sogar ein tiefergreifendes Interesse zu wecken. Dennoch ist es von Vorteil, wenn die Schüler*innen von einigen Begriffen wie Geschwindigkeit, Beschleunigung, Kraft oder auch Impuls wenigstens eine Grundvorstellung besitzen.

Aufgrund der zeitlichen Begrenzung der Lerneinheit bietet sich nicht die Möglichkeit, alle sechs Prinzipien in irgendeiner Form zu durchlaufen. Dies soll jedoch die Weiterführungsmöglichkeit darstellen. Durch das Wecken des Interesses am Thema sollen die Schüler*innen motiviert werden, sich in ihrer Freizeit bzw. auch im Schulsportalltag mehr mit biomechanischen Prinzipien in verschiedenen Bewegungen zu beschäftigen.

7.1.5 Verlaufsplan

Beschreibung des Ablaufs durch einen Verlaufsplan, der mit konkreten Zeitangaben in kurzer, prägnanter Form die methodisch-didaktische Inszenierung angibt:

Min.	Phase und Ziel	Lehr-Lern-Arrangement	Arbeitsweise (Methoden, Sozialform)	Arbeitstechnik (Material, Medien)
1–2	Einstieg	Einlesen in die verschiedenen Aufgaben auf Stations- und Arbeitsblatt	Einzel-, Partner- und Gruppen-arbeit	Stationsblatt Arbeitsblatt
3–7	Aufgabe 1	Selbstständiges Werfen mit den Basketballbällen in den Basketballkorb Wichtig: Beobachtung der Würfe der Mitschüler*innen (aus Sicht der Bewegungsanalyse)	Einzelarbeit	Basketbälle und Basket-ballkörbe Stationsblatt Arbeitsblatt
8–14	Aufgabe 2	Ordnen der einlaminierten Bilder der verschiedenen Wurfsequenzen aus der Aufgabenbox in die richtige Reihenfolge und sortieren nach gutem und schlechtem Wurf Zuordnen der restlichen Kärtchen (aus der Aufgabenbox), auf welchen die Prinzipien festgehalten sind, zu den Bildern der Würfe Kontrolle mittels vorbereiteter Hilfekärtchen (aus der Infobox)	Partner-/ Gruppen-arbeit	Stationsblatt Arbeitsblatt Infobox Aufgabenbox und Inhalte
15–20	Aufgabe 3 und 4	Reproduktion und Verknüpfung der neuen Informationen. In eigenen Worten festhalten, was sich hinter den biomechanischen Prinzipien verbirgt Übertragen des neu erlernte Wissen auf die Praxis	Einzel-/ Gruppen-arbeit	Basketbälle und freie Basketball-körbe Stationsblatt Arbeitsblatt

- ■ **Digitales Zusatzangebot**

Weitere Materialien (Lösungskarten, Arbeitsmaterial, Aufgabenbox) zu diesem Kapitel finden Sie unter ▶ https://lehrbuch-biologie.springer.com/mint-bewegung.

7.2 Stationsblatt: Die biomechanischen Prinzipien beim Basketballstandwurf

Mit einer Freiwurfquote von 93,07 % liegt Dirk Nowitzki auf Platz 2 der ewigen NBA-Finals-Bestenliste. Neben verschiedenen Einflussfaktoren spielen unter anderem die biomechanischen Prinzipien eine wichtige Rolle für solch eine hervorragende Quote.

Wie ihr euren Freiwurf verbessern könnt und wie dieser mit den biomechanischen Prinzipien nach Hochmuth zusammenhängt, könnt ihr in der folgenden Station entdecken.

■ **Aufgabe 1: Beobachtung des Bewegungsablaufs beim Wurf eines Basketballs**

a. Eure erste Aufgabe ist es, mit Basketbällen aus verschiedenen Positionen (aus dem Stand) auf den Korb zu werfen. Hierbei hat jeder zwei bis drei Würfe zur Verfügung.

Ziel ist es, dass ihr euch bei eurer eigenen Durchführung und der Beobachtung eurer Mitschüler*innen Gedanken über den Bewegungsablauf bei einem Basketballwurf macht.

b. Haltet nun diese ersten Gedanken und besondere Auffälligkeiten im Bewegungsablauf (z. B. Bewegung der einzelnen Körperteile und des Balls) in kurzen Stichpunkten fest. Nutzt hierfür das Arbeitsblatt der Station.

- **Aufgabe 2: Kennenlernen von drei biomechanischen Prinzipien**

Verwendet im Folgenden die Bilder der verschiedenen Wurfsequenzen aus der Aufgabenbox (12 Stück).

a. Eure Aufgabe ist es, die Bilder nach „gutem" (8 Bilder) und „schlechtem" (4 Bilder) Wurf zu sortieren und anschließend in die richtige Reihenfolge zu bringen.

b. Schaut euch die drei Papierstreifen mit den drei verschiedenen biomechanischen Prinzipien an. Vermutlich sind für die meisten von euch diese Prinzipien neu, was jedoch keineswegs schlimm ist. Was vermutet ihr, was sich wohl hinter den drei Prinzipien versteckt? Diskutiert eure Vermutungen in der Gruppe.

c. Lest euch die Infoboxen 1 bis 3 durch und diskutiert miteinander, ob eure Vermutungen aus Aufgabenteil b korrekt waren oder ob eure Vorstellungen von dem wahren Inhalt der Prinzipien abgewichen sind.

d. Nehmt euch die drei Papierstreifen und versucht an der Bilderfolge des guten Basketballwurfs die Streifen dem Bild zuzuordnen, bei welchem eurer Meinung nach das jeweilige Prinzip das erste Mal „zum Einsatz" kommt.

e. Haltet in kurzen Stichworten fest, auf welche Schwierigkeit ihr bei der Zuordnung der einzelnen Prinzipien zu den Bilderfolgen gestoßen seid.

- **Aufgabe 3: Ergebnissicherung**

Mit dieser Aufgabe sollt ihr nun eure eigenen Gedanken zu den Prinzipien und die gelesenen Informationen der Infoboxen in möglichst *eigenen* Worten verschriftlichen.

Notiert in mehreren Stichpunkten, auf was es bei dem jeweiligen Prinzip ankommt (gerne mit einem der Beispiele). Nutzt hierfür die Tabelle auf dem Arbeitsblatt.

Hierbei sind die Prinzipien in ihrem Wortlaut abgekürzt:

Anfangskraft	= Prinzip der Anfangskraft
Optimaler Beschleunigungsweg	= Prinzip des optimalen Beschleunigungswegs
Koordination Teilimpulse	= Prinzip der zeitlichen Koordination von Teilimpulsen

- **Aufgabe 4: Abschluss der Station**

Zum Schluss dürft ihr nun versuchen, die Prinzipien auf eure verbesserten Würfe zu übertragen und anzuwenden.

Werft nun noch einmal jeweils zweimal auf den Korb und befolgt dabei eure Ratschläge aus Aufgabe 3. Lasst diese Würfe von den Gruppenmitgliedern in einem kurzen Feedback bewerten.

Infobox 1: Prinzip der Anfangskraft

Eine Bewegung, mit der eine hohe Endgeschwindigkeit erreicht werden soll, muss durch eine entgegengesetzt gerichtete Bewegung eingeleitet werden. Durch das Abbremsen der Gegenbewegung entsteht eine Anfangskraft, durch die der Kraftstoß vergrößert wird.

Die Gegenüberstellung des Hocksprungs (aus der Hocke in die Streckung) und des Counter Movement Jump (aus dem Stand in die Hocke und dynamisch in die Streckung) sollen euch für das Prinzip der Anfangskraft eine Hilfe bieten.

In 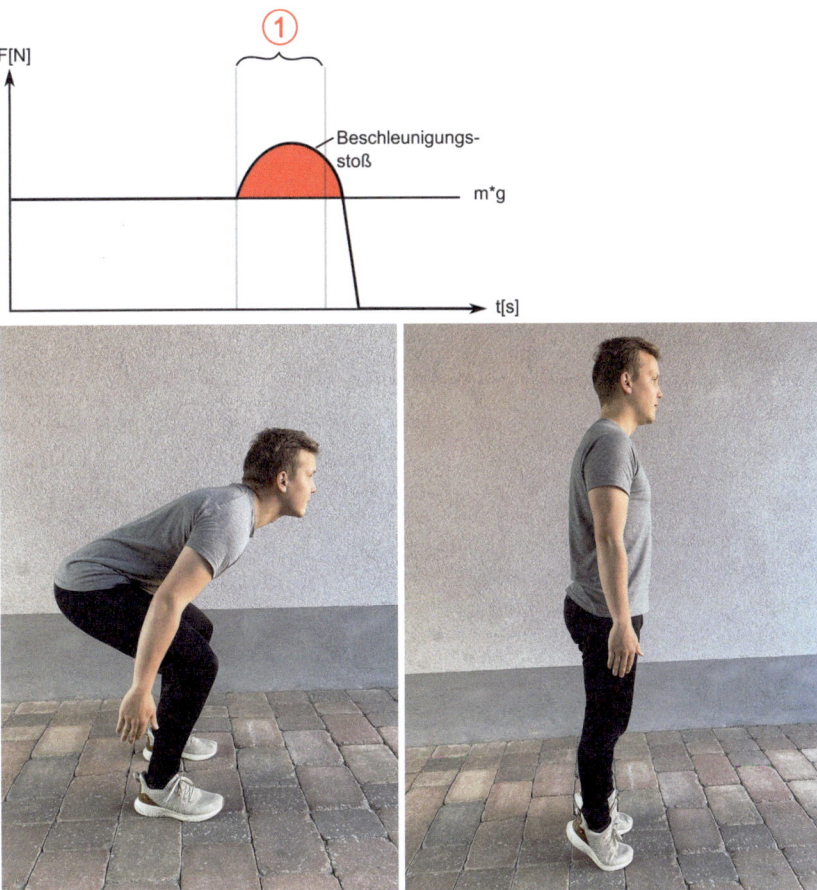 Abb. 7.6 ist der Kraftverlauf eines Sprungs nach oben aus der Hockposition zu erkennen. Zu Beginn von Bereich ① steigt die Kraft, da sich der Springende nach oben streckt. Der Höhepunkt bei ① ist jedoch nicht der Absprungpunkt, sondern der Zeitpunkt, bei welchem die größte Kraft wirkt. Der Absprung vom Boden kann kurz nach dem höchsten Punkt von Bereich ① verordnet werden. Nach dem Verlassen vom Boden sinkt die Kraft wieder. Beim reinen Hocksprung wird das Prinzip der Anfangskraft nicht genutzt.

In ▪ Abb. 7.7 (Counter Movement Jump) ist ein Kraftverlauf mit der Nutzung der Anfangskraft zu erkennen. In Bereich ① ist ein Absinken aus dem Stand zu erkennen, da hierbei die Kraft nachlässt. Bereich ② kennzeichnet eine Kraftentwicklung durch das Abbremsen beim Absinken in die Hocke. Der hierbei aufgebaute Widerstand entwickelt eine Kraft und erhöht die Kraft, bevor man aktiv die Bewegung einleitet. Bereich ③ ist derselbe Bereich wie in ▪ Abb. 7.1, nur ist hierbei die Kraft höher, da diese auf die Anfangskraft addiert wird. Auch hier ist der Absprung vom Boden wieder kurz nach dem Höhepunkt von Bereich ③ zu verordnen.

▪ **Abb. 7.6** Kraftverlauf beim Hocksprung (ohne Anfangskraft)

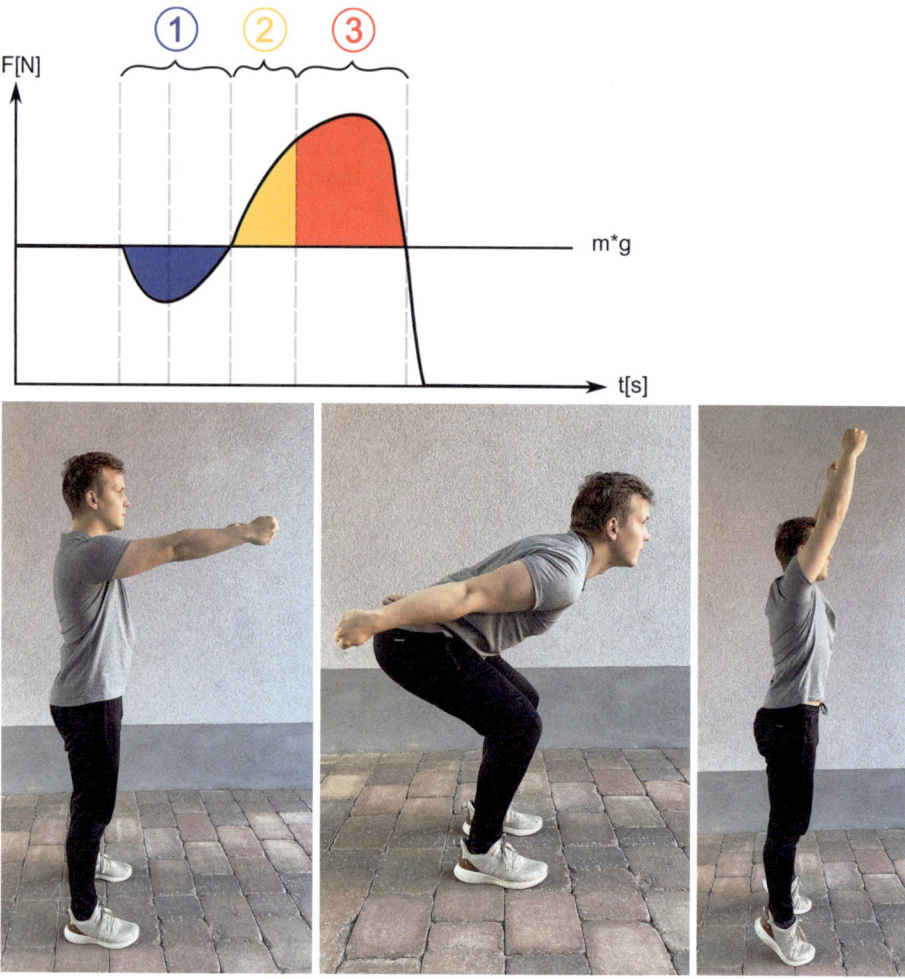

◘ Abb. 7.7 Kraftverlauf beim Counter Movement Jump (mit Anfangskraft) (verändert nach TU Darmstadt, 2006)

Infobox 2: Prinzip des optimalen Beschleunigungswegs

Nach dem Prinzip des optimalen Beschleunigungswegs geht es nicht darum, bei einer Bewegung eine maximale Endgeschwindigkeit zu erreichen, sondern den Beschleunigungs-Zeit-Verlauf in Abhängigkeit der Bewegung zu optimieren. Das Prinzip geht grundsätzlich davon aus, dass das Maximum der Beschleunigungskraft nur kurzzeitig entwickelt werden kann.

Durch die Gegenüberstellung eines Strecksprungs aus einer tieferen und einer „optimaleren" Hockposition soll euch nun dieses Prinzip verdeutlicht werden.

Warum ist ein optimaler und nicht ein maximaler Beschleunigungsweg gewünscht? Wenn ihr die Bilder vergleicht, könnt ihr die rote Linie sehen, welche den Körperschwerpunkt (KSP) darstellt (◘ Abb. 7.8). Weichen die gelben Punkte von dieser Linie ab, muss mehr Kraft aufgewendet werden, und der Sprung ist nicht optimal.

Die linke Figur verlängert zwar ihren Beschleunigungsweg (da sie tiefer in die Hocke sinkt), muss im Gegensatz zur rechten Figur jedoch mehr Kraft aufwenden. Die rechte Figur geht „optimal tief" in die Hocke, nutzt den Beschleunigungsweg somit optimal aus und muss die Kraft nicht so sehr auf den „Kampf" gegen die Schwerkraft ausrichten (so wie die linke Figur).

Nicht überzeugt? Geht (gerne auch aus dem Stand in Form des Counter Movement Jump) so tief in die Hocke, wie ihr könnt, und versucht, von dort nach oben zu springen. Anschließend könnt ihr versuchen, aus dem Stand weniger tief („optimal") in die Hocke zu sinken und dynamisch nach oben zu springen

◘ **Abb. 7.8** Körperschwerpunkt mit Schwerkraftlinie

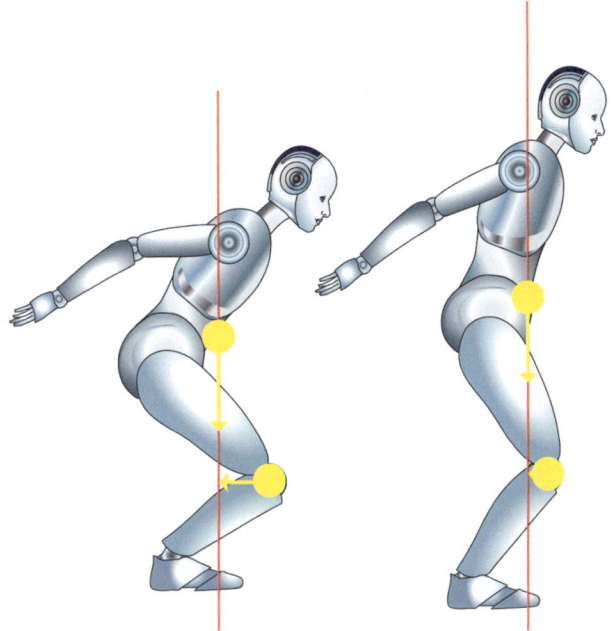

Infobox 3: Prinzip der zeitlichen Koordination von Teilimpulsen

Jede*r Sportler*in, der*die sich bewegt (auch jedes sich bewegende Sportgerät), besitzt eine Masse und eine Geschwindigkeit, also auch einen Impuls, denn der Impuls ist gerade das Produkt aus Masse und Geschwindigkeit. Dementsprechend haben auch Teilbewegungen (z. B. Sprungbein, Arme) (Teil-)Impulse. Dieses Prinzip besagt nun, dass eine effektive und optimale Bewegung dann erreicht wird, wenn die Teilaktionen der verschiedenen Muskeln flüssig aufeinander abgestimmt sind.

Als Beispiel möchten wir hier den Speerwurf betrachten (■ Abb. 7.9).

Ungeachtet der Tatsache, dass ein Speerwurf eine technisch und koordinativ sehr anspruchsvolle Aufgabe ist, lässt sich hier die Beschleunigung der Körperregionen sehr gut betrachten.

Es ist zu erkennen, dass die am Wurf beteiligten Körperregionen nach und nach ihre maximale Geschwindigkeit erreichen und sich die Bewegung darauf aufbaut. Nur durch die optimale und zeitliche Abstimmung der am Wurf beteiligten Regionen kann eine maximale Geschwindigkeit eines Objekts, hier des Speers, erreicht werden.

Erreicht z. B. der Ellenbogen vor der Hüfte seine maximale Geschwindigkeit, so ist der Bewegungsablauf auf der einen Seite nicht flüssig, und es kann auch nicht die optimale Geschwindigkeit des Speers erreicht werden.

Ein ähnliches Geschwindigkeits-Zeit-Diagramm gilt auch für den Basketballwurf.

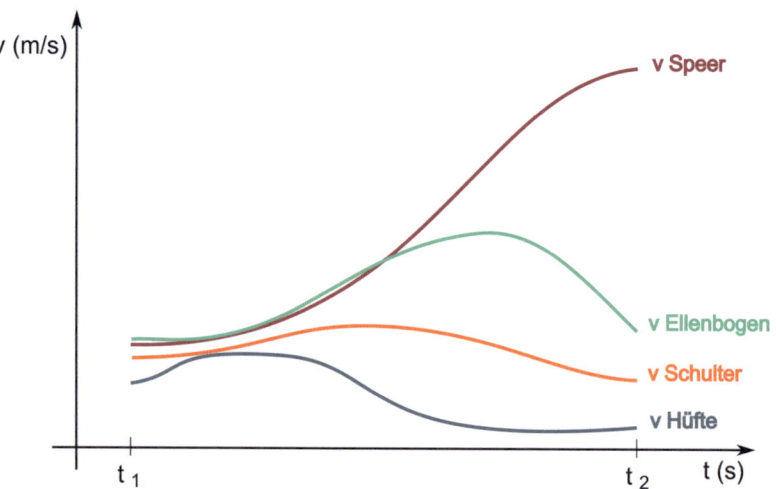

■ **Abb. 7.9**   Beschleunigung der Teilbewegungen beim Speerwurf (verändert nach TU Darmstadt, 2006)

Karlsruher Institut für Technologie

7.3 Arbeitsblatt: Die biomechanischen Prinzipien beim Basketballstandwurf

Aufgabe 1: Beobachtung des Bewegungsablaufs beim Wurf eines Basketballs

b. Haltet hier in Stichpunkte besondere Auffälligkeiten bei den Würfen von euch und euren Mitschüler*innen fest.

_____

_____

_____

_____

Aufgabe 2: Kennenlernen von drei biomechanischen Prinzipien

Für diese Aufgabe benötigt ihr die Bilderfolge, die Papierstreifen und die Info-Boxen.

e. Haltet hier in Stichpunkten fest, auf welche Schwierigkeiten ihr beim Zuordnen der Prinzipien gestoßen seid.

_____

_____

_____

_____

Aufgabe 3: Ergebnissicherung

Notiert hier in mehreren Stichpunkten, auf was es bei dem jeweiligen Prinzip ankommt.

1. Anfangskraft	2. Optimaler Beschleunigungsweg	3. Koordination Teilimpulse

Literatur

Hochmuth, G. (1982). *Biomechanik sportlicher Bewegungen* (5. Aufl.). Sportverlag.

[MKJS BW Physik] Ministerium für Kultur, Jugend und Sport Baden-Württemberg. (2016, 23. März). Bildungspläne 2016. http://www.bildungsplaene-bw.de/Lde/LS/BP2016BW/ALLG/GYM/SPO. Zugegriffen am 07.03.2020.

TU Darmstadt. (2006). http://bioprinz.ifs-tud.de/index.php?inhalt=teilimpulse/teilimpulse_thema1.html. Zugegriffen am 25.04.2020.

Urban, I. (2012). Einführung in die Biomechanik. Zugriff zuletzt am 31.03.2023 unter https://www.blv-sport.de/fileadmin/bildung/unterlagen/2012/B-Trainer-Nachwuchs/Biomechanik/Einfuehrung_Biomechanik.pdf

Wollny, R. (2017). *Bewegungswissenschaft: Ein Lehrbuch in 12 Lektionen (Sportwissenschaft studieren 5)* (4. Aufl.). Meyer & Meyer.

Genauigkeit des Zielwurfs vor und nach Belastung

Alexander Wähling, Tim Krämer und Luisa Appelles

Inhaltsverzeichnis

8.1 Ausarbeitung

8.1.1 Kurzbeschreibung und Zielsetzung

Ziel dieser Lerneinheit, bei der ein Tennisball in einen Eimer geworfen werden soll, ist es herauszufinden, wie Belastung die Leistungsfähigkeit beeinflusst. Die Schüler*innen arbeiten dazu paarweise zusammen und übernehmen jeweils einen theoretischen und praktischen Teil. Dabei sollen alle Schüler*innen aktiv am Arbeitsprozess beteiligt sein: ein*e Schüler*in durch Tabata-Training und Tennisballwürfe, der*die andere Schüler*in durch die Dokumentation und Auswertung der Ergebnisse auf einem Arbeitsblatt.

8.1.2 Rahmenbedingungen

- Zielgruppe: Klassenstufe 7/8 (Sek I)
- Anzahl der Schüler*innen: 2er-Gruppen
- Zeitlicher Rahmen der Station: 20 min
- Räumlichkeiten: im Optimalfall eine Sporthalle; eigentlich ist diese Station überall möglich, z. B. im Klassenzimmer, auf dem Flur oder Pausenhof
- Material: Fitnessmatte, Tisch für den*die Versuchsleiter*in, Timer für Zeitintervallanzeige, 6 Tennisbälle, Eimer, Tape und Maßband/Zollstock, farbige Stifte (rot und blau), ggf. Pulsuhren

8.1.3 Sachanalyse

Für diese Lerneinheit lassen sich zwei übergreifende Themenbereiche herauskristallisieren. Zunächst erfolgt eine Beschreibung des Bereichs der Wurfbewegung (Definition, Ausprägungen, Einflussfaktoren), und anschließend werden Belastung und Belastungsempfinden dargestellt.

8.1.3.1 Wurf und Wurfbewegung

Ein Wurf zeichnet sich durch das grundlegende Ziel aus, dass ein Gegenstand sich in einer Flugphase fortbewegt, indem er durch Ausführung einer disziplinspezifischen Technik beschleunigt wird (Schnabel & Thiess, 1993). Der Wurf bzw. die Wurfbewegung stellt ein zentrales Element im Sport dar und zählt zu den Grundlagen jeder vielseitigen Bewegungserziehung von Kindern und Jugendlichen. Ihnen sollten im Verlauf ihrer Entwicklung vielfältige und variantenreiche Wurfsituationen zur Verfügung gestellt werden (vgl. Dober, 2019).

Eine erste Unterteilung kann in die Kategorien Ziel- und Weitwürfe vorgenommen werden. Weitwürfe finden sich primär in den leichtathletischen Disziplinen wie beispielsweise Speerwurf, Diskuswurf und Hammerwurf oder in darauf vorbereitenden Ausprägungen wie Schlagballwurf, Schleuderball oder Keulenwurf (vgl. Schnabel & Thiess, 1993).

In vielen Spielsportarten, u. a. Handball, Basketball oder Korfball, haben Wurfformen, welche eine höhere Präzision verlangen, eine größere Bedeutung als Würfe in die Weite. Von den Spielern werden in Pass- oder Torabschlusssituationen bestimmte Bewegungstechniken verlangt, die eine hohe Präzision und Feinabstimmung des Bewegungsablaufs verlangen (vgl. Landessportbund Nordrhein- Westfalen, 2020).

Neben den etablierten Spielsportarten gibt es auch zahlreiche Spielvarianten mit Zielwurfcharakter, welche entweder zur spielerisch aktiven Beschäftigung oder auch teilweise als Vermittlungsmöglichkeit der anschließenden Zielwurfbewegung zu sehen sind (Völkerball, Treibball, Boule u. a.).

Für den Versuch in dieser Lerneinheit wird der Fokus auf den Oberhandwurf aus dem Stand gewählt. Die Zielwurfbewegung (Standwurf, Oberhand) wird in die folgenden Phasen unterteilt (vgl. Wastl & Wollny, 2012. 143 ff):

- Ballrückführung: Wurfarm auf Schulterhöhe, Unterarm senkrecht, Hand zeigt nach oben
- Wurfauslage: Ausholbewegung mit Unterarm, Hand nähert sich der Schulter
- Abwurf: Schnelle Wurfbewegung, über Kopfhöhe nach vorn, Arm- und Handbewegung mit Abwurf und „Nachschlagen" (Abkippen der Hand im Handgelenk in Wurfrichtung) der Wurfhand

Folgende zentrale Faktoren bedingen die Wurfbewegung:
- Abflughöhe
- Abflugwinkel
- Abfluggeschwindigkeit

Die Abflughöhe ist weitestgehend durch konstitutionelle Voraussetzungen gegeben und zudem durch gute Körperstreckung und hohe Armhaltung im Moment des Abwerfens beeinflussbar. Diese stellt den geringsten Einflussfaktor dar. Der Abwurfwinkel, beim Weitwurf bei etwa 45°, hingegen kann vom Werfenden vermehrt gesteuert werden. Die entscheidende Größe bei Wurfbewegungen hingegen ist die Abfluggeschwindigkeit. Diese bedingt sich durch die drei Teilfaktoren Wurf- und Stoßkraft, Beschleunigungsweg sowie Impulsübertragung (vgl. Wastl & Wollny, 2012, S. 143 ff), die von der konditionellen Fähigkeit Kraft sowie mehreren koordinativen Steuerungsgrößen – primär Differenzierungsfähigkeit und Kopplungsfähigkeit – abhängig sind (vgl. Friedrich, 2007, S. 184).

Insbesondere bei Zielwurfbewegungen spielen unterschiedliche Druckbedingungen eine bedeutsame Rolle. Präzisionsdruck, Zeitdruck, Komplexitätsdruck und Situationsdruck beeinflussen die Genauigkeit der Zielwurfbewegung (vgl. Friedrich, 2007, S. 196 f.).

Koordinative Fähigkeiten „sind Leistungsvoraussetzungen, die in verschiedenen Phasen sportlicher Handlungen wirksam werden. Sie bauen auf Bewegungserfahrungen auf und umfassen das Vermögen, aufgrund komplizierter Steuerungs-

und Regelungsvorgängen Bewegungshandlungen in […] Situationen sicher und wirkungsvoll auszuführen" (Friedrich, 2007, S. 183). Um die Bewegungsausführung an äußere und innere Bedingungen und Situationen anpassen zu können, bedarf es einer umfassenden, schnellen und zielgerichteten Informationsverarbeitung. Diese beruht auf der Reizaufnahme durch Sensoren oder über unterschiedliche Sinneskanäle, der Reizweiterleitung und Verarbeitung im zentralen Nervensystem (ZNS) sowie der Bewegungsausführung durch die Skelettmuskulatur (vgl. Silbernagl & Despopoulus, 2003, S. 312 ff.).

Der Grad der körperlichen Ermüdung hat Einfluss auf das Zusammenspiel von Reizaufnahme, Verarbeitung im ZNS und Bewegungsausführung. Das ZNS geht bei lang andauernden hohen Belastungen zum Eigenschutz in einen Hemmzustand über, welcher sich durch eine reduzierte Leistungsfähigkeit zeigt. Vor diesem Hintergrund und um das Verletzungsrisiko durch eine unsaubere Bewegungsausführung zu minimieren, sollte die Schulung der Koordination zu Beginn der Trainingseinheit im ermüdungsfreien Zustand und nicht am Ende nach intensiver, körperlicher Belastung vollzogen werden (vgl. Friedrich, 2007, S. 107; S. 202). Dieser Hinweis lässt u. a. darauf schließen, dass der Grad der Ermüdung Einfluss auf die Koordination und somit auch die Präzision der Wurfbewegung des Versuchsaufbaus hat.

8.1.3.2 Körperliche Belastung und individuelles Belastungsempfinden

Körperlich-sportliche Betätigung ist von mehreren leistungsbestimmenden Faktoren abhängig. Im Rahmen dieser Lerneinheit wird der Fokus verstärkt auf die physischen Leistungsfaktoren, auch bekannt als Kondition, gelegt (vgl. Blum & Friedmann, 2002, S. 19).

8.1.3.3 Herzfrequenz

Anhand unterschiedlicher Kenngrößen kann die Leistungsfähigkeit bzw. die vorhandene Belastung einer Person ermittelt werden. Je nach Leistungsbereitschaft und Intensität der körperlichen Aktivität ergibt sich eine bestimmte Herzfrequenz. Diese steigt in der Regel mit Zunahme der Belastungsintensität und -dauer an. Bei Kindern und Jugendlichen ist eine Herzfrequenz unter Belastung von bis zu 220 Schlägen pro Minute möglich (vgl. Friedrich, 2007, S. 68 f).

Hinweis: Neben der hier genannten Kenngröße „Herzfrequenz" gibt es noch weitere Messgrößen zur Bestimmung der vorherrschenden Belastung (Laktatkonzentration im Plasma, Stresshormone im Blut u. a.), aber diese würden den Rahmen dieses Versuchs weit überschreiten.

8.1.3.4 Individuelles Belastungsempfinden

Die Ermittlung der Pulsfrequenz dient als objektives Maß der gesteigerten Belastungssteigerung (kann in diesem Versuch ergänzend ermittelt werden). Nun ist es nicht möglich, stets die Herzfrequenz mithilfe einer Pulsuhr abzunehmen und zu überprüfen. Abhilfe kann die Anwendung der Borg-Skala bieten. Laut Borg korreliert das subjektive Belastungsempfinden u. a. mit Atmungs- und Herzfrequenz. Der*die Sportler*in selbst kann sein*ihr Belastungsempfinden unter Zuhilfenahme der Schätzskala bestimmen und eine subjektive und recht zuverlässige Aussage über den Anstrengungsgrad bieten (vgl. Borg, 2004). Diese einfache Einschätzungsmöglichkeit ist für Schüler*innen im Alltag greifbarer und kann eigenständig eingesetzt werden.

Was bedeutet dies nun für den Versuchsaufbau? In Verbindung mit der Erkenntnis, dass der Grad der Ermüdung in Zusammenhang mit der Präzision einer koordinativ anspruchsvollen Bewegungsausführung steht, möchten wir den Schüler*innen diesen Umstand mit folgender Leitfrage erfahrbar machen: Welche Auswirkungen haben unterschiedliche Belastungen und daraus resultierende Ermüdungsempfindungen auf das Präzisionsverhalten beim Wurf?

8.1.3.5 Belastungssteigerung durch Tabata

Tabata ist ein Training über 4 Minuten, welches mehrere Muskelbereiche anspricht. Diese Trainingsform, welche kurze, hochintensive Belastungen provoziert, eignet sich sehr gut zur schnellen körperlichen Ermüdung. In acht direkt aufeinanderfolgenden Runden mit jeweils 20 Sekunden maximaler Körperbelastung, gefolgt von 10 Sekunden Pause, werden sehr hohe Belastungsspitzen provoziert, und der Körper wird einem physischen Stress ausgesetzt. Zu beachten ist, dass die Schüler*innen vor der intensiven Belastungsphase eine Herz-Kreislauf-Aktivierung in Form einer kurzen Erwärmung erfahren, um eine physische und psychische Vorbereitung zu gewährleisten.

8.1.3.6 Körperreaktionen auf Stress

Stress durch körperliche Arbeit oder psychische Belastung bewirkt u. a. die Erhöhung des Sympathikotonus und leitet somit die Freisetzung des Stresshormons Cortisol ein. Cortisol steht in enger Verbindung mit typischen Stressreaktionen wie bspw. Mobilisation des Energiestoffwechsels oder Erhöhung der individuellen Herzfrequenz (vgl. Silbernagl & Despopulus, 2003, S. 296).

Das sympathische System, auch als grauer Teil des Rückenmarks bekannt, hat einerseits eine anregende Funktion bezüglich Herzschlag, Atmung und Muskeldurchblutung, andererseits eine hemmende Wirkung gegenüber Verdauung, Ausscheidung und Sexualität. In Gefahren-/Stresssituationen werden für das Überleben wichtige Funktionen gestärkt (Anregung) und in dieser Situation unwichtige Organtätigkeiten reduziert (hemmende Wirkung). Wichtig ist hierbei, auch den Gegenspieler des Sympathikus zu kennen, welcher eine beruhigende Wirkung auf den Organismus ausübt. Das parasympathische System regt die für die Erholung zuständigen Organe an und hemmt zugleich die anregenden Funktionen (vgl. Lathe, 2000, S. 100 f.).

8.1.4 Methodisch-didaktische Überlegungen

8.1.4.1 Ziele und Bezüge des Bildungsplans

Die Idee dieser Lerneinheit beruht primär auf dem Fach Sport, wobei zu betonen ist, dass Sport ein interdisziplinär ausgeprägtes Fach darstellt. Daher können für mehrere Fächer Bezüge zum Bildungsplan hergestellt werden. Die ersten Bezüge leiten sich direkt aus dem Lehrplan Sport für Gymnasien des Landes Baden-Württemberg ab. Zudem werden Aspekte der Fächer Biologie (Reizverarbeitung), Mathematik (funktionaler Zusammenhang sowie Daten und Zufall) und Physik (Mechanik, Dynamik) aufgegriffen.

Im Sportunterricht sollen die Schüler*innen Fitness entwickeln (3.2.1.5), d. h. in sportlichen Anforderungssituationen entwicklungsgemäß angepasste konditionelle und koordinative Leistungen erbringen (zum Beispiel sportspielspezifische Ausdauer, Krafttest), das Herz-Kreislauf-System (…) beschreiben sowie ihren konditionellen Entwicklungsprozess wahrnehmen und dokumentieren (zum Beispiel durch Umgang mit einem Belastungsdiagramm). Wurfbewegungen werden zum Spielen (3.2.1.1) sowie im Bereich Laufen, Springen, Werfen (3.2.1.2) genannt (vgl. Bildungsplan BW 2016 – Sport).

Im Fach Biologie sollen sowohl Atmung, Blut und Kreislaufsystem (3.2.2.2) in Abhängigkeit von verschiedenen Parametern untersucht als auch Informationssysteme (3.2.2.4) via Reiz-Reaktions-Schema und die biologische Bedeutung von Stressreaktionen thematisiert werden (vgl. Bildungsplan BW 2016 – Biologie).

Im Schulfach Mathematik sollen Schüler*innen funktionale Zusammenhänge durch Tabellen, Gleichungen und Graphen erfassen lernen (3.2.4) und aus Daten alltagsbezogene Sachverhalte ablesen sowie Wahrscheinlichkeiten empirisch bestimmen können (3.2.5) (vgl. Bildungsplan BW 2016 – Mathematik).

Im Fach Physik lernen Schüler*innen zu Mechanik/Dynamik (3.2.7) die Beschreibung von Änderungen und Kräften (vgl. Bildungsplan BW 2016 – Physik).

Die beschriebenen Zielsetzungen können in dieser Lerneinheit angesteuert werden.

8.1.4.2 Relevanz, Lebenswelt- und Schüler*innenbezug

Diese Lerneinheit hat viele Anknüpfungspunkte in der Lebenswelt der Schüler*innen. Sie fördert die Kooperation, die Verknüpfung verschiedener Schulfächer, das Performen unter Druck und legt ihnen eine in der Freizeit leicht zu realisierende Trainingsmethode dar.

■ Kooperation

Da die Schüler*innen die Aufgabenstellungen nur gemeinsam lösen können (eine Testperson und ein*e Versuchsleiter*in), wird die Zusammenarbeit gefördert. Dabei können die Schüler*innen auch ermutigt werden, sich gegenseitig anzufeuern, was wiederum das Gemeinschaftsgefühl innerhalb der Lerngruppe fördern kann.

■ Eine interessante Trainingsmethode

Durch das zu bewältigende Intervall- bzw. Tabata-Training lernen die Schüler*innen aktiv eine Trainingsmethode kennen, die an nahezu jedem Ort, auch Zuhause, angewendet werden kann. Somit wird diese Lerneinheit auch dem Bildungsauftrag „Erziehung zum Sport" gerecht und zeigt den Schüler*innen weitere Möglichkeiten zur sportlichen Betätigung auf.

■ Fächerübergreifender Unterricht

Außerdem kann die hier gegebene Verknüpfung von Fachunterricht und Bewegung die Lern- und Gedächtnisprozesse von Schüler*innen verbessern (vgl. Szych, 2005, S. 11; Ratey & Hagerman, 2008, S. 12; Kubesch, 2002, S. 1).

■ Unter Stress performen

Gleichzeitig müssen die Schüler*innen unter physischem Stress – durch die steigende Herzfrequenz – und psychischem Stress – durch das in Ansätzen gegebene Einmaligkeitstraining – ihr Leistungspotenzial abrufen. Diese Erfahrungswerte könnten ihnen nicht nur in Prüfungssituationen helfen, sondern auch in den Sportarten, die sie betreiben: Ein Freiwurf im Basketball, eine Kür im Gerätturnen oder ein Elfmeter im Fußball sind allesamt Beispiele für Situationen, in denen Sportler*innen ihre Leistungen trotz physischen und psychischen Stresses bringen müssen.

8.1.4.3 Methodisch-didaktische Inszenierung

■ **Ablauf des Experiments**

In dieser Lerneinheit versucht ein*e Schüler*in, Tennisbälle aus sechs Meter Entfernung mehrmals und unter steigender körperlicher Belastung in einen Eimer zu werfen. Es soll ermittelt werden, ob die Wurfgenauigkeit mit zunehmender Ermüdung abnimmt. Die körperliche Belastung wird durch ein intensives Tabata-Training geschaffen, bei dem gerne Musik abgespielt werden kann.

Insgesamt werden vier Runden absolviert (■ Abb. 8.1). Eine Runde beginnt immer mit zwei Würfen, für die der*die Schüler*in 10 Sekunden Zeit hat. Ihnen folgen drei Kraftausdauerübungen à 20 Sekunden – immer in der Reihenfolge Mountain Climbers, Skippings auf der Stelle, Hampelmänner (Hock-Streck-Sprünge). Zwischen jeder Übung haben die Teilnehmer*innen zehn Sekunden Pause, die durch ein akustisches Signal (Piepton) begonnen und beendet wird. Am Ende der vierten Runde haben die Schüler*innen noch einmal zwei Würfe, mit denen das Experiment abgeschlossen wird. Insgesamt kommen die Schüler*innen also auf vier Minuten intensiver körperlicher Belastung und zehn Würfe.

Die Wurfgenauigkeit und die körperliche Belastung werden von einem*einer anderen Schüler*in auf einem zuvor ausgehändigten Arbeitsblatt schriftlich festgehalten und anschließend mit einem Diagramm grafisch dargestellt.

■ **Ablauf der Lerneinheit**

Die Schüler*innen werden zu Beginn der Lerneinheit in das Thema eingewiesen und daraufhin aufgefordert, sich in Zweiergruppen zusammenzufinden. Sie werden bewusst nicht von der Lehrkraft eingeteilt, weil die Partner selbst entscheiden sollen, mit wem sie diese Lehr-Lern-Station durchführen. Somit wird einem möglichen Schamgefühl vorgebeugt, welches entstehen könnte, wenn beispielsweise ein Leistungssportler als Testleiter das übergewichtige Kind prüfen muss. Möchte die Lehrperson die

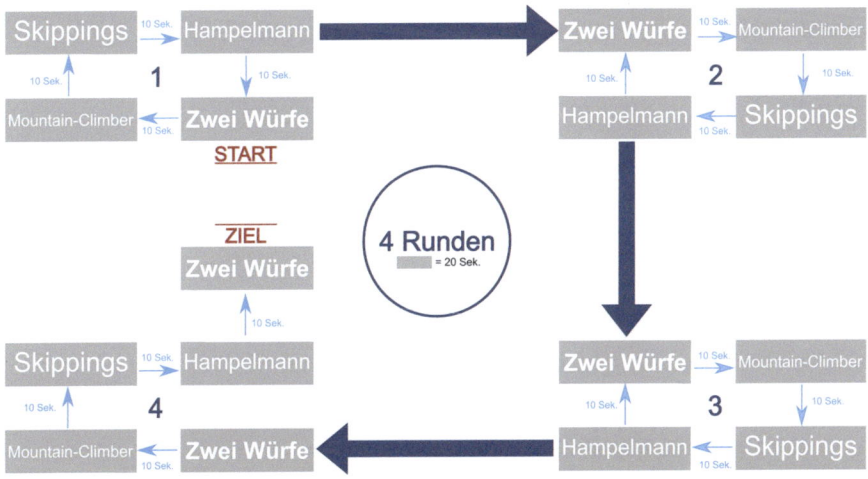

■ **Abb. 8.1**   Ablauf des Tabata-Trainings und der Würfe

Integration und das Gemeinschafts- und Sozialverhalten der Schüler*innen verbessern, könnte sie die Gruppen bewusst heterogen einteilen. Dafür müsste sie aber vorbereitende Maßnahmen treffen und den Gesamtprozess aktiv betreuen.

Innerhalb der Gruppen nehmen die beiden Schüler*innen unterschiedliche Aufgaben wahr: Ein*e Schüler*in wird „Testleiter*in" sein, während sein*e Partner*in „Proband*in" wird. Der*die Testleiter*in wird mit Stations- und Arbeitsblatt sowie den benötigten Materialien (Borg-Skala und Stifte) ausgestattet. Darauf stehen die Regularien dieses Experiments:

Der*die Proband*in darf zu Beginn des Ablaufs genau dreimal einwerfen. Diese Versuche gehen nicht in die Wertung ein. Innerhalb des Experiments gilt ein Wurf dann als getroffen, wenn der Ball im Eimer landet und darin liegen bleibt. Die körperliche Belastung wird vor Beginn des ersten Wurfs eines jeden Durchgangs durch eine vereinfachte Borg-Skala gemessen, die das subjektive Belastungsempfinden einer Person ermitteln kann (vgl. Löllgen, 2004, S. 299). „Vereinfacht" bedeutet in diesem Fall, dass die normalerweise von 1 bis 20 reichende Skala der Einfachheit halber auf 1 (kaum anstrengend) bis 5 (extrem anstrengend) gekürzt wird. Stehen Pulsmessgeräte zur Verfügung, kann gleichzeitig die Belastung anhand der Herzfrequenz ermittelt werden. Die Werte werden direkt nach jedem Wurf in einer Tabelle notiert. Trifft der*die Proband*in mit dem Tennisball den Eimer, kreuzt der*die Testleiter*in für den jeweiligen Wurf das Kästchen in der Zeile „Ja" an. Trifft der*die Proband*in nicht, kreuzt der*die Testleiter*in „Nein" an. Vor Beginn des ersten Wurfs einer Runde, fragt der*die Testleiter*in den*die Proband*in, wie er*sie sich, nach der vereinfachten Borg-Skala von 1 bis 5, fühlt. Der*die Testleiter*in schreibt die Antwort in die Spalte der jeweiligen Runde. Nachdem der praktische Teil des Experiments abgeschlossen wurde, müssen beide Schüler*innen zusammen die erhobenen Daten in ein Diagramm einzeichnen. Alternativ kann die Herzfrequenz gemessen werden. In höheren Klassenstufen könnte man die Borg-Skala und die Herzfrequenz gleichzeitig ermitteln und ins Diagramm einzeichnen lassen. Zur Erfassung der Herzfrequenz wird bewusst aus Gründen der Handhabbarkeit (Anbringung auf der Haut auf Höhe des Sternums) auf die Nutzung eines Pulsgurtes verzichtet. Als Alternative kann eine Pulsuhr (s. Materialaufstellung) genutzt werden. Sollte die Herzfrequenz gemessen werden, wird den Schüler*innen die Vorlage in ◘ Abb. 8.2 bereitgestellt.

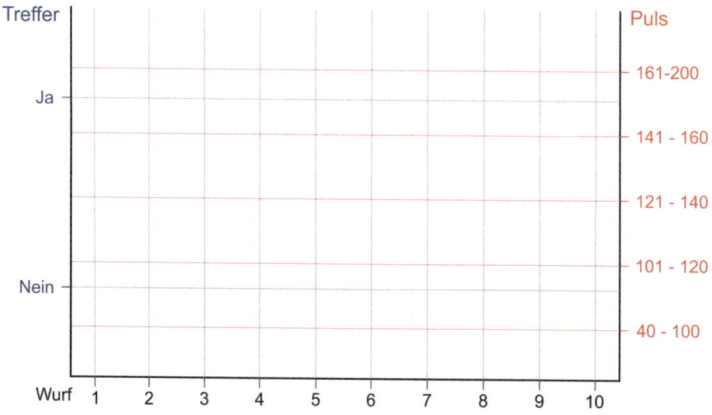

◘ **Abb. 8.2**   Die Trefferkurve wird mit der Herzfrequenzkurve kombiniert

Alternativ könnte der gesamte Ablauf etwas entzerrt werden, indem die Würfe isoliert vom Tabata-Training durchgeführt werden. Der*die Proband*in würde also vor der Belastung fünf Bälle werfen, dann das Intervalltraining durchführen, um daraufhin mit fünf Würfen das Experiment abzuschließen. Dies hätte für den*die Testleiter*in den Vorteil, dass er*sie die Daten ohne Zeitdruck eintragen könnte. Nachteilig wäre, dass man nur das Vorher-nachher-Bild erhält und nicht den Prozess der Ermüdung erkennt. Außerdem könnte das geforderte Diagramm nicht erstellt werden und der*die Testleiter*in ist während des eigentlichen Experiments nicht richtig eingebunden. Im gewählten Ablauf stehen beide Schüler*innen zwar unter etwas Stress, jedoch ist dieser Stress gewollt und ein elementarer Bestandteil des Experiments.

▶ **Ablauf**

Trainingsphase
   3 Bälle einwerfen
   Experiment
1. Borg-Skala – 2 Würfe und Belastung A
2. Borg-Skala – 2 Würfe und Belastung B
3. Borg-Skala – 2 Würfe und Belastung C
4. Borg-Skala – 2 Würfe und Belastung D
5. Borg-Skala – 2 Würfe ◀

8.1.4.4 Antizipierte Ergebnisse der Schüler*innen

Es ist zu erwarten, dass das körperliche Belastungsempfinden zunehmen und die Wurfgenauigkeit bzw. die Trefferquote abnehmen wird (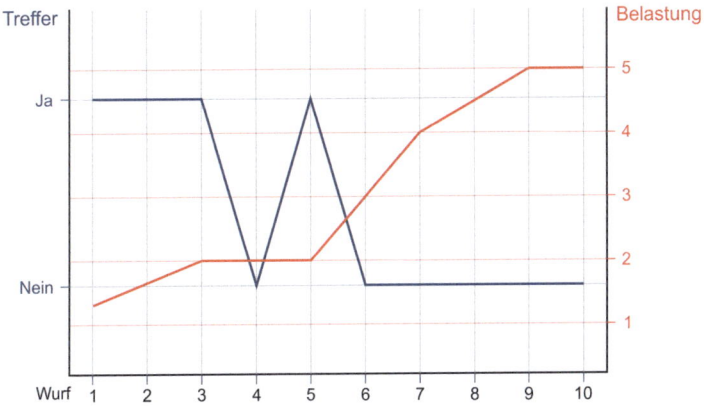 Abb. 8.3).

Auf der pädagogischen Ebene ist zu erwarten, dass die Schüler*innen dabei Erfahrungen sammeln, wie sie sich in Stress- und Drucksituationen verhalten können und sollen. Sie sollen lernen, wie sie unter Druckbedingungen ihre beste Leistung abrufen können und gleichzeitig ihre Partner*innen motivieren.

◙ **Abb. 8.3**   Ein zu erwartendes Diagramm: Die Trefferquote sinkt, während das Belastungsempfinden ansteigt

8.1.4.5 Mögliche Herausforderungen und entsprechende Förder-/Forderangebote

Wichtige Informationen zur Durchführung dieser Lehr-Lern-Station werden nun im Folgenden beschrieben sowie die Herausforderungen bzw. Probleme und eventuelle Störungsanfälligkeiten angesprochen. Dazu gehört, dass die Schüler*innen Sportkleidung tragen müssen, damit sie die Sportübungen zwischen den Würfen ohne Komplikationen und Bewegungseinschränkungen ausführen können. Dabei sollte auch beachtet werden, dass langärmlige Oberteile beim Werfen hinderlich sein können, aber nicht unbedingt müssen. Eine große Herausforderung ist es, beim Werfen keinen Trainingseffekt verzeichnen zu können, damit die Testergebnisse der Station nicht beeinflusst werden. Deshalb wurde sich, um dieses Problem größtmöglich auszuschließen, für den schon bereits erklärten Ablauf entschieden. In diesem Ablauf sind maximal zwei Würfe hintereinander zu absolvieren, die zudem unter Zeitdruck stattfinden, sodass der Lern- bzw. Trainingseffekt nicht ausnahmslos, aber dennoch stark reduziert ist.

Ein weiteres Problem könnte sein, dass die Schüler*innen nahezu ausgeruht zum Part des Werfens gelangen wollen, damit sie eine höhere Trefferquote haben, um damit vor der gesamten Klasse bei der Übersicht der Diagramme gut dastehen zu können. Deshalb wäre es möglich, dass sich die Schüler*innen während des Sports nicht voll anstrengen. Sollte es trotzdem vorkommen, dass sich Schüler*innen schonen wollen, wäre es denkbar, einen Wettkampf daraus zu machen und die Anzahl an Wiederholungen der Sportübungen zu vergleichen. So möchte nicht nur beim Werfen, sondern auch bei der sportlichen Aktivität jede*r ihr*sein Bestes geben.

Außerdem wäre es möglich, dass es Probleme beim Eintragen der Werte in die Tabellen gibt, da diese sehr informativ und aussagekräftig sind. Die Bögen können vor der Durchführung ausführlich besprochen werden, um fehlerhafte Eintragungen in die Tabellen auszuschließen.

Um vor und nach jeder Runde nicht nur über ein Gefühlsempfinden sprechen, sondern über tatsächliche Werte etwas schließen zu können, wäre es grundsätzlich interessant, mit Pulsuhren zu arbeiten. Da manche aber zusätzlich mit einem Pulsgurt in Verbindung stehen, könnte hier die Hemmschwelle übertreten werden, beim Anlegen der Brustgurte, da diese unterhalb des Oberteils direkt auf der Haut angebracht werden müssten. Deswegen können, sofern in der Schule vorhanden, Pulsuhren (mit oder ohne Pulsgurt) verwendet werden. Alternativ kann mit der Borg-Skala gearbeitet werden. Diese Skala sollte für Schüler*innen im Idealfall in Worten gestaltet sein, damit sie keine Probleme beim Eintragen des Zustands bekommen.

Sehr wahrscheinlicher ist es, dass unterschiedliche Leistungsniveaus innerhalb der Klasse herrschen, was die sportliche Fitness betrifft.

8.1.4.6 Benötigte Vorkenntnisse und Vertiefungs-/ Weiterführungsmöglichkeiten

Weiterführungsmöglichkeiten sind, wie auch im Punkt zuvor angeklungen, dass Schulen, die im Besitz von Pulsgurten sind, diese interessehalber, um genauer messen zu können, miteinbeziehen. Dadurch wird die Auswertung genauer. Zusätzlich ist die Auswertung der einzelnen Tabellen dahingehend denkbar, einen Durchschnitt auszurechnen und darzustellen (wobei bei Computereinsatz Brücken zum Bereich der Medienbildung und Informatik gebaut werden könnten). Dadurch könnten sportbegeisterte Schüler*innen erfahren, wie sie ihre Tabellen selbst zusammenstellen und so eine Übersicht darüber bekommen; informatikbegeisterte Schüler*innen könnten mit eigenen Werten Programmübersichten erstellen, um nicht mit erfundenen Daten zu experimentieren. Würde das arithmetische Mittel ausgerechnet werden, wäre zudem der Bezug zur Mathematik gegeben. Eine weitere Vertiefung zu einem Schulfach wäre das Herz-Kreislauf-System, die Perzeption bzw. die Muskulatur in Biologie. Mit dem Hintergrund dieser Lerneinheit könnte so für die Schüler*innen beispielhaft erklärt werden, wieso sich bei manchen Schüler*innen der Puls schnell wieder um den Normalwert einpendelt und bei anderen nicht.

8.1.5 Verlaufsplan

Beschreibung des Ablaufs durch einen Verlaufsplan, der mit konkreten Zeitangaben in kurzer, prägnanter Form die methodisch-didaktische Inszenierung angibt:

Min.	Phase und Ziel	Lehr-Lern-Arrangement	Arbeitsweise (Methoden, Sozialform)	Arbeitstechnik (Material, Medien)
1–5	Einstieg in die Lehr-Lern-Station	Besprechung der Aufgaben des Zweierteams. Erläuterung, wie der Praxisteil abläuft und welche Informationen gleichzeitig im Theorieteil notiert werden müssen	Partnerarbeit	Arbeitsblatt Tennisbälle Eimer Stifte Musik zum Verdeutlichen der Signale später beim Tabata
6	Übungsphase:2 Testwürfe für jede*n Teilnehmer*in	Probewürfe der 2 Tennisbälle pro Team, um den Trainingseffekt vom 1. zum 2. Werfen zu entfernen	Partnerarbeit	Tennisbälle Eimer
7–18	Erarbeitung:Durchlauf der ersten Runde, danach der zweiten Runde	Durchführung des Sports und der Würfe durch eine*n Teilnehmer*in Dokumentation durch andere*n Teilnehmer*in, d. h. Treffer im Eimer, Puls (falls möglich), Werte für Borg-Skala.	Partnerarbeit Nach der ersten Runde werden „Praxis- und Theorieteil" getauscht.	Tennisbälle Tabellen Eimer Stift Musik Pulsuhren/ Pulsgurte
19–22	Ergebnissicherung	Einsammeln der Bögen, um diese auswerten zu können, und Besprechen der Übungen	Gruppenarbeit (alle zusammen)	

■ **Digitales Zusatzangebot**

Weitere Materialien (Lösungskarten) zu diesem Kapitel finden Sie unter
▶ https://lehrbuch-biologie.springer.com/mint-bewegung.

8.2 Stationsblatt: Genauigkeit des Zielwurfs vor und nach Belastung

In dieser Lerneinheit könnt ihr untersuchen, wie körperliche Belastung eure
Leistungsfähigkeit beeinflusst.

■ **Aufgabe 1: Einteilung der Aufgaben**

Eine*r von euch wird zuerst sportlich aktiv sein (Proband*in), der*die andere sammelt Daten und notiert die Ergebnisse (Testleiter*in). Anschließend werdet ihr mit
den Ergebnissen gemeinsam ein Diagramm erstellen. Legt nun fest, wer welche Rolle
übernimmt.

■ **Aufgabe 2: Durchführung des Experiments**

Der*die Proband*in wird ein Tabata-Training durchführen. Der Ablauf beginnt mit
einem Countdown von 10 Sekunden, dem ein Piepton folgt. Mit diesem Ton startet
und endet immer eine 20-sekündige Übung. Zwischen den Übungen habt ihr zehn
Sekunden Pause. Ein Durchgang besteht aus drei Ausdauerübungen à 20 Sekunden
und zwei Würfen, für die ihr ebenfalls 20 Sekunden Zeit habt. Insgesamt werdet ihr
vier Durchgänge durchführen, denen zum Abschluss nochmals zwei Würfe folgen. In
◼ Abb. 8.4 seht ihr den gesamten Ablauf des Tabata-Trainings.

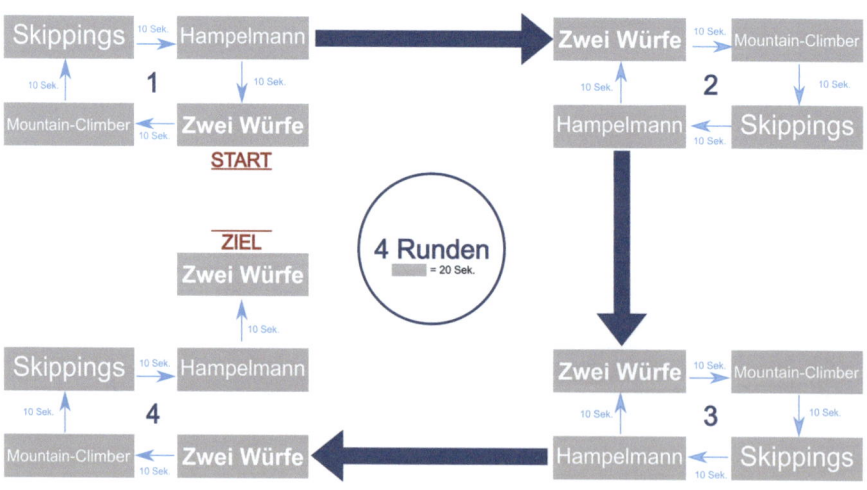

◼ **Abb. 8.4** Ablauf des Tabata-Trainings und der Würfe

> **▶ Regeln für den Wurf**

Die Tennisbälle werden immer aus sechs Meter Entfernung in einen Eimer geworfen, der nicht an der Wand stehen darf. Ein Treffer zählt nur, wenn der Ball direkt im Eimer landet. Wenn er danach rausspringt, zählt der Wurf trotzdem. Vor Beginn des Experiments hat der*die Proband*in *zwei* (nicht mehr und nicht weniger) Probewürfe. ◀

- **Was macht der*die Testleiter*in?**

Deine Aufgabe ist es, den Ablauf des Experiments zu überwachen, das heißt, dass du in der Tabelle auf dem Arbeitsblatt notierst, ob der*die Proband*in getroffen hat oder nicht. Gleichzeitig musst du ihn*sie vor dem ersten Wurf eines jeden Durchgangs fragen, wie sein*ihr Belastungsempfinden ist. Gemessen wird dies anhand einer vereinfachten Borg-Skala, die von 1 bis 5 reicht.

> Der*die Proband*in soll sich diese Skala *vor* dem Experiment anschauen!

1	2	3	4	5
Überhaupt keine Anstrengung	Leicht	Etwas anstrengend	Sehr anstrengend	Extrem anstrengend

Notiere auch das Belastungsempfinden jeweils in der Tabelle auf dem Arbeitsblatt.

Wenn euch eure Aufgaben klar sind, führt das Experiment nun durch und protokolliert es.

- **Aufgabe 3: Visualisierung der Ergebnisse**

Nachdem der praktische Teil des Experiments abgeschlossen wurde, müssen wir nun die erhobenen Daten auswerten. Es ist eure Aufgabe, die Daten aus der Tabelle veranschaulichend darzustellen. Hierfür haben wir euch auf dem Arbeitsblatt Diagrammvorlagen bereitgestellt, die ihr mit euren eigenen Daten ausfüllen sollt.

- **Aufgabe 4: Interpretation der Ergebnisse**

Beschreibt eure Beobachtungen während des Experiments und die Ergebnisse. Welche Gründe könnte es dafür geben? Schreibt eure Beobachtungen und Vermutungen auf das Arbeitsblatt.

8.3   Arbeitsblatt: Genauigkeit des Zielwurfs vor und nach Belastung

Aufgabe 2: Durchführung des Experiments

Kreuze in folgender Tabelle die Treffer an und notiere in der untersten Zeile („Borg-Skala") das Belastungsempfinden.

Tab. 8.1 Dokumentation

	Vor Beginn		Nach der ersten Runde		Nach der zweiten Runde		Nach der dritten Runde		Nach der vierten Runde	
Wurf Nr. Treffer?	I	II	III	IV	V	VI	VII	VIII	IX	X
Ja										
Nein										
Borg-Skala										

Aufgabe 3: Visualisierung der Ergebnisse

Gemeinsam sollt ihr die Daten aus der Tabelle nun in ein Diagramm eintragen und somit eure Ergebnisse visuell darstellen (⊛ Abb. 8.5 bis ⊛ Abb. 8.7).

◘ Abb. 8.5, 8.6 und 8.7

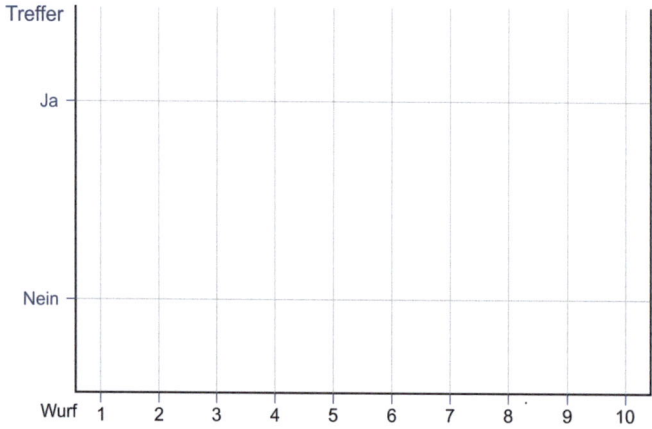

◘ **Abb. 8.5**   Hier die Trefferkurve einzeichnen

Genauigkeit des Zielwurfs vor und nach Belastung

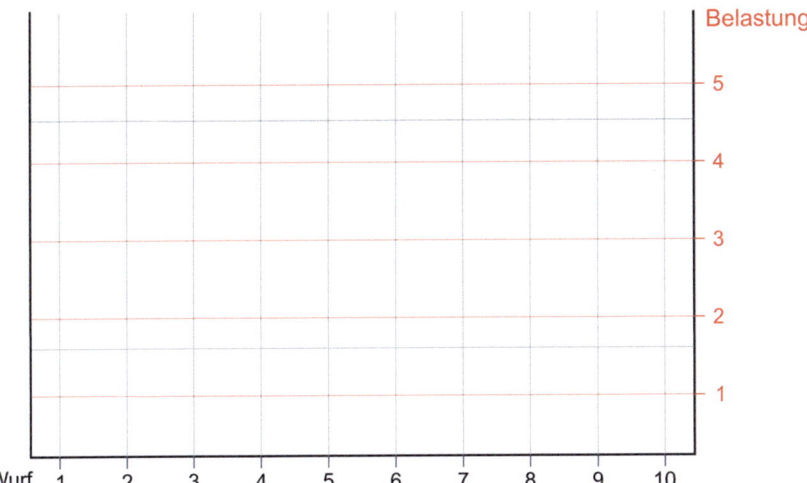

🔹 **Abb. 8.6**   Hier die Belastungskurve einzeichnen

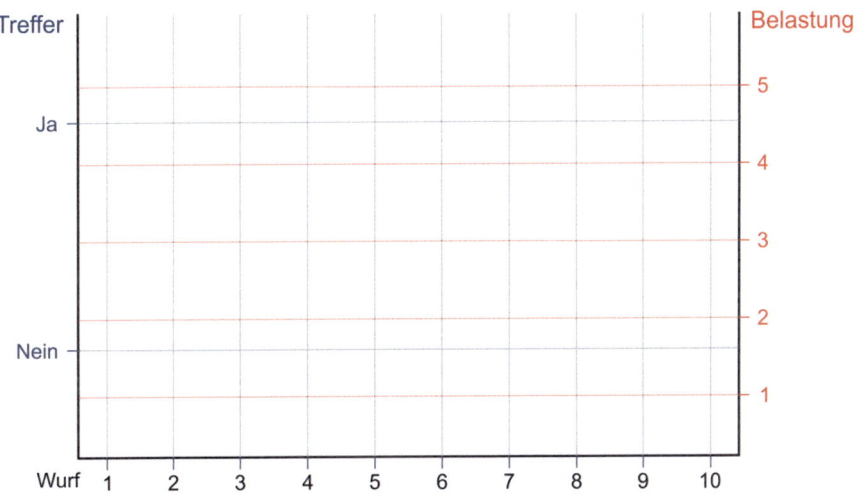

🔹 **Abb. 8.7**   Hier die Trefferkurve (blau) *und* die Belastungskurve (rot) einzeichnen

Aufgabe 4: Interpretation der Ergebnisse

Beschreibt eure Beobachtungen während des Experiments und die Ergebnisse. Welche Gründe könnte es dafür geben? Schreibt eure Vermutungen auf:

....

....

....

....

....

....

Literatur

Blum, I., & Friedmann, K. (2002). *Trainingslehre. Sporttheorie für die Schule* (10. Aufl.). Promos.

Borg, G. (2004). Anstrengungsempfinden und körperliche Aktivität. *Deutsches Ärzteblatt, 101*(15), 1016–1021.

Dober, R. (2019). Vielseitiges Werfen – gerader Wurf. http://www.sportunterricht.de/leicht/werfenindex.html. Zugegriffen am 25.05.2020.

Friedrich, W. (2007). *Optimales Sportwissen. Grundlagen der Sporttheorie und Sportpraxis* (2. vollst. überarb. und erw. Aufl.). Spitta.

Kubesch, S. (2002). *Sportunterricht: Training für Körper und Geist*. Schattauer.

[MKJS BW Biologie] Ministerium für Kultus, Jugend und Sport Baden-Württemberg. (2016). Bildungsplan des Gymnasiums. Biologie. http://www.bildungsplaene-bw.de/,Lde/LS/BP2016BW/ALLG/GYM/BIO.V2. Zugegriffen am 20.03.2023.

[MKJS BW Sport] Ministerium für Kultus, Jugend und Sport Baden-Württemberg. (2016). Bildungsplan des Gymnasiums. Sport. http://www.bildungsplaene-bw.de/,Lde/LS/BP2016BW/ALLG/GYM/SPO. Zugegriffen am 20.03.2023.

Landessportbund Nordrhein- Westfalen. (2020). Spiele. Zielwurfspiele. https://www.vibss.de/sportpraxis/praxishilfen/spiele/zielwurfspiele/. Zugegriffen am 25.05.2020.

Lathe, W. (2000). *Duden Abiturhilfen. Nervensystem und Sinnesorgane. Grundlagenwissen und Übungsaufgaben zum Themenbereich Nervensystem und Sinnesorgane (12. und 13. Schuljahr)*. (a. akt. Aufl.). Dudenverlag.

Löllgen, H. (2004). Das Anstrengungsempfinden (RPE, Borg-Skala). *Deutsche Zeitschrift für Sportmedizin, 55*(11), 299–300.

Ratey, J. J., & Hagerman, E. (2008). *Superfaktor Bewegung. Das Beste für Ihr Gehirn!* VAK.

Schnabel, G., & Thiess, G. (1993). *Lexikon Sportwissenschaft: Leistung, Training, Wettkampf*. Sport und Gesundheit.

Silbernagl, S., & Despopoulus, A. (2003). *Taschenatlas Physiologie*. Thieme.

Szych, L. (2005). Grußworte der Veranstalter. In *Ministerium für Schule, Jugend und Kinder des Landes Nordrhein-Westfalen, Kongress Gute und gesunde Schule* (S. 9–14). Moers.

Wastl, P., & Wollny, R. (2012). *Leichtathletik in Schule und Verein: ein Praxishandbuch für Lehrer und Trainer*. Hofmann.

MINT & Herz-Kreislauf-System

Inhaltsverzeichnis

Funktion und Anatomie des Herzens

Carolin Knoke

Inhaltsverzeichnis

9.1 Ausarbeitung

9.1.1 Kurzbeschreibung und Zielsetzung

In dieser Lerneinheit sollen die Schüler*innen das menschliche Herz in Funktion und Anatomie näher kennenlernen. Es werden mithilfe verschiedener Aufgabenstellungen und Informationstexte die anatomischen Bestandteile des Herzens und seine Funktion in Verbindung mit sportlicher Leistung thematisiert. Durch eine Aufgabe zur Vergrößerung des Herzens bei Athlet*innen (Kardiomegalie) sollen die funktionellen langfristigen Adaptationsprozesse des Organs und ihre Abhängigkeit von körperlicher Belastung erlernt werden.

9.1.2 Rahmenbedingungen

- Zielgruppe: Klassenstufe 7/8
- Anzahl der Schüler*innen: 2
- Zeitlicher Rahmen der Station: ca. 20 min
- Räumlichkeiten: ca. 2 m², Treppe in der Nähe
- Material: kein zusätzliches Material nötig
- Nötige Vorkenntnisse: Vorkenntnisse über Aufbau und Funktion des Herzens empfohlen

9.1.3 Sachanalyse

Die Lerneinheit „Funktion und Anatomie des Herzens" beschreibt das Organ Herz als einen Hohlmuskel, der durch rhythmisches Zusammenziehen und Erschlaffen das Blut durch den gesamten menschlichen Körper pumpt (Noble et al., 2017). Das Organ saugt dabei das Blut aus den Blutgefäßen der Lungen und des restlichen Körpers an und stößt es anschließend wieder in den Körper und die Lungen aus (ebd.). Die Kontraktion wird als ein Erschlaffen und Zusammenziehen des Herzmuskels in einem regelmäßigen Rhythmus beschrieben (ebd.). Nach jedem Zusammenziehen des Herzens folgt also ein Erschlaffen. Während dieses Vorgangs füllen und leeren sich die Vorhöfe und Herzkammern immer wieder (Kießling et al., 2017). Somit pumpt das Herz ungefähr sechs Liter Blut bei circa 70 Schlägen pro Minute durch den Körper eines Erwachsenen (ebd.).

Um die Funktion des Herzens verstehen zu können, muss zunächst seine Anatomie betrachtet werden (Kießling et al., 2017). Daher wird in dieser Lerneinheit sowohl auf die Funktion als auch auf die Anatomie des Herzens eingegangen. Das Herz ist ein Hohlmuskel und etwa faustgroß (ebd.). Es besitzt vier Hohlräume und ist mittig durch eine Scheidewand in eine rechte und eine linke Herzhälfte getrennt. Die vier Hohlräume können somit in einen rechten und linken Vorhof und in die dazugehörigen rechte und linke Herzkammer unterschieden werden (ebd.). Die Vorhöfe und Herzkammern sind auf beiden Herzseiten mit sogenannten Segelklappen miteinander verbunden. Auch zwischen den Herzkammern und den vom Herzen wegführenden Arterien befinden sich Herzklappen, die Taschenklappen genannt werden. Die linke Herzkammer ist deutlich größer und muskulöser als die rechte Herzkammer (Jungbauer, 2005). Das liegt daran, dass das Blut aus der linken Herzkammer in die Aorta und dann weiter in den gesamten Körper gepumpt wird (Kießling et al., 2017).

Während der Herzaktion können die beiden Phasen Systole und Diastole unterschieden werden (Kießling et al., 2017). Während der Systole ziehen sich die mit Blut gefüllten Herzkammern zusammen (Jungbauer, 2005). Dadurch steigt der Druck in den Herzkammern und sorgt dafür, dass sich die Taschenklappen öffnen (ebd.). Das Blut wird von den Herzkammern in die angrenzenden Arterien gedrückt (ebd.). Bei der Diastole schließen sich die Taschenklappen zu den großen Blutgefäßen wieder, und die Muskulatur der Herzkammern erschlafft (ebd.). Die beiden Vorhöfe des Herzens füllen sich mit Blut aus dem Blutkreislauf, kontrahieren und führen somit zu einer Öffnung der Segelklappen (ebd.). Durch diese Öffnung werden die Herzkammern erneut mit Blut gefüllt (ebd.).

Die Tätigkeit des Herzens wird durch innere und äußere Faktoren beeinflusst, beispielsweise durch körperliche Anstrengung (Noble et al., 2017). Die Anzahl der Herzschläge pro Minute wird als Herzfrequenz bezeichnet (ebd.). Die Herzfrequenz des Menschen ist abhängig vom Alter und von den körperlichen Leistungen (ebd.). Bei körperlicher Anstrengung erhöht sich die Herzfrequenz, damit die Muskulatur mit mehr Nährstoffen und Sauerstoff versorgt werden kann (Kießling et al., 2017). Während der Stationsbearbeitung werden die Schüler*innen dazu angeregt, körperliche Adaptationsprozesse zu erfahren, indem sie durch Treppenläufe ihren Körper auf sportlicher Ebene fordern und anschließend verschiedene körperliche Veränderungen spüren, notieren und diskutieren sollen.

9.1.4 Methodisch-didaktische Überlegungen

9.1.4.1 Ziele und Bezüge des Bildungsplans

Mit Bezugnahme auf den Bildungsplan 2016 des Landes Baden-Württemberg für die Klassenstufen 7 und 8 im Fach Biologie wird der unter Punkt 3.2.2.2 aufgeführte Bereich „Atmung, Blut und Kreislaufsystem" vertiefend behandelt, indem das Organ Herz in Bezug auf Funktion und Anatomie näher untersucht wird (MKJS BW Biologie, 2016). Die Nutzung von Modellen zur Veranschaulichung von Struktur und Funktionen des Organs, das Messen von Parametern am eigenen Körper und die Beschreibung des Zusammenwirkens von Organsystemen (ebd.) werden planmäßig erlernt und vertieft. Insbesondere die Leitperspektive der Wahrnehmung und Empfindung wird durch das eigene Erfahren und Messen der körperlichen Veränderungen durch sportliche Aktivität bedient.

Die Biologie als interdisziplinäre Wissenschaft (MKJS BW Biologie, 2016) kann in dieser Station mit dem Fach Sport vernetzt werden. Der im Pflichtbereich für die Klassen 7 und 8 des Fachs Sport unter Punkt 3.2.1.5 aufgeführte Bereich „Fitness entwickeln" (MKJS BW Sport, 2016) wird mit dieser Lerneinheit ebenfalls bedient. Durch die Informationstexte über den Zusammenhang von Bewegung und ihre Auswirkung auf die Herzaktion sowie das Erleben sportlicher Aktivität erfahren die Schüler*innen, dass sie „altersgemäßen konditionellen Anforderungen" (ebd.) standhalten und ihre körperliche Leistungsfähigkeit bewusst trainieren können.

Darüber hinaus werden im Rahmen der Erkenntnisgewinnung (Bildungsplan 2016 des Landes Baden-Württemberg für die Klassenstufen 7 und 8, Punkt 2.1) die Untersuchung der Morphologie und Anatomie von Lebewesen und Organen, die Durchführung bzw. Auswertung von Beobachtungen und Versuchen und die Anwendung von Struktur- und Funktionsmodellen zur Veranschaulichung (MKJS BW Biologie, 2016) gefördert. Auf der Ebene der Kommunikation werden prozessbezogene Kompetenzen wie die Darstellung komplexer biologischer Sachverhalte mithilfe von Schemata, Grafiken, Modellen oder Diagrammen gefördert und darüber hinaus die Kompetenz zur Partnerarbeit (ebd.) erweitert.

9.1.4.2 Relevanz, Lebenswelt- und Schüler*innenbezug

Die Lerneinheit „Funktion und Anatomie des Herzens" bedient die Schulfächer Biologie und Sport. Sie ermöglicht darüber hinaus einen Einblick in die Fachbereiche der Biologie, der Medizin und der Sportwissenschaft. Für die Lebenswelt der Schüler*innen bedeutet dies nicht nur, übergreifende Informationen über ihren eigenen Körper und seine System- bzw. Organwelten zu erlangen, sondern darüber hinaus auch mögliche zukünftige Berufszweige kennenzulernen. Diese Aneignung geschieht insbesondere durch das Erfahren der körperlichen Adaptationsprozesse nach sportlichen Belastungen, was den Schüler*innen deutlich macht, wie ihr eigener Körper bei Beanspruchung reagiert und funktioniert.

Durch die Wahrnehmung der Auswirkungen sportlicher Belastung auf den menschlichen Organismus und das Aufzeigen von Selbstwirksamkeit werden die Schüler*innen darüber hinaus zu mehr Bewegung animiert. Das in dieser Lerneinheit bediente sportwissenschaftliche Fachgebiet beschränkt sich nicht nur auf den Leistungssport, sondern beschäftigt sich ebenfalls mit den Auswirkungen eines präventiven Gesundheitstrainings und gesundheitlich relevantem Sporttreiben. Das in der modernen Zeit höchst relevante Thema von Sport und Bewegung im Alltag sollte im Wissensschatz der Schüler*innen nicht fehlen.

9.1.4.3 Methodisch-didaktische Inszenierung

An dieser Lerneinheit erfahren die Schüler*innen mithilfe von Infotexten eine kurze theoretische Einführung in die anatomischen Besonderheiten des Herzens, seine Funktion im Organismus und die mögliche Entstehung einer Kardiomegalie („Sportherz") bei Athlet*innen. Die auf Vorwissen und durch die Station vermitteltem Wissen aufbauenden Aufgabenstellungen regen die Schüler*innen in Einzel- und Partnerarbeit dazu an, die Anatomie und die Funktion des Herzens im menschlichen Körper zu verstehen und ihr Wissen anschließend auf neue Problemstellungen anzuwenden. So werden zuerst die Funktion des Herzens thematisiert, anschließend seine anatomischen Besonderheiten und auch seine Arbeitsweise in systolischer und diastolischer Form. Die letzte Aufgabe befasst sich dann mit dem „Sportherzen" als einem außerschulischen Thema.

Aufgabe 1 besteht aus einer Thematisierung der Funktion des Herzens. In Aufgabe 1a sollen die Schüler*innen bereits bekannte Wissensstände über die Funktion des Herzens in Partnerarbeit diskutieren. Anschließend können sie ihr Wissen durch das Ausfüllen eines Lückentextes in Aufgabe 1b anwenden. Aufgabe 2 beschäftigt sich mit der Anatomie des Herzens. Nach dem Lesen eines kurzen Informationstextes über den Aufbau des Herzens in Aufgabe 2a beschriften die Schüler*innen in Aufgabe 2b einen Querschnitt des menschlichen Herzens mit anatomisch relevanten

Begriffen. Diese sind in einem Kasten vorgegeben. In Aufgabe 2c sollen die Schüler*innen ihre Ergebnisse miteinander vergleichen. Aufgabe 3 geht auf die Arbeit des Herzens mit systolischen und diastolischen Phasen ein. Nach einem Informationstext in Aufgabe 3a, den die Schüler*innen lesen, wird in Aufgabe 3b noch einmal Aufgabe 2 aufgegriffen, indem die roten und blauen Farben nun in einen Zusammenhang mit sauerstoffreichem und -armem Blut gebracht werden. In Aufgabe 3c werden Zeichnungen von Herzen in diastolischer bzw. systolischer Phase mit den jeweiligen passenden Begriffen („Systole" oder „Diastole") verbunden. Aufgabe 4 startet mit dem Lesen eines kurzen Informationstextes zu der Thematik „Sportherz". Die Schüler*innen lernen, dass ein „Sportherz" durch leistungsorientiertes kardiovaskuläres Training entstehen kann (Berrisch-Rahmel et al., 2020). Anschließend sollen sich die Schüler*innen in Aufgabe 4b zu zweit überlegen, aus welchen Gründen ein vergrößertes Herz bei Athleten entstehen könnte. Nach einer kurzen, einfachen Sportübung von ca. zwei Minuten sollen die Schüler*innen ihre wahrgenommenen körperlichen Veränderungen notieren und begründen. Dies trägt dazu bei, dass die Körperwahrnehmung geschult und Adaptationsprozesse besser gedeutet werden können. In Aufgabe 4d wird den Schüler*innen das Sportherz bildlich dargestellt, und es werden vermutete Vor- und Nachteile erfragt.

Innerhalb der Lerneinheit bietet sich als alternative didaktische Inszenierung der Einsatz einer VR-Brille an (z. B. Einsteiger-VR-Brille von Oculus oder eine Smartphone-Halterung mit App Living Heart for Cardboard VR von SIMULIA Innovation Lab), mit welcher die Schüler*innen zu Beginn der Station anatomische und funktionelle VR-Videos des Herzens virtuell erleben können. Des Weiteren wäre der Merge Cube als virtuelles anatomisches Modell des Herzens denkbar und ebenfalls passend für Aufgabe 2.

Während der Bearbeitung der Lerneinheit werden sowohl die Einzelarbeit als auch die Partnerarbeit als Sozialformen genutzt. Von einer Gruppenarbeit wird in diesem Zusammenhang abgesehen, da sich bei den Diskussionsaufgaben und bei der Sportübung die Partnerarbeit erfahrungsgemäß als geeigneter erweist. Die Partnerarbeit verläuft darüber hinaus oft ruhiger und präziser als die Gruppenarbeit, was bei dieser Station erwünscht ist. Weiterhin finden sich an dieser Station das gemeinsame Gespräch (insbesondere während der Partnerarbeiten) und das Experiment (während und nach der Sportübung). Als Medien werden Arbeitsblätter und ein Stationsblatt eingesetzt. Regelmäßige Ergebnissicherungen auf den Arbeitsblättern tragen zum Verständnis und zur Dokumentation der Lernerfolge bei.

9.1.4.4   Antizipierte Ergebnisse der Schüler*innen

Das Stationsblatt zur Lerneinheit „Funktion und Anatomie des Herzens" leitet die Schüler*innen genau und schrittweise durch die Aufgaben. Die Schüler*innen haben durch verschiedene Informationstexte, Schreib- und Zeichenfelder auf dem Arbeitsblatt die Möglichkeit, Schritt für Schritt zu Ergebnissen zu kommen, die aus Diskussionen, Texten und Zeichnungen bestehen. Die antizipierte Lösung der Station besteht aus einem schrittweisen Durcharbeiten des Stationsblatts mit einem vollständig ausgefüllten Arbeitsblatt durch die Bearbeitung aller sich dort befindenden Aufgabenfelder. Explizite Lösungsinhalte befinden sich auf den Lösungskarten im Anhang und können den Schüler*innen während der Bearbeitung der Station in Form eines Lösungsbuchs zur Verfügung gestellt werden.

9.1.4.5 Mögliche Herausforderungen und entsprechende Förder-/Forderangebote

Die Lerneinheit leitet die Schüler*innen mithilfe des Stationsblatts mit Infoboxen und chronologisch aufgebauten Arbeitsaufträgen an. Durch verschiedene Aufgaben, wie beispielsweise das Protokollieren von Diskussionsinhalten, werden den Schüler*innen Möglichkeiten zu einfachen oder aber detailreichen Lösungswegen geboten, ohne ihnen dabei zu viel Spielraum zur Lösung der Aufgaben zur Verfügung zu stellen. Die Station kann also sowohl mit sehr genauen Antworttexten als auch mit groben Lösungen der Teilschritte vollständig gelöst werden, wodurch leistungsstärkere und auch leistungsschwächere Schüler*innen an der Station eine hohe Motivation haben können. Die Station ist auf eine Bearbeitung ohne Hilfe durch eine dritte Person ausgelegt. Mögliche Herausforderungen wären, insbesondere im ersten Teil der Station, fehlendes Vorwissen und dadurch Unsicherheit beim Ausfüllen des Lückentextes und der Zeichnung. Darüber hinaus kann es vorkommen, dass einige Begrifflichkeiten im Schulunterricht vereinfacht vorkamen und den Schüler*innen daher in dieser Form neu sind. Durch die vorhandenen Informationstexte sollten die Schüler*innen die Aufgaben trotzdem selbstständig bearbeiten können.

9.1.4.6 Benötigte Vorkenntnisse und Vertiefungs-/ Weiterführungsmöglichkeiten

Die für diese Lerneinheit wichtigsten Inhalte werden von den Schüler*innen theoretisch mithilfe von Informationstexten erlernt bzw. in Erinnerung gerufen. Es empfiehlt sich zusätzlich eine Vor- und Nachbereitung durch die Lehrkraft im Biologieunterricht (Aufbau des Herzens, Funktion des Herzens, Herz-Kreislauf-System und körperliche Belastung).

Da die Themenbereiche „Struktur und Funktion des Herzens und Kreislauffunktionen" allerdings im Bildungsplan 2016 des Landes Baden-Württemberg für das Fach Biologie verankert sind (MKJS BW Biologie, 2016, Punkt 3.2.2.2), ist davon auszugehen, dass die Schüler*innen im Biologieunterricht bereits das Organ Herz thematisiert haben. Je nach verfügbarer Zeit wäre eine Thematisierung der Herz-Kreislauf-Funktionen darüber hinaus auch im Sportunterricht denkbar. Angelehnt an den Bildungsplan 2016 des Landes Baden-Württemberg können im Fach Sport (unter Punkt 3.2.1.5 „Fitness entwickeln") die Funktion des Herzens und seine Adaptationsprozesse erfahren und beschrieben werden.

Alternativ bietet sich ein spezifisch thematisierter Biologieunterricht an, in dem u. a. Themen der Stoffwechselphysiologie und der Sportphysiologie miteinander verknüpft werden könnten. Der Aufbau des Herzens kann über die Lehr-Lern-Stationen zum Thema „Herz" hinaus durch die Sezierung eines Schweineherzens im Unterricht vertieft werden. Das Herz-Kreislauf-System kann ebenfalls durch verschiedene Aufgaben im Unterricht bearbeitet werden, insbesondere durch die Thematisierung des gesamten Kreislaufsystems durch die Verknüpfung des Herzens mit der Lunge, den Blutgefäßen, dem Blutdruck oder den Blutbestandteilen.

9.1.5   Verlaufsplan

Beschreibung des Ablaufs durch einen Verlaufsplan, der mit konkreten Zeitangaben in kurzer, prägnanter Form die methodisch-didaktische Inszenierung angibt:

Min.	Phase und Ziel	Lehr-Lern-Arrangement	Arbeitsweise (Methoden, Sozialform)	Arbeitstechnik (Material, Medien)
1–4	Einstieg (Aufgabe 1)	Kurze thematische Einführung in das Organ Herz und die Herz-funktion Abfrage bereits bekannter Inhalte Lückentext über größtenteils bekannte Inhalte (Begriffe im Kasten)	Einzelarbeit (Lücken füllen in Aufgabe 1b) Partnerarbeit (Gespräch)	Stationsblatt Arbeitsblatt Lösungskarte 1 und 2
5–9	Wissen erweitern (Aufgabe 2)	Lesen vertiefender Informationen in ▶ Infobox 1 Beschriftung einer Abbildung des Herzens im Querschnitt mit vorgegebenen Begriffen Diskussion und Vergleich mit dem Partner	Partnerarbeit (Gespräch) Einzelarbeit (lesen, be-schriften)	Stationsblatt Arbeitsblatt Lösungskarte 3
10–14	Wissen anwenden (Aufgabe 3)	Lesen der ▶ Infobox 2 (überwiegend bekannte Informationen) Anwendung des Wissens während der Diskussion mit dem Partner Anwendung des Wissens durch Zuordnen von Begriffen und Bildern	Einzelarbeit (lesen, zuordnen) Partnerarbeit (Gespräch)	Stationsblatt Arbeitsblatt Lösungskarte 4
15–20	Neue Inhalte lernen und körperliche Adaptations-prozesse erfahren (Aufgabe 4)	Lesen der ▶ Infobox 3 (neue Inhalte: Sportherz) Treppenlauf als Sportübung Wahrnehmung der körperlichen Reaktion Diskussion mit dem Partner	Einzelarbeit (lesen) Partnerarbeit (Gespräch) Experiment (sportliche Aktivität)	Stationsblatt Arbeitsblatt Lösungskarte 5 und 6

▪ **Digitales Zusatzangebot**

Weitere Materialien (Lösungskarte) zu diesem Kapitel finden Sie unter ▶ https://lehrbuch-biologie.springer.com/mint-bewegung.

9.2 Stationsblatt: Funktion und Anatomie des Herzens

- **Aufgabe 1: Die Funktion des Herzens**
  a. In ▣ Abb. 9.1 ist schematisch ein Herz dargestellt. Diskutiert zu zweit, was ihr bereits über die Funktion des Herzens im Körper wisst. Warum brauchen wir ein Herz, und wie verrichtet es seine Arbeit? Notiert eure Überlegungen auf dem Arbeitsblatt.
  b. Fülle in Einzelarbeit den Lückentext auf dem Arbeitsblatt über die Funktion des Herzens mit den Wörtern im Kasten aus. Achtung: Einige Wörter sind falsch!

▣ **Abb. 9.1** Schematische Darstellung des Herzens

9

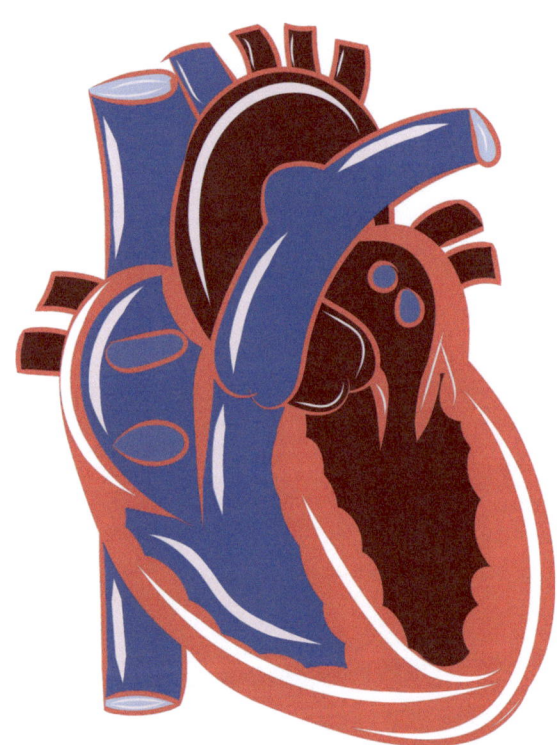

Lunge – Brustkorb – größte – wichtigste – zwei – Saug-Druck-Pumpe – Bein – Körper – Herzinfarkt – elektrische – Hohlvene – Schrittmacher – Hohlmuskel – Skelettmuskel – Sauerstoff – Kohlenstoffdioxid – Blut – Wasser

- **Aufgabe 2: Der Aufbau des Herzens**
  a. Einzelarbeit: Lies die ▶ Infobox 1 über den anatomischen Aufbau des Herzens.
  b. Beschrifte in Einzelarbeit die Abbildung des Herzens auf dem Arbeitsblatt mit den dafür vorgesehenen Begriffen im Kasten:

    Aorta - Linker Vorhof - Herzklappen - Herzklappen - Linke Herzkammer - Herzscheidewand - Rechte Herzkammer - Rechter Vorhof - Lungenarterie - Lungenvene - Körpervene

  c. Vergleicht in Partnerarbeit eure Ergebnisse aus Aufgabe 3b miteinander.

- **Aufgabe 3: Systole und Diastole**
  a. Einzelarbeit: Lies die ▶ Infobox 2.
  b. Diskutiert gemeinsam folgende Frage: Warum sind in Aufgabe 2 manche Begriffe blau, andere rot gedruckt? Welche Bedeutung könnte das haben? Notiert eure Überlegungen auf dem Arbeitsblatt.
  c. Ordne in Einzelarbeit auf dem Arbeitsblatt den Phasen der Herztätigkeit die jeweilige Abbildung zu, indem du die Abbildungen mit den jeweils passenden Phasen mit einem Stift verbindest.

- **Aufgabe 4: Das Sportherz**
  a. Lies in Einzelarbeit die ▶ Infobox 3.
  b. Überlegt gemeinsam, aus welchem Grund sich das Herz bei Ausdauersportler*innen vergrößern könnte, und schreibt eure Gedanken auf das Arbeitsblatt.
  c. Begebt euch zur Treppe und lauft die Treppe so schnell ihr könnt zehnmal hinauf und wieder hinab. Wie fühlt ihr euch und warum? Notiert drei körperliche Auffälligkeiten in der Tabelle auf dem Arbeitsblatt. Warum reagiert euer Körper mit diesen Veränderungen? Begründet in der zweiten Tabellenzeile.
  d. Seht euch ◘ Abb. 9.2 an und überlegt gemeinsam, welche Vor- und Nachteile im Körper entstehen, wenn das Herz so groß wird wie ein Sportherz (◘ Abb. 9.2 rechts). Schreibt eure Vermutungen in die Tabelle auf dem Arbeitsblatt!

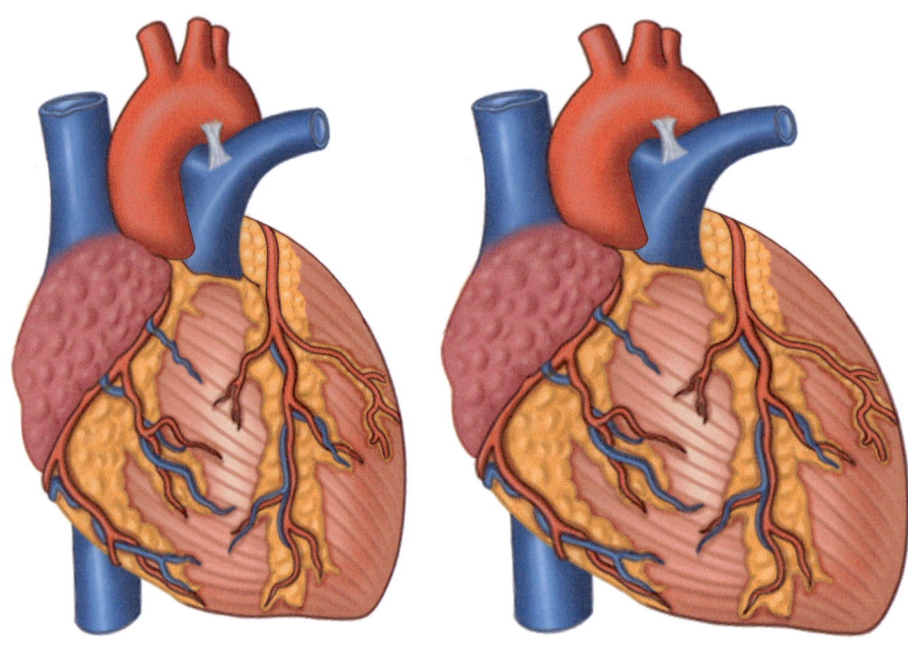

◘ Abb. 9.2 Zeichnungen des Herzens

Infobox 1: Die Anatomie des Herzens

Das Herz ist ein etwa faustgroßer Muskel und liegt geschützt hinter dem Brustbein. Es ist ein Hohlorgan mit vier Räumen. In der Mitte befindet sich die Herzscheidewand, die das Herz in eine rechte und in eine linke Herzhälfte unterteilt. In jeder Hälfte gibt es jeweils einen Vorhof und eine Herzkammer.

Beide Herzkammern und ihre Vorhöfe sind jeweils durch Herzklappen (Segelklappen) voneinander getrennt. Die Segelklappen verhindern wie eine Art Ventil einen Rückfluss des Bluts. Sie bewirken, dass das Blut nur in eine Richtung fließen kann.

Neben den beiden Segelklappen besitzt das Herz auch zwei Taschenklappen. Diese befinden sich am Übergang zu den beiden großen Blutgefäßen, die von den Herzkammern abgehen. Die Herzklappen sorgen für einen geregelten Blutfluss, indem sie verhindern, dass das vom Herzen gepumpte Blut wieder zurück in die Herzkammern fließt.

Das Herz selbst wird über die Herzkranzgefäße mit Blut versorgt. Das sind ganz viele kleine Blutgefäße, die den Herzmuskel umgeben. Wenn sie verstopfen, können schlimme Krankheiten entstehen.

Das sauerstoffarme Blut fließt über die großen Hohlvenen in den rechten Vorhof. Von dort aus gelangt es in die rechte Herzkammer. Nun wird es über die Lungenarterien in die Lunge gepumpt und mit Sauerstoff angereichert. Das sauerstoffhaltige Blut fließt dann von der Lunge über die Lungenvene in den linken Vorhof, dann in die linke Herzkammer und weiter in die Aorta. Von dort aus versorgt das Blut den gesamten Körper mit Sauerstoff.

Infobox 2: Systole und Diastole

„Systole" und „Diastole" sind Bezeichnungen für die zwei Hauptphasen der Herzaktion.

Bei der Systole (Austreibungsphase) wird das Blut aus dem Herzen gepumpt, indem sich das Herz zusammenzieht, die Taschenklappen sich öffnen und die Herzkammern das Blut in die Lungenarterie und in die Aorta pumpen. Die Segelklappen sind dabei geschlossen.

Bei der Diastole (Entspannungsphase) füllen sich die Vorhöfe und die erschlafften Herzkammern wieder mit Blut, während die Segelklappen geöffnet und die Taschenklappen geschlossen sind

Infobox 3: Das Sportherz

Menschen, die regelmäßig intensiven Ausdauersport betreiben, können ein sogenanntes Sportherz entwickeln. Bis zu 1,6 Liter kann ein durch die Belastung vergrößertes Herz pro Schlag durch den Körper pumpen. Das ist doppelt so viel wie bei einem untrainierten Menschen. Vor allem Läufer, Schwimmer und Triathleten besitzen ein solches Herz. Die Veränderungen wirken sich auf verschiedene Merkmale wie bspw. die Herzfrequenz in Ruhe aus (Ruhepuls).

Karlsruher Institut für Technologie

9.3   Arbeitsblatt: Funktion und Anatomie des Herzens

Aufgabe 1: Die Funktion des Herzens

a.   Wir brauchen ein Herz, weil...

_____

_____

Das Herz verrichtet seine Arbeit, indem es...

_____

_____

9

b.   Das Herz ist ein _____ und das wichtigste Organ unseres Körpers. Durch ein rhythmisches Zusammenziehen und Erschlaffen des Herzmuskels wird das _____ aus dem Körper und der Lunge immer wieder vom Herzen angesaugt und anschließend in den Körper und zur Lunge zurückgepumpt. Das Herz hat somit die Funktion einer _____. Es saugt das Blut aus den Blutgefäßen an und pumpt es wieder zurück in den _____, nachdem es in der Lunge mit _____ angereichert wurde. Je nach körperlicher Aktivität pumpt es sogar bis zu 10.000 Liter Blut am Tag durch den menschlichen Körper. Das _____ Signal zum Herzschlag bekommt das Herz vom Sinusknoten, einem Bestandteil des Herzens, der als ein natürlicher _____ bewirkt, dass das Herz sich immer wieder zusammenzieht und das Blut durch die Blutgefäße fließen lässt.

b.

◻ Abb. 9.3

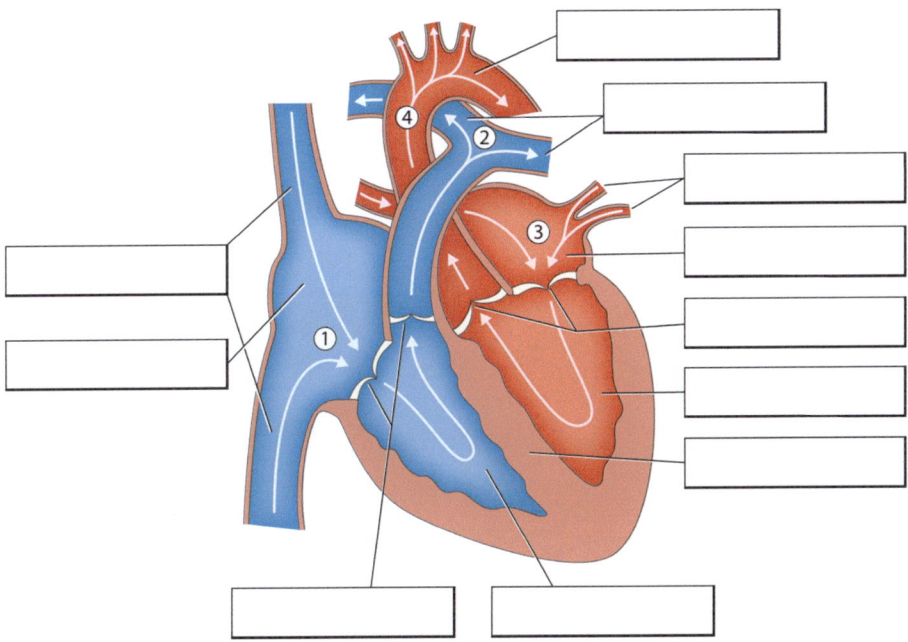

◻ **Abb. 9.3** Schemazeichnung des Herzens

Aufgabe 3: Systole und Diastole

b.   Notiert eure Überlegungen.

_____

_____

_____

c.   Verbinde die Phasen mit den passenden Abbildungen.

◘ Abb. 9.4

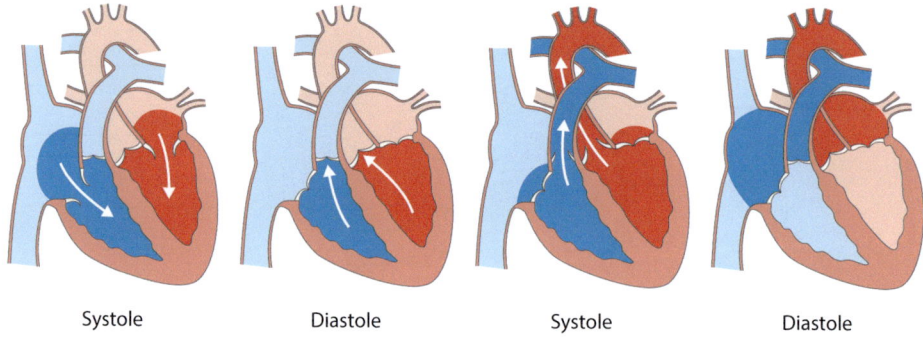

Systole   Diastole   Systole   Diastole

◘ **Abb. 9.4**   Systole und Diastole

Aufgabe 4: Das Sportherz

b.

_____

_____

_____

c.

	Veränderung 1	Veränderung 2	Veränderung 3
Was?			
Warum?			

d.

Vorteile	Nachteile

Literatur

Berrisch-Rahmel, S., Rost, C., & Stumpf, C. (2020). *Sportherz und Herzsport. Empfehlungen für die sport-kardiologische Diagnostik*. Georg Thieme.

Gertsch, M. (2007). *Das EKG. Auf einen Blick und im Detail* (2. Aufl.). Springer.

Jungbauer, W. (Hrsg.). (2005). *Netzwerk Biologie 2 Baden-Württemberg*. Schroedel.

Kießling, J., Maier, A., Seitz, H.-J., & Wütherich, D. (2017). *Natura 7/8. Biologie für Gymnasien*. Ernst Klett.

[MKJS BW Biologie] Ministerium für Kultus, Jugend und Sport Baden-Württemberg. (2016). Bildungs-plan des Gymnasiums. Biologie. http://www.bildungsplaene-bw.de/Lde/LS/BP2016BW/ALLG/GYM/BIO. Zugegriffen am 09.07.2019.

[MKJS BW Sport] Ministerium für Kultus, Jugend und Sport Baden-Württemberg. (2016). Bildungsplan des Gymnasiums. Sport. http://www.bildungsplaene-bw.de/Lde/LS/BP2016BW/ALLG/GYM/SPO. Zugegriffen am 09.07.2019.

Noble, A., Johnson, R., Thomas, A., & Bass, P. (2017). *Organsysteme verstehen: Herz-Kreislauf-System. Integrative Grundlagen und Fälle*. Elsevier.

9

Ein eigenes EKG erstellen

Carolin Knoke

Inhaltsverzeichnis

I. Wagner, S. Neher-Asylbekov (Hrsg.), *MINT in Bewegung*,
https://doi.org/10.1007/978-3-662-63451-6_10

10.1 Ausarbeitung

10.1.1 Kurzbeschreibung und Zielsetzung

In der Lerneinheit „Ein eigenes EKG erstellen" sollen die Schüler*innen das menschliche Herz und seine Herzaktion als eine adaptive Kreislauffunktion näher kennenlernen. Mithilfe von medizintechnischen Hilfsmitteln werden Messungen der Herzaktion vor und nach sportlicher Betätigung von Schüler*innen selbst durchgeführt. Anschließend werden die gemessenen Daten ausgewertet. Dadurch sollen die Organfunktionen des Herzens und ihre Abhängigkeit von körperlicher Belastung mess- und erfahrbar gemacht werden. Darüber hinaus werden die Struktur und Funktion des Herzens thematisiert.

10.1.2 Rahmenbedingungen

- Zielgruppe: Klassenstufe 7/8
- Anzahl der Schüler*innen: 2 (zwei Schüler*innen teilen sich ein EKG-Messgerät)
- Zeitlicher Rahmen der Station: ca. 20 min (zwei Messdurchgänge pro Schüler*in inklusive Bearbeitung des Arbeitsblatts, Durchführung einer Sportübung und Auswertung)
- Räumlichkeiten: ca. 4 m² (Platz für einen Tisch und zwei Stühle; Raum für stehende Sportübungen)
- Material: tragbares Messgerät zur EKG-Messung (z. B. Withings BPM Core), einfaches Tablet mit der Health-Mate-App, 2 Stifte, Sitz- und Schreibgelegenheit
- Nötige Vorkenntnisse: Kenntnisse über den Aufbau und die Funktion des Herzens wären wünschenswert. Eine vorherige Thematisierung der Funktionsweise des Elektrokardiogramms wäre vorteilhaft, ist aber nicht zwingend erforderlich.

10.1.3 Sachanalyse

Diese Lerneinheit beschreibt das Organ Herz als einen Hohlmuskel, der durch rhythmisches Zusammenziehen und Erschlaffen das Blut durch den gesamten menschlichen Körper pumpt (Noble et al., 2017). Das Organ saugt dabei das Blut aus den Blutgefäßen der Lungen und des restlichen Körpers an und stößt es anschließend wieder in den Körper und in die Lungen aus (ebd.). Die Kontraktion wird als ein Erschlaffen und Zusammenziehen des Herzmuskels in einem regelmäßigen Rhythmus beschrieben (ebd.). Nach jedem Zusammenziehen des Herzens folgt also ein Erschlaffen (ebd.). Dieser Vorgang wird auch als Herzschlag bezeichnet (ebd.).

Die Tätigkeit des Herzens wird durch innere und äußere Faktoren beeinflusst, beispielsweise durch körperliche Anstrengung (Noble et al., 2017). Die Anzahl der Herzschläge pro Minute wird als Herzfrequenz bezeichnet (ebd.). Die Herzfrequenz des Menschen ist abhängig vom Alter und von den körperlichen Leistungen (ebd.). Während der Stationsbearbeitung werden die Schüler*innen daher dazu angeregt, diese Adaptationen zu erfahren, indem sie ihr EKG vor und nach körperlicher Aktivität messen und einen Anstieg der Herzfrequenz messen und erfahren.

Das Elektrokardiogramm (EKG) entsteht aus einem Signal, welches mithilfe von Elektroden und einem EKG-Messgerät gemessen wird (Gertsch, 2007). Es ist eine gängige Untersuchungsmethode zur Messung der elektrischen Aktivität des Herzens (ebd.). Die elektrische Erregung, die im Organ selbst entsteht, löst den eigentlichen Herzschlag aus (ebd.). Dieser elektrische Widerstand wird während einer Elektrokardiografie meistens an der Brust oder den Extremitäten eines Probanden gemessen (ebd.). Das EKG-Messgerät leitet die Herzaktion über die Elektroden ab und zeichnet EKG-Kurven auf, anhand derer die Herzgesundheit der Testperson bewertet werden kann (ebd.). In dieser Lerneinheit wird ein modernes medizintechnisches Gerät verwendet, welches die EKG-Messung ohne das Aufkleben von Elektroden auf dem Brustbereich der Person durchführen kann. Das verwendete Gerät misst die EKG-Kurve über ein digitales Stethoskop in Knopfform am seitlichen Brustbereich, ohne dass die Kleidung abgelegt werden muss, und ist daher besonders gut für die Arbeit mit Schüler*innen der 7. und 8. Klasse geeignet.

10.1.4 Methodisch-didaktische Überlegungen

10.1.4.1 Ziele und Bezüge des Bildungsplans

Mit Bezugnahme auf den Bildungsplan 2016 des Landes Baden-Württemberg für die Klassenstufen 7 und 8 im Fach Biologie wird der unter Punkt 3.2.2.2 aufgeführte Bereich „Atmung, Blut und Kreislaufsystem" vertiefend behandelt, indem das Organ Herz näher untersucht wird (MKJS BW Biologie, 2016). Die Nutzung von Modellen zur Veranschaulichung von Struktur und Funktionen des Organs, das Messen von Parametern am eigenen Körper und die Beschreibung des Zusammenwirkens von Organsystemen (ebd.) werden planmäßig erlernt und vertieft. Insbesondere die Leitperspektive der Wahrnehmung und Empfindung wird durch das eigene Erfahren und Messen der körperlichen Veränderungen durch sportliche Aktivität bedient.

Die Biologie als interdisziplinäre Wissenschaft (ebd.) kann in dieser Station mit dem Fach Sport vernetzt werden. Der im Pflichtbereich für die Klassen 7 und 8 des Fachs Sport unter Punkt 3.2.1.5 aufgeführte Bereich „Fitness entwickeln" wird mit dieser Lerneinheit ebenfalls bedient (MKJS BW Sport, 2016). Durch die Informationstexte über den Zusammenhang von Bewegung und ihre Auswirkung auf die Herzaktion sowie das Erleben sportlicher Aktivität erfahren die Schüler*innen, dass sie altersgemäßen konditionellen Anforderungen (ebd.) standhalten und ihre körperliche Leistungsfähigkeit bewusst trainieren können.

Darüber hinaus werden im Rahmen der Erkenntnisgewinnung (Punkt 2.1) die Untersuchung der Morphologie und Anatomie von Lebewesen und Organen, die Durchführung bzw. Auswertung von Beobachtungen und Versuchen, der sachgerechte Umgang mit Arbeitsgeräten, die Anwendung von Struktur- und Funktionsmodellen zur Veranschaulichung und die Beurteilung der Aussagekraft von Modellen (ebd.) gefördert. Auf der Ebene der Kommunikation werden prozessbezogene Kompetenzen wie die Darstellung komplexer biologischer Sachverhalte mithilfe von Schemata, Grafiken, Modellen oder Diagrammen gefördert und darüber hinaus die Kompetenz zur Partnerarbeit (ebd.) erweitert.

10.1.4.2 Relevanz, Lebenswelt- und Schüler*innenbezug

Diese Lerneinheit knüpft an die Schulfächer Biologie und Sport an und ermöglicht darüber hinaus einen Einblick in die Fachbereiche der Biologie, der Medizin und der Sportwissenschaft bzw. Leistungsdiagnostik. Für die Lebenswelt der Schüler*innen bedeutet dies, nicht nur übergreifende Informationen über ihren eigenen Körper und seine System- bzw. Organwelten zu erlangen, sondern darüber hinaus auch eine Messmethodik aus möglichen zukünftigen Berufszweigen kennenzulernen. Diese Aneignung geschieht insbesondere durch das Erfahren der Herzfrequenz und das Messen von Herzfrequenz und EKG vor und nach Belastungen, was in der Lerneinheit im Detail betrachtet wird und den Schüler*innen so deutlich macht, wie ihr eigener Körper funktioniert.

Durch die Messung der Auswirkungen sportlicher Belastung auf den menschlichen Organismus und das Aufzeigen von Selbstwirksamkeit werden die Schüler*innen darüber hinaus zu mehr Bewegung animiert. Das in der Lerneinheit bediente sportwissenschaftliche Fachgebiet der Leistungsdiagnostik beschränkt sich nicht nur auf den Leistungssport, sondern beschäftigt sich ebenfalls mit den Auswirkungen eines präventiven Gesundheitstrainings und gesundheitlich relevanten Sportarten. Dieses alltagsrelevante Thema von Sport und Bewegung sollte im Wissensschatz der Schüler*innen nicht fehlen, auch wenn im Sportunterricht oftmals wenig Zeit gegeben ist, um theoretische Aspekte dahingehend näher zu beleuchten.

10.1.4.3 Methodisch-didaktische Inszenierung

In dieser Lerneinheit erfahren die Schüler*innen mithilfe von Infotexten eine kurze theoretische Einführung in das Organ Herz, seine Funktion und die medizinische EKG-Messung. Zur Einführung empfiehlt sich auch ein kurzes Video (beispielsweise deutschsprachig: ► http://www.youtube.com/watch?v=WfagPn4EzL0; etwas detaillierter und englischsprachig: ► http://www.youtube.com/watch?v=v3b-YhZmQu8). Gegebenenfalls kann das Video zuvor heruntergeladen werden, um es auch ohne Internet verfügbar zu haben und möglichen Störpotenzialen (Surfen im Internet) vorzubeugen.

Durch eine selbst durchgeführte Messung des EKG mithilfe eines Messgeräts, welches am Oberarm der Schüler*innen angelegt wird, können sie ihre eigene Herzfunktion anhand einer EKG-Kurve auf einem verknüpften Endgerät betrachten, auf einem Arbeitsblatt dokumentieren und mit nach Hause nehmen.

Nach einer kurzen, einfach gehaltenen Sportübung von ca. zwei Minuten findet eine erneute Messung der EKG-Kurve statt, welche wiederholt auf dem Arbeitsblatt aufgezeichnet und anschließend mit der ersten Messung verglichen wird.

Durch die mehrschrittige Bearbeitung der Lerneinheit werden sowohl die Einzelarbeit als auch die Partnerarbeit geübt. Von einer Gruppenarbeit wird in diesem Zusammenhang abgesehen, da es wichtig ist, dass jede*r Schüler*in vermessen werden kann, und sich bei einem gemeinsamen Messgerät die Partnerarbeit als geeigneter erweist. Die Partnerarbeit verläuft darüber hinaus oft ruhiger und präziser als die Gruppenarbeit, was bei dieser Station aufgrund der sensiblen EKG-Messung durch hochwertige Geräte erwünscht ist. Gegenseitige Hilfe und Kontrolle sowie Präzision in der Durchführung sind bei dieser Station wichtig. Werden die Hinweise nicht beachtet und Anweisungen nicht eingehalten, schlägt die Messung fehl.

Als weitere methodische Bestandteile finden sich an dieser Station das gemeinsame Gespräch (insbesondere während der Partnerarbeiten) und das Experiment (während der insgesamt vier Messungen).

Als Medien werden Arbeitsblätter, ein Tablet und ein modernes EKG-Messgerät eingesetzt. Regelmäßige Ergebnissicherungen auf den Arbeitsblättern tragen zum Verständnis und zur Dokumentation der Lernerfolge bei.

10.1.4.4 Antizipierte Ergebnisse der Schüler*innen

Die Lerneinheit leitet die Schüler*innen genau und schrittweise durch die Aufgaben. Die Schüler*innen haben durch verschiedene Informationstexte, Schreib- und Zeichenfelder auf dem Arbeitsblatt die Möglichkeit, Schritt für Schritt zu verschiedenen Ergebnissen zu kommen, die aus Diskussionen, Texten und Zeichnungen bestehen. Durch die EKG-Kurven in der Health-Mate-App auf dem Tablet, welche durch die EKG-Messung mit dem EKG-Messgerät erzeugt werden, und durch die mögliche Orientierung an den sich auf den Stationsblättern befindlichen Musterkurven soll eine größere Abweichung der eigenen EKG-Zeichnungen vermieden werden. Atypische Kurven und Zeichnungen fallen somit direkt auf und sind durch die Aufgabenstellung des „Abzeichnens" weniger wahrscheinlich. Die antizipierte Lösung der Station besteht aus einem schrittweisen Durcharbeiten des Stationsblatts mit einem vollständig ausgefüllten Arbeitsblatt durch die Bearbeitung aller sich dort befindenden Aufgabenfelder.

10.1.4.5 Mögliche Herausforderungen und entsprechende Förder-/ Forderangebote

Diese Lerneinheit leitet die Schüler*innen mithilfe des Stationsblatts mit Infoboxen und chronologisch aufgebauten Arbeitsaufträgen an. Durch verschiedene Aufgaben, wie beispielsweise dem Abzeichnen von selbst gemessenen EKG-Kurven, werden den Schüler*innen Möglichkeiten zu einfachen oder aber detailreichen Lösungswegen geboten, ohne ihnen dabei zu viel Spielraum zur Lösung der Aufgaben zur Verfügung zu stellen. Die Lerneinheit kann also sowohl mit sehr genauen Antworttexten und Zeichnungen als auch mit groben Lösungen der Teilschritte vollständig gelöst werden, wodurch leistungsstärkere und auch leistungsschwächere Schüler*innen in der Lerneinheit Freude haben können.

Aufgrund der Verwendung moderner medizinischer Technologien durch das EKG-Messgerät von Withings, welches am Oberarm angebracht wird, können trotz sorgfältiger Auswahl des Geräts Schwierigkeiten mit der Handhabung auftreten. Diese würden sich dann in nicht funktionierenden oder fehlerhaften EKG-Messungen äußern, welche jedoch für das Bearbeiten der Station elementar sind. Daher ist es besonders wichtig, dass das Stationsblatt von den Schüler*innen genau gelesen und das Gerät wie in den Abbildungen beschrieben von den Schüler*innen angelegt und kontrolliert wird.

Die Lerneinheit ist auf eine Bearbeitung ohne Hilfe durch eine dritte Person ausgelegt. Gelingt den Schüler*innen ein präzises Anlegen und Verwenden des EKG-Messgeräts trotz sorgfältig beschriebener Anleitung nicht, könnte dies ggf. zu Frustration und einem Abbruch führen. Daher ist es besonders wichtig, dass das Gerät richtig eingestellt ist und dass die Schüler*innen während der Partnerarbeit konzentriert arbeiten und sich an die Vorgaben halten.

10.1.4.6 Benötigte Vorkenntnisse und Vertiefungs-/Weiterführungsmöglichkeiten

Die für diese Lerneinheit wichtigsten Inhalte werden den Schüler*innen theoretisch mithilfe von Informationstexten angeboten bzw. derart an Erlerntes erinnert. Es empfiehlt sich zusätzlich eine Vor- und Nachbereitung durch die Lehrkraft im Biologieunterricht (Aufbau des Herzens, Funktion des Herzens, Herz-Kreislauf-System, Herzfrequenz und körperliche Belastung, EKG).

Da die Themenbereiche „Struktur und Funktion des Herzens und Kreislauffunktionen" allerdings im Bildungsplan 2016 des Landes Baden-Württemberg für das Fach Biologie verankert sind (MKJS BW Biologie, 2016, Punkt 3.2.2.2), ist davon auszugehen, dass die Schüler*innen im Biologieunterricht bereits das Organ Herz thematisiert haben. Das EKG hingegen ist eine medizinische Untersuchungsmethode und wird im Biologieunterricht normalerweise nicht näher behandelt, weshalb sich vor bzw. nach der Lerneinheit eine Vor- bzw. Nachbereitung des Themas anbietet.

Je nach verfügbarer Zeit wäre eine Thematisierung der Herz-Kreislauf-Funktionen auch im Sportunterricht denkbar. Angelehnt an den Bildungsplan 2016 des Landes Baden-Württemberg können im Fach Sport (unter Punkt 3.2.1.5 „Fitness entwickeln") die Funktion des Herzens und seine Adaptationsprozesse erfahren und beschrieben werden (MKJS BW Sport, 2016). Alternativ bietet sich ein spezifisch thematisierter Biologieunterricht an, in dem u. a. Themen der Stoffwechselphysiologie und der Sportphysiologie miteinander verknüpft werden könnten. Der Aufbau des Herzens könnte über diese Lerneinheit zum Thema „Herz" hinaus durch die Sezierung eines Schweineherzens im Unterricht vertieft werden. Das Herz-Kreislauf-System könnte ebenfalls durch verschiedene Aufgaben im Unterricht bearbeitet werden, insbesondere durch die Thematisierung des gesamten Kreislaufsystems durch die Verknüpfung des Herzens mit der Lunge, den Blutgefäßen oder den Blutbestandteilen.

Im Rahmen des Lerneinheiten können eine Vertiefung und Erweiterung der Lerninhalte durch den Einsatz der weiteren Lerneinheiten zum Thema „Herz" erfolgen, beispielsweise zu den Themen „Blutdruck" oder „Anatomie des Herzens".

10.1.5 Verlaufsplan

Beschreibung des Ablaufs durch einen Verlaufsplan, der mit konkreten Zeitangaben in kurzer, prägnanter Form die methodisch-didaktische Inszenierung angibt:

Min.	Phase und Ziel	Lehr-Lern-Arrangement	Arbeitsweise (Methoden, Sozialform)	Arbeits-technik (Material, Medien)
1–6	Einstieg (Aufgabe 1–3)	Kurze thematische Einführung in das Organ Herz, die Herzfrequenz und das EKG (Infobox 1 und 2 lesen) Zusammenfinden in 2er-Gruppen Ansicht eines Videos zum Thema „EKG" Kennenlernen des EKG-Messgeräts durch Grafik	Einzelarbeit (lesen) und Partnerarbeit (zusammenfinden, Video ansehen, EKG-Messgerät kennenlernen)	Stations-blatt Tablet EKG-Messgerät Sitzgelegen-heit
7–12	Versuchsaufbau und erste Messung, Dokumentation (Aufgabe 4a–f)	Anlegen des BMP-Core-EKG-Messgeräts (am linken Oberarm) bei Schüler*in A Starten der ersten Messung (im Sitzen) von Schüler*in A Aufzeichnen der vom Tablet angezeigten EKG-Kurve (nur Schüler*in A) auf dem Arbeitsblatt Anlegen des BMP-Core-EKG-Messgeräts (am linken Oberarm) bei Schüler*in B Starten der ersten Messung (im Sitzen) von Schüler*in B Aufzeichnen der vom Tablet angezeigten EKG-Kurve auf dem eigenen Arbeitsblatt Vergleich der eigenen EKG-Kurven mit einer Musterkurve	Partnerarbeit (anlegen, messen, vergleichen) Einzelarbeit (eigene Kurve aufzeichnen) Experiment (messen)	Stations-blatt Arbeits-blätter EKG-Messgerät Tablet Stifte Sitz-gelegenheit
13–14	Körperliche Aktivität (Sport-übung) (Aufgabe 5)	*Bearbeitung des Arbeits-blatts:* Beide Schüler*innen führen zusammen 10 Hampelmänner und 10 Kniebeugen aus.	Partnerarbeit Experiment	-

Min.	Phase und Ziel	Lehr-Lern-Arrangement	Arbeitsweise (Methoden, Sozialform)	Arbeits-technik (Material, Medien)
15–20	Zweite Messung, Dokumentation, Vergleich (Aufgabe 6)	*Bearbeitung des Arbeits-blatts:* Erneutes Anlegen des Geräts am linken Oberarm von Schüler*in A, Messung Erneutes Anlegen des Geräts am linken Oberarm von Schüler*in B, Messung Erneutes Aufzeichnen der auf dem Tablet er-scheinenden EKG-Kurve von Schüler*in A Erneutes Aufzeichnen der auf dem Tablet er-scheinenden EKG-Kurve von Schüler*in B Festhalten von Unter-schieden der beiden EKG-Kurven (vor und nach körperlicher Belastung) auf dem Arbeitsblatt	Partnerarbeit (anlegen, messen, vergleichen) Experiment (messen)	Stations-blatt Arbeits-blätter EKG-Messgerät Tablet Stifte Sitzgelegen-heit

▪ Digitales Zusatzangebot

Weitere Materialien (Lösungskarten) zu diesem Kapitel finden Sie unter ▶ https://lehrbuch-biologie.springer.com/mint-bewegung.

Karlsruher Institut für Technologie

10.2 Stationsblatt: Ein eigenes EKG erstellen

■ **Aufgabe 1: Das Herz und sein EKG**

Lies in Einzelarbeit die Infobox 1.

> **Infobox 1: Das EKG**
>
> EKG steht für „Elektrokardiogramm" und ist eine Untersuchungsmethode, bei der die elektrische Aktivität des Herzens (◨ Abb. 10.2) gemessen wird.
>
> Der Herzschlag wird durch eine elektrische Erregung ausgelöst, die im Herzen selbst gebildet wird und sich ausbreitet. Dieser schwache elektrische Strom wird beim EKG über Elektroden an den Armen und Beinen oder an der Brust gemessen. Die sogenannte Herzaktion wird über die Elektroden abgeleitet und in Form von EKG-Kurven aufgezeichnet (◨ Abb. 10.1). Somit kann der Arzt oder die Ärztin beurteilen, ob der Herzschlag wie erwartet funktioniert.

◨ **Abb. 10.1** Schema einer EKG-Kurve

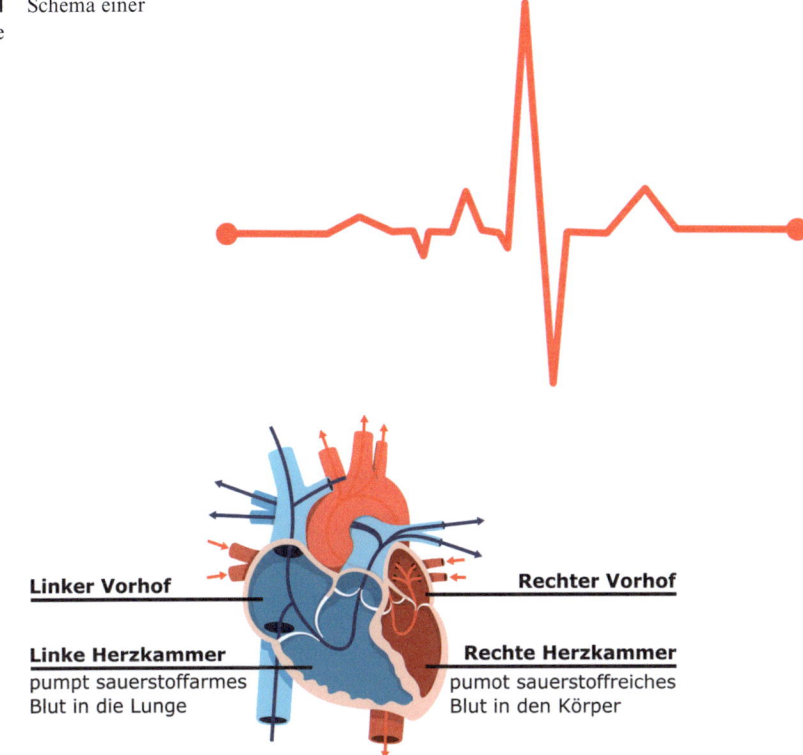

◨ **Abb. 10.2** Aufbau des Herzens (© Taleseedum/stock.adobe.com)

■ **Aufgabe 2: Die EKG-Kurve**

a. Findet euch zu zweit zusammen und setzt euch hin.
b. Nehmt gemeinsam das Tablet und seht euch das Video zum Thema „EKG an. Besprecht den typischen Verlauf der EKG-Kurve während eines Herzschlags!

■ **Aufgabe 3: Das EKG-Messgerät**

Betrachtet zusammen die Abbildung des EKG-Messgeräts (◘ Abb. 10.3). Nehmt das EKG-Messgerät in die Hand und findet die Elemente in der Abbildung am Gerät wieder!

■ **Aufgabe 4: Ein eigenes EKG schreiben**

a. Nun könnt ihr euer eigenes EKG schreiben. Einigt euch, wer als Erstes Proband*in sein darf und vermessen wird. Der*die Helfer*in legt dem*der Proband*in das EKG-Messgerät am linken Oberarm so an, wie es im Tipp unten beschrieben wird (◘ Abb. 10.4a). Verwendet auch ◘ Abb. 10.3 aus Aufgabe 3.

◘ **Abb. 10.3**   EKG-Messgerät

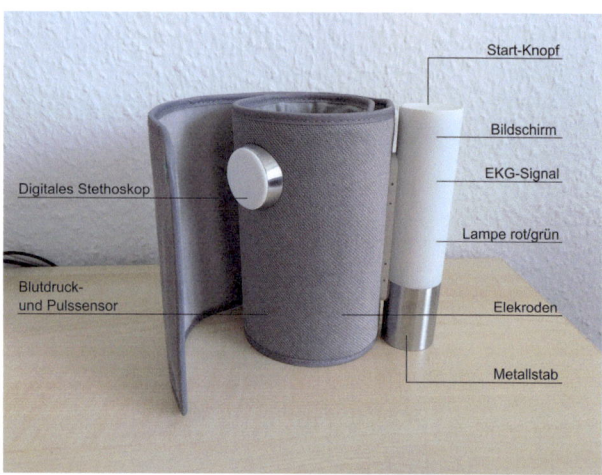

10

◘ **Abb. 10.4**   **a** Anlegen des Messgeräts, **b** angelegtes Messgerät, **c** Durchführung der Messung

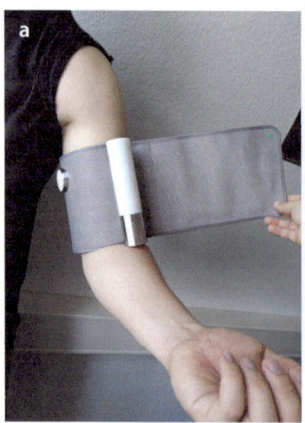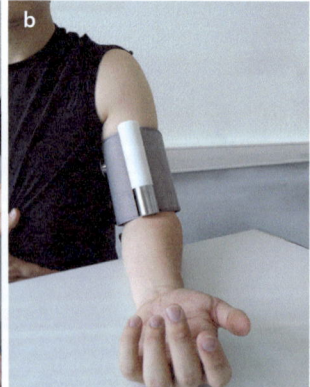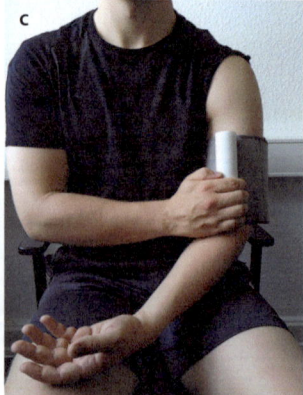

Kontrolliert zusammen den richtigen Sitz des Geräts. Das ist wichtig, damit die Messung funktionieren kann!

Tipp

Der linke Oberarm darf nicht von Kleidung bedeckt sein, damit die Elektroden die Haut berühren. Der Oberkörper hingegen darf von maximal einer Bekleidungs-schicht bedeckt sein (z. B. ein T-Shirt oder ein Top oder schiebe den linken Ärmel deines Oberteils hoch). Die Manschette wird am linken Oberarm kurz über dem Ellenbogen angelegt; dabei zeigt der Stab nach vorn und das Metallteil nach unten (◘ Abb. 10.4a). Der Klettverschluss muss geschlossen werden (es ist normal, dass etwas Stoff übersteht, dieser darf jedoch nicht den weißen Startknopf bedecken). Das digitale Stethoskop sollte so platziert werden, dass die weiße Fläche an der Seite der Brust anliegt. Die Elektroden sollten Kontakt mit der Haut des linken Arms haben.

---

b. Wenn das Gerät richtig sitzt, legt der*die Proband*in seinen*ihren linken Arm im 90°-Winkel auf einem Tisch ab und umgreift mit der rechten Hand den Metall-stab am Gerät (◘ Abb. 10.4b, c). Das Stethoskop wird seitlich an die Brust ge-drückt. Nun startet der*die Helfer*in das Gerät durch Drücken des Startknopfs. Der Bildschirm zeigt nun „START" an. Der*die Helfer*in drückt die Starttaste erneut, um die Messung zu beginnen. Die Manschette zieht sich nun zusammen.

c. Wenn das Gerät die Messung beendet hat und die Manschette wieder locker wird, drückt der*die Helfer*in die Starttaste des Geräts erneut, um die Ergebnisse an die App auf dem Tablet zu senden. Ihr könnt nun *vorsichtig* die Manschette vom Arm entfernen!

d. Nehmt nun gemeinsam das Tablet und öffnet die Health-Mate-App. Wählt die letzte Messung aus und seht euch das Ergebnis an (◘ Abb. 10.5).

e. Wiederholt die oben beschriebene Messung genauso mit der zweiten Person als Proband*in. Nun wird der*die erste Proband*in zum*zur Helfer*in. Orientiert euch an den Schritten in Aufgaben 4a–d.

f. Zeichnet in Einzelarbeit nacheinander eure *eigene* EKG-Kurve auf eurem eigenen Arbeitsblatt in das Koordinatensystem ein. Seht in der Health-Mate-App nach, um die jeweiligen Kurven abzuzeichnen. Beachtet die Beschriftung der Achsen!

g. Vergleicht gemeinsam eure EKG-Kurven mit dieser Musterkurve (◘ Abb. 10.6) und besprecht die Verläufe.

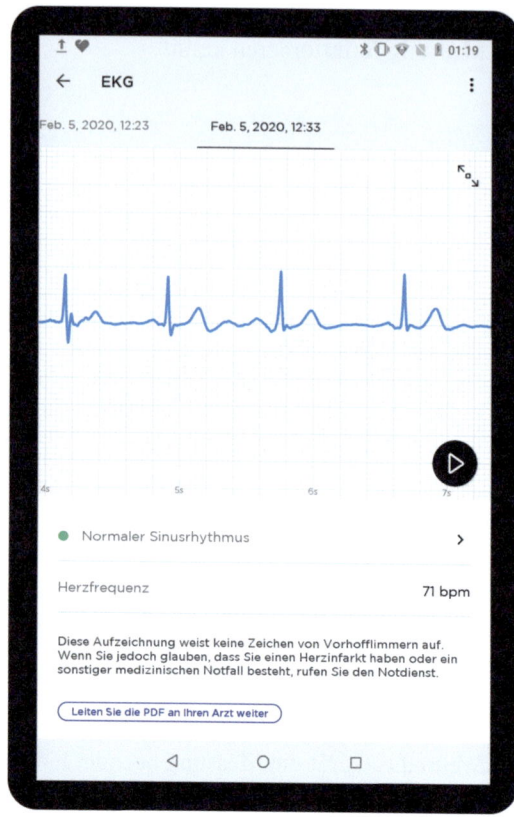

■ **Abb. 10.5** Ergebnisse in der Health-Mate-App

■ **Aufgabe 5: Workout (Kniebeugen, Hampelmänner)**

Steht nun vom Tisch auf und stellt euch so hin, dass ihr um euch herum zwei Arm-längen Platz habt. Ihr sollt nun beide zusammen die in ■ Abb. 10.7 gezeigten Sport-übungen zügig nacheinander durchführen, um eure Herztätigkeit zu beeinflussen!

■ **Aufgabe 6: Zweites EKG schreiben**

a. Setzt euch wieder hin. Führt erneut EKG-Messungen durch wie in Aufgabe 4a–d beschrieben. Zuerst wird Proband*in 1 erneut vermessen und die andere Person unterstützt als Helfer*in. Anschließend wird getauscht.

b. Wenn alles geklappt hat, könnt ihr die beiden neuen EKG-Kurven wieder auf dem Tablet einsehen. Jede Testperson darf die Form ihrer *eigenen* EKG-Kurve nach der Sportübung in das Koordinatensystem auf dem eigenen Arbeitsblatt ein-zeichnen. Beachtet die Beschriftung der Achsen!

c. Betrachtet gemeinsam eure Messungen in der App. Welche Unterschiede und Ge-meinsamkeiten fallen euch an den Messungen nach der Sportübung im Vergleich zur ersten Messung ohne körperliche Belastung auf? Schreibt es in die Tabelle auf dem Arbeitsblatt.

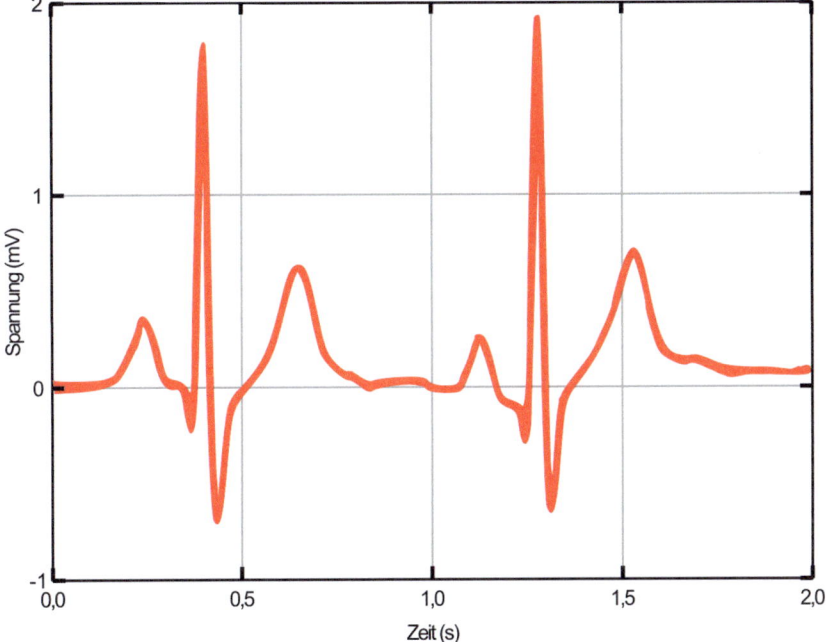

■ **Abb. 10.6**   EKG-Musterkurve

■ **Abb. 10.7**   Sportübungen: Zehn Hampelmänner und direkt danach zehn Kniebeugen (© Anussara/ stock.adobe.com)

Karlsruher Institut für Technologie

10.3   Arbeitsblatt: Ein eigenes EKG erstellen

Aufgabe 4: Ein eigenes EKG schreiben

b.   Zeichne deine eigene EKG-Kurve hier ein. Vergiss die Achsenbeschriftung nicht.
-   y-Achse: *Spannung in mV* (Millivolt)
-   x-Achse: *Zeit in s* (Sekunden)

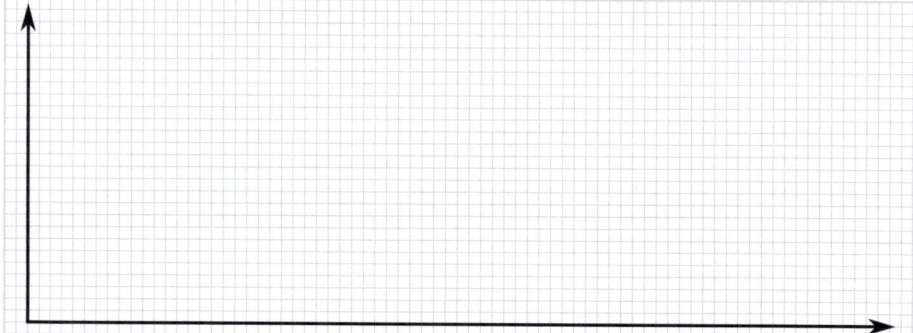

Aufgabe 6: Zweites EKG schreiben

b.   Zeichne deine zweite EKG-Kurve nach der Sportübung hier ein.
-   y-Achse: Spannung in mV (Millivolt)
-   x-Achse: Zeit in s (Sekunden)

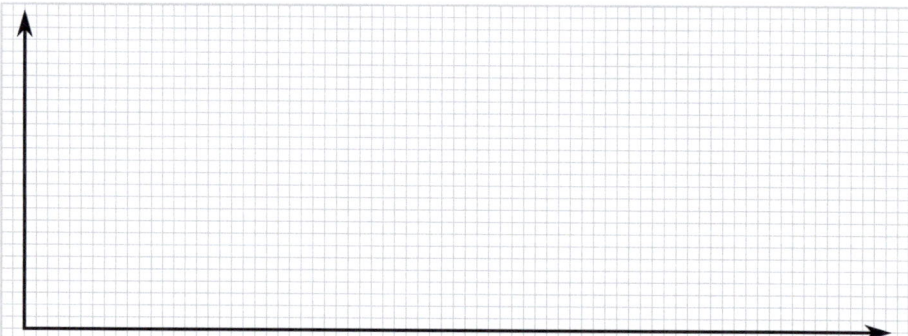

c.   Schreibe die Unterschiede der EKG-Kurven in die Tabelle.

	Erste Messung (vor der Sportübung)	Zweite Messung (nach der Sportübung)
EKG-Kurve		

Literatur

Gertsch, M. (2007). *Das EKG. Auf einen Blick und im Detail* (2. Aufl.). Springer.

[MKJS BW Biologie] Ministerium für Kultus, Jugend und Sport Baden-Württemberg. (2016). Bildungs-plan des Gymnasiums. Biologie. http://www.bildungsplaene-bw.de/Lde/LS/BP2016BW/ALLG/GYM/BIO. Zugegriffen am 09.07.2019.

[MKJS BW Sport] Ministerium für Kultus, Jugend und Sport Baden-Württemberg. (2016). Bildungs-plan des Gymnasiums. Sport. http://www.bildungsplaene-bw.de/Lde/LS/BP2016BW/ALLG/GYM/SPO. Zugegriffen am 09.07.2019.

Noble, A., Johnson, R., Thomas, A., & Bass, P. (2017). *Organsysteme verstehen: Herz-Kreislauf-System. Integrative Grundlagen und Fälle* (1. Aufl.). Elsevier.

Den Herzschlag sehen und hören

Carolin Knoke

Inhaltsverzeichnis

I. Wagner, S. Neher-Asylbekov (Hrsg.), *MINT in Bewegung*,
https://doi.org/10.1007/978-3-662-63451-6_11

11.1   Ausarbeitung

11.1.1   Kurzbeschreibung und Zielsetzung

In dieser Lerneinheit sollen die Schüler*innen das menschliche Herz und seine Herz-aktion mit verschiedenen Sinnen näher kennenlernen. Mithilfe eines Stethoskops werden Auskultationen der Herztöne vor und nach sportlicher Betätigung von Schü-ler*innen selbst durchgeführt. Dadurch sollen die Organfunktionen des Herzens und ihre Abhängigkeit von körperlicher Belastung mess- und erfahrbar gemacht werden. Darüber hinaus wird die Entstehung der abgehörten Herztöne analysiert sowie der individuelle Ruhe- und Belastungspuls berechnet. Außerdem werden die Struktur und Funktion des Herzens thematisiert.

11.1.2   Rahmenbedingungen

— Zielgruppe: Klassenstufe 7/8
— Anzahl der Schüler*innen: 2
— Zeitlicher Rahmen der Station: ca. 20 min
— Räumlichkeiten: ca. 2 m^2 und 1 Treppe
— Material: Stifte; Stethoskop, Stoppuhr
— Nötige Vorkenntnisse: Kenntnisse über den Aufbau und die Funktion des Her-zens wären wünschenswert. Eine vorherige Thematisierung der Funktionsweise des Elektrokardiogramms wäre vorteilhaft, ist aber nicht zwingend erforderlich.

11.1.3   Sachanalyse

Diese Lerneinheit beschreibt das Organ Herz als einen Hohlmuskel, der durch rhyth-misches Zusammenziehen und Erschlaffen das Blut durch den gesamten mensch-lichen Körper pumpt (Noble et al., 2017). Das Organ saugt dabei das Blut aus den Blutgefäßen der Lungen und des restlichen Körpers an und stößt es anschließend wieder in den Körper und in die Lungen aus (ebd.). Die Kontraktion wird als ein Er-schlaffen und Zusammenziehen des Herzmuskels in einem regelmäßigen Rhythmus beschrieben (ebd.). Dieser Vorgang wird auch als Herzschlag bezeichnet (ebd.).

Die Tätigkeit des Herzens wird durch innere und äußere Faktoren beeinflusst, bei-spielsweise durch körperliche Anstrengung (Noble et al., 2017). Die Anzahl der Herz-schläge pro Minute wird als Herzfrequenz bezeichnet (ebd.). Die Herzfrequenz eines Menschen ist abhängig von seinem Alter und von seinen erbrachten körperlichen Leistungen (ebd.). Veränderungen in der Herzaktion sind häufig sowohl auf einem Elektrokardiogramm (EKG) ersichtlich (Gertsch, 2007) als auch durch eine Aus-kultation des Herzens mithilfe eines Stethoskops erfahrbar (Holldack & Gahl, 2005).

Die Auskultation des Herzens ist eine der wichtigsten Untersuchungsmethoden am Herzen und macht ein Hören der ersten beiden Herztöne möglich (Balletshofer & Haasis, 2006). Bei einer Auskultation des Herzens werden zwei der insgesamt vier

Herztöne erfasst. Herztöne entstehen durch Schalle am Herzen, die durch die Anspannung des Herzmuskels und durch Herzklappenarbeit auftreten (ebd.). So entsteht der erste Herzton zu Beginn der Systole (Anspannungsphase) bei angespannter Herzkammermuskulatur und dem Schließen der Herzklappen (Mitral- und Trikuspidalklappe) und der zweite Herzton am Ende der Systole (Austreibungsphase) durch das Schließen anderer Herzklappen (Aorten- und Pulmonalklappe) (ebd).

Das EKG entsteht aus einem Signal, welches mithilfe von Elektroden und einem EKG-Messgerät gemessen wird (Gertsch, 2007). Es ist eine gängige Untersuchungsmethode zur Messung der elektrischen Aktivität des Herzens (ebd.). Die elektrische Erregung, die im Organ selbst entsteht, löst den eigentlichen Herzschlag aus (ebd.). Dieser elektrische Widerstand wird während einer Elektrokardiografie meistens an der Brust oder den Extremitäten eines Probanden gemessen (ebd.). Das EKG-Messgerät leitet die Herzaktion über die Elektroden ab und zeichnet EKG-Kurven auf, anhand derer die Herzgesundheit der Testperson bewertet werden kann (ebd.).

Während der Stationsbearbeitung werden die Schüler*innen dazu angeregt, diese Adaptationen selbst zu erfahren, indem sie eine Auskultation vor und nach körperlicher Aktivität durchführen und nach einer Sportübung einen Anstieg der Herzfrequenz wahrnehmen.

11.1.4 Methodisch-didaktische Überlegungen

11.1.4.1 Ziele und Bezüge des Bildungsplans

Mit Bezugnahme auf den Bildungsplan 2016 des Landes Baden-Württemberg für die Klassenstufen 7 und 8 im Fach Biologie wird der unter Punkt 3.2.2.2 aufgeführte Bereich „Atmung, Blut und Kreislaufsystem" vertiefend behandelt, indem das Organ Herz näher untersucht wird (MKJS BW Biologie, 2016). Die Nutzung von Modellen zur Veranschaulichung von Struktur und Funktionen des Organs, das Messen von Parametern am eigenen Körper und die Beschreibung des Zusammenwirkens von Organsystemen (ebd.) werden planmäßig erlernt und vertieft. Insbesondere die Leitperspektive der Wahrnehmung und Empfindung wird durch das eigene Erfahren und Messen der körperlichen Veränderungen durch sportliche Aktivität bedient.

Die Biologie als interdisziplinäre Wissenschaft (ebd.) kann in dieser Station mit dem Fach Sport vernetzt werden. Der im Pflichtbereich für die Klassen 7 und 8 des Fachs Sport unter Punkt 3.2.1.5 aufgeführte Bereich „Fitness entwickeln" wird mit dieser Lerneinheit ebenfalls bedient. Durch die Informationstexte über den Zusammenhang von Bewegung und ihre Auswirkung auf die Herzaktion sowie das Erleben sportlicher Aktivität erfahren die Schüler*innen, dass sie altersgemäßen konditionellen Anforderungen (ebd.) standhalten und ihre körperliche Leistungsfähigkeit bewusst trainieren können.

Darüber hinaus werden im Rahmen der Erkenntnisgewinnung (Punkt 2.1) die Untersuchung der Morphologie und Anatomie von Lebewesen und Organen, die Durchführung bzw. Auswertung von Beobachtungen und Versuchen, der sachgerechte Umgang mit Arbeitsgeräten, die Anwendung von Struktur- und Funktionsmodellen zur Veranschaulichung und die Beurteilung der Aussagekraft von Modellen (ebd.) gefördert. Auf der Ebene der Kommunikation werden prozessbezogene

Kompetenzen wie die Darstellung komplexer biologischer Sachverhalte mithilfe von Schemata, Grafiken, Modellen oder Diagrammen gefördert und darüber hinaus die Kompetenz zur Partnerarbeit (ebd.) erweitert.

11.1.4.2 Relevanz, Lebenswelt- und Schüler*innenbezug

Diese Lerneinheit bedient die Schulfächer Biologie und Sport und ermöglicht darüber hinaus einen Einblick in die Fachbereiche der Biologie, der Medizin und der Sportwissenschaft. Für die Lebenswelt der Schüler*innen bedeutet dies nicht nur übergreifende Informationen über ihren eigenen Körper und seine System- bzw. Organwelten zu erlangen, sondern darüber hinaus auch eine Messmethodik aus möglichen zukünftigen Berufszweigen kennenzulernen. Diese Aneignung geschieht insbesondere durch das Kennenlernen medizinischer Diagnoseverfahren und durch das eigene Abhören von Herztönen vor und nach Belastung. Während der Lerneinheit wird den Schüler*innen die Funktionsweise ihres eigenen Körpers zugänglich gemacht.

Durch die Messung und Erfahrung der Auswirkungen sportlicher Belastung auf den menschlichen Organismus und das Aufzeigen von Selbstwirksamkeit werden die Schüler*innen darüber hinaus zu mehr Bewegung animiert. Dieses alltagsrelevante Thema von Sport und Bewegung sollte im Wissensschatz der Schüler*innen nicht fehlen, da es bedeutsam für die körperliche und psychische Gesundheit ist (Vögele, 2019) – auch wenn im Sportunterricht oftmals wenig Zeit gegeben ist, um theoretische Aspekte dahingehend näher zu beleuchten.

11.1.4.3 Methodisch-didaktische Inszenierung

In dieser Lerneinheit erfahren die Schüler*innen mithilfe von kurzen Infotexten eine theoretische Einführung in das Organ Herz, seine Funktion, die medizinische EKG-Messung und die Auskultation des Herzens. Durch eine selbst durchgeführte Auskultation des Herzens mithilfe eines Stethoskops, welches an der bekleideten Brust der Schüler*innen angelegt wird, können sie ihre eigene Herzfunktion anhand von Herztönen erfahren, ihren Ruhe- und Arbeitspuls auf einem Arbeitsblatt dokumentieren und mit nach Hause nehmen. Vor und nach einer kurzen, einfach gehaltenen Sportübung von ca. zwei Minuten finden Auskultationen statt, welche wiederholt auf dem Arbeitsblatt dokumentiert und anschließend erklärt werden.

Durch die Bearbeitung der Lerneinheit werden sowohl die Einzelarbeit als auch die Partnerarbeit geübt. Von einer Gruppenarbeit wird in diesem Zusammenhang abgesehen, da es wichtig ist, dass jede*r Schüler*in abgehört werden kann und sich bei einem gemeinsamen Stethoskop die Partnerarbeit anbietet. Die Partnerarbeit verläuft darüber hinaus oft ruhiger und präziser als die Gruppenarbeit, was bei dieser Station aufgrund der sensiblen Auskultation erwünscht ist. Gegenseitige Hilfe und Kontrolle sowie Präzision in der Durchführung sind bei dieser Station wichtig.

Als weitere Methoden finden sich an dieser Station das gemeinsame Gespräch (insbesondere während der Partnerarbeiten) und das Experiment (während der insgesamt vier Auskultationen). Als Medien werden Arbeitsblätter, ein Stethoskop, eine Stoppuhr und ein Lösungsbuch eingesetzt. Regelmäßige Ergebnissicherungen auf den Arbeitsblättern tragen zum Verständnis und zur Dokumentation der Lernerfolge bei.

11.1.4.4   Antizipierte Ergebnisse der Schüler*innen

Das Stationsblatt leitet die Schüler*innen genau und schrittweise durch die Aufgaben. Die Schüler*innen haben durch verschiedene Informationstexte, Schreib- und Zeichenfelder auf dem Arbeitsblatt die Möglichkeit, Schritt für Schritt zu verschiedenen Ergebnissen zu kommen, die aus Diskussionen, Texten und Zeichnungen bestehen. Durch die sich auf den Stationsblättern befindliche Musterkurve soll eine größere Abweichung der eigenen Beschriftungen vermieden werden. Die antizipierte Lösung der Station besteht aus einem schrittweisen Durcharbeiten des Stationsblatts mit einem vollständig ausgefüllten Arbeitsblatt durch die Bearbeitung aller sich dort befindenden Aufgabenfelder. Das aufmerksame Lesen der Informationstexte ist für das inhaltliche Verständnis dabei elementar.

11.1.4.5   Mögliche Herausforderungen und entsprechende Förder-/Forderangebote

Die Lerneinheit leitet die Schüler*innen mithilfe des Stationsblatts mit Infoboxen und chronologisch aufgebauten Arbeitsaufträgen an. Durch verschiedene Aufgaben wie beispielsweise das Beschriften von selbst gemessenen EKG-Kurven werden den Schüler*innen Möglichkeiten zu einfachen oder aber detailreichen Lösungswegen geboten, ohne ihnen dabei zu viel Spielraum zur Lösung der Aufgaben zur Verfügung zu stellen. Die Station kann also sowohl mit sehr genauen Antworttexten und Zeichnungen als auch mit groben Lösungen der Teilschritte vollständig gelöst werden, wodurch leistungsstärkere und auch leistungsschwächere Schüler*innen an der Station Freude haben können.

Aufgrund der Verwendung moderner medizinischer Technologien durch das Stethoskop können trotz sorgfältiger Auswahl des Geräts Schwierigkeiten mit der Handhabung auftreten. Diese würden sich dann in nicht eindeutigen Ergebnissen äußern, welche jedoch für das Bearbeiten der Station bedeutsam sind. Daher ist es besonders wichtig, dass das Stationsblatt von den Schüler*innen genau gelesen wird und das Gerät wie in den Abbildungen beschrieben von den Schüler*innen angelegt und verwendet wird.

Die Station ist auf eine Bearbeitung ohne Hilfe durch eine dritte Person ausgelegt. Die selbstständige Bearbeitung einer medizintechnischen Station kann bei Schüler*innen möglicherweise zu Problemen führen, wenn die Thematik im Unterricht nicht behandelt wurde.

11.1.4.6   Benötigte Vorkenntnisse und Vertiefungs-/ Weiterführungsmöglichkeiten

Die für diese Station wichtigsten Inhalte werden den Schüler*innen theoretisch mithilfe von Informationstexten zur Verfügung gestellt. Es empfiehlt sich zusätzlich eine Vor- und Nachbereitung durch die Lehrkraft im Biologieunterricht (Aufbau des Herzens, Funktion des Herzens, Herz-Kreislauf-System, Herzfrequenz und körperliche Belastung, EKG, Auskultation).

Da die Themenbereiche „Struktur und Funktion des Herzens und Kreislauffunktionen" allerdings im Bildungsplan 2016 des Landes Baden-Württemberg für das Fach Biologie verankert sind (MKJS BW Biologie, 2016, Punkt 3.2.2.2), ist davon auszugehen, dass die Schüler*innen im Biologieunterricht bereits das Organ Herz thematisiert haben. Das EKG hingegen ist eine medizinische Untersuchungsmethode und wird im Biologieunterricht normalerweise nicht näher behandelt, weshalb sich vor bzw. nach dem Besuch des Lehr-Lern-Labors eine Vor- bzw. Nachbereitung des Themas anbietet. Ähnlich verhält es sich mit der Auskultation.

Je nach verfügbarer Zeit wäre eine Thematisierung der Herz-Kreislauf-Funktionen auch im Sportunterricht denkbar. Angelehnt an den Bildungsplan 2016 des Landes Baden-Württemberg können im Fach Sport (unter Punkt 3.2.1.5 „Fitness entwickeln") die Funktion des Herzens und seine Adaptationsprozesse erfahren und beschrieben werden. Alternativ bietet sich ein spezifisch thematisierter Biologieunterricht an, in dem u. a. Themen der Stoffwechselphysiologie und der Sportphysiologie miteinander verknüpft werden könnten. Der Aufbau des Herzens könnte über diese Lerneinheit zum Thema Herz hinaus durch die Sezierung eines Schweineherzens im Unterricht vertieft werden. Das Herz-Kreislauf-System kann ebenfalls durch verschiedene Aufgaben im Unterricht bearbeitet werden, insbesondere durch die Thematisierung des gesamten Kreislaufsystems durch die Verknüpfung des Herzens mit der Lunge, den Blutgefäßen oder den Blutbestandteilen.

Zudem können eine Vertiefung und Erweiterung der Lerninhalte durch den Einsatz weiterer Lerneinheiten zu den Themen Herz und Kreislauf erfolgen, beispielsweise zu den Themen Blutdruck oder Anatomie des Herzens.

11.1.5 Verlaufsplan

Beschreibung des Ablaufs durch einen Verlaufsplan, der mit konkreten Zeitangaben in kurzer, prägnanter Form die methodisch-didaktische Inszenierung angibt:

Min.	Phase und Ziel	Lehr-Lern-Arrangement	Arbeitsweise (Methoden, Sozialform)	Arbeits-technik (Material, Medien)
1–2	Einstieg (Wiederholung bereits bekannter Inhalte und Einführung in neue Inhalte) (Aufgabe 1)	Kurze thematische Einführung in das Organ Herz, die Herzfrequenz (wiederholend) und das EKG (neuer Inhalt) (Infobox1 lesen)	Einzelarbeit (lesen)	Stationsblatt Arbeitsblätter

Min.	Phase und Ziel	Lehr-Lern-Arrangement	Arbeitsweise (Methoden, Sozialform)	Arbeits-technik (Material, Medien)
3–7	Neue Inhalte lernen und anwenden (Aufgabe 2)	Lesen von Informationen zur Interpretation des EKG (neue Inhalte lernen; Infobox 2) Beschriftung der eigenen EKG-Kurve aus Lerneinheit „Ein eigenes EKG erstellen" (alternativ zu einer vorgegebenen EKG-Kurve; neue Inhalte anwenden)	Einzelarbeit (lesen, be-schriften)	Stations-blatt Arbeits-blätter Stifte
8–12	Neue Inhalte lernen und anwenden (Aufgabe 3)	Lesen der Infobox 3 (Informationen zu Herztönen) Auskultation des Herzens Berechnung des individuel-len Ruhepulses Diskussion über Entstehung der Herztöne	Einzelarbeit (lesen) Partnerarbeit (Auskultation, Diskussion) Experiment (Berechnung, Auskultation)	Stations-blatt Arbeits-blätter Stethoskop Stoppuhr Stifte
13–17	Körperliche Aktivität (Sportübung) (Aufgabe 4)	Sportübung (angeleitete Treppenläufe) Auskultation des Herzens Berechnung des individuel-len Arbeitspulses Diskussion über körperliche Veränderungen durch körperliche Aktivität	Partnerarbeit (Sportübung, Auskultation, Diskussion) Experiment (Sportübung, Auskultation)	Stations-blatt Arbeits-blätter Stethoskop Stoppuhr Stifte

■ **Digitales Zusatzangebot**

Weitere Materialien (Lösungskarten) zu diesem Kapitel finden Sie unter
▶ https://lehrbuch-biologie.springer.com/mint-bewegung.

11.2   Stationsblatt: Den Herzschlag sehen und hören

◘ Abb. 11.1 und 11.2

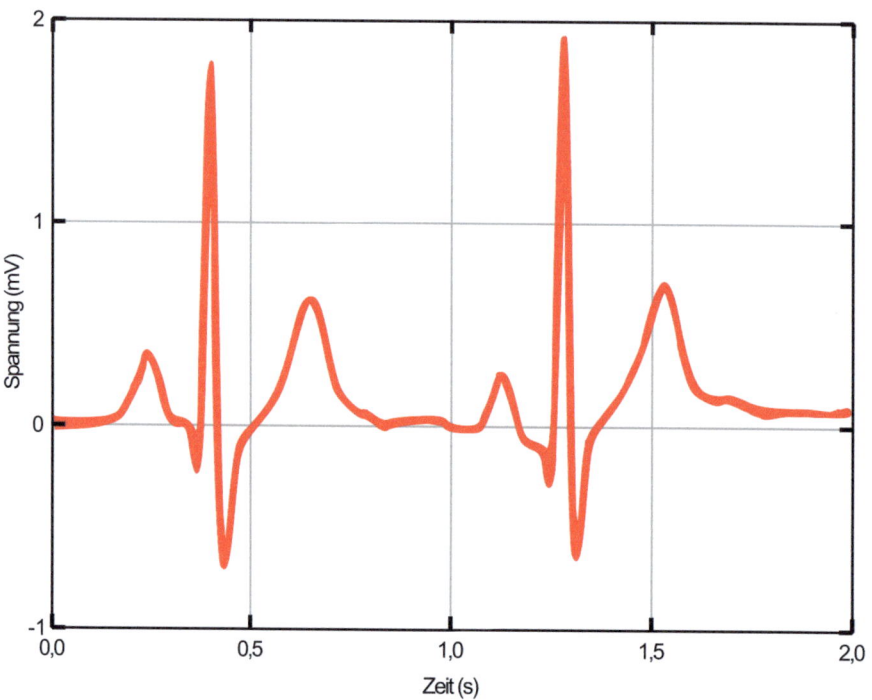

◘ **Abb. 11.1**   Schema einer EKG-Kurve

◘ **Abb. 11.2**   Stethoskop

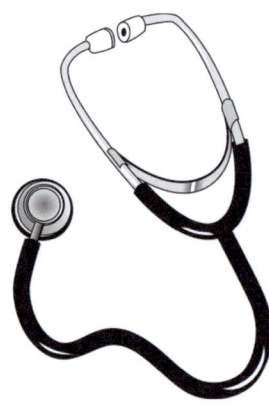

■ **Aufgabe 1: Interpretation eines EKG**

Einzelarbeit: Lies die Infobox 1.

■ **Aufgabe 2: EKG-Kurve beschriften**

a. Lies in Einzelarbeit die Infobox 2 (◼ Abb. 11.3).
b. Betrachte in Einzelarbeit deine aufgezeichnete EKG-Kurve aus der Station „Ein EKG erstellen" (vor der Sportübung). Wo befinden sich dort die P-Welle (P), die PQ-Strecke (PQ), der QRS-Komplex (QRS), die Q-Zacke (Q), die ST-Strecke (ST) und die T-Welle (T)? Schreibe die Buchstaben an die passenden Kurven-abschnitte deiner eigenen EKG-Kurve und orientiere dich dabei an der Muster-kurve.

> **Tipp**
>
> Falls du die Station „Ein EKG erstellen" noch nicht bearbeitet hast, kannst du statt-dessen die Ersatz-EKG-Kurve auf dem Arbeitsblatt beschriften.

■ **Aufgabe 3: Die Herztöne**

a. Lies in Einzelarbeit die Infobox 3 und betrachte ◼ Abb. 11.4 und 11.5.
b. Hört in Partnerarbeit nacheinander mithilfe des Stethoskops gegenseitig eure Herzen ab, indem eine*r von euch sich das Bruststück auf die Mitte der Brust legt

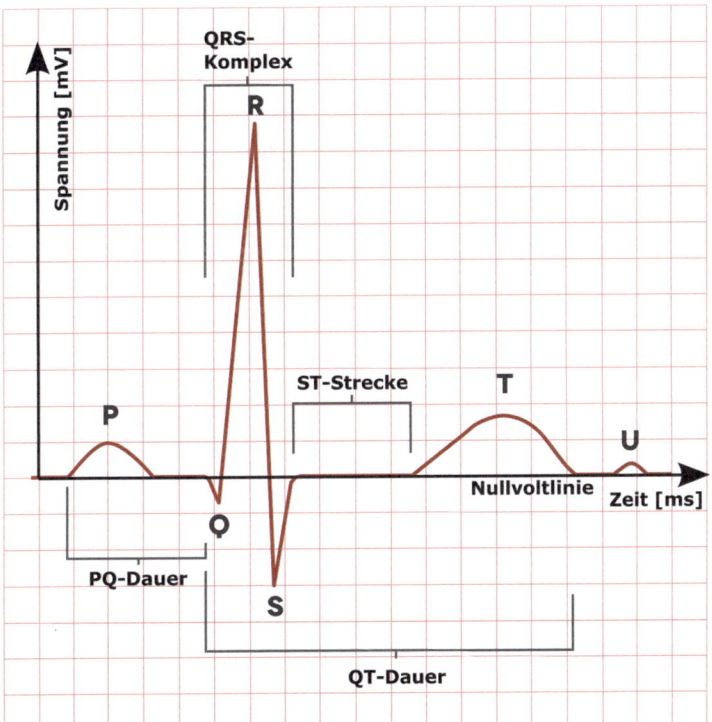

◼ **Abb. 11.3**   Musterkurven (© reineg/stock.adobe.com)

■ **Abb. 11.4** Herztöne

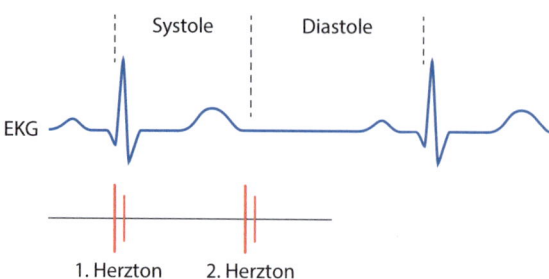

■ **Abb. 11.5** Stethoskop

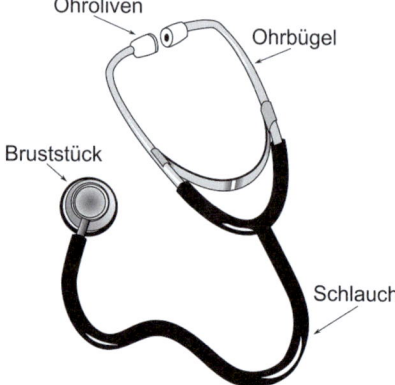

(auf die Kleidung) und die andere Person mit den Ohroliven das Herz abhört. Anschließend wechselt ihr, sodass jeder einmal abgehört wurde.

c. Zählt nun, wie häufig eure Herzen innerhalb von 15 Sekunden schlagen, indem eine*r von euch mit der Stoppuhr die Zeit stoppt und die andere Person den Puls des Partners mit dem Stethoskop abhört. Berechnet euren Ruhepuls für eine Minute, indem ihr diese Zahl mit 4 multipliziert. Tragt die Ergebnisse auf euren Arbeitsblättern ein.

d. Diskutiert gemeinsam, was genau im Herzen passiert, wenn die beiden Herztöne entstehen. Notiert eure Gedanken auf dem Arbeitsblatt.

Tipp

Die beiden Herztöne stehen in Zusammenhang mit den zwei Phasen der Herzaktion (s. auch Lerneinheit; ▶ Kap. 9). Eine genaue Erklärung findet ihr auf Lösungskarte 2 zu dieser Station.

■ **Aufgabe 4: Power-Workout**

a. Trainiert gemeinsam euer Herz, indem ihr euch zur Treppe im Flur begebt und Treppenläufe macht (■ Abb. 11.6). Orientiert euch an der Anleitung unten. Geht anschließend zügig wieder zurück zur Station!

▣ Abb. 11.6　Treppenlauf
(© Maridav/stock.adobe.com)

1. Durchgang: Lauft beide die Treppe, so schnell ihr könnt, hoch und wieder herunter.
2. Durchgang: Lauft auf jeder zweiten Treppenstufe, so schnell ihr könnt, die Treppe hoch und wieder herunter.
3. Durchgang: Springt mit beiden Füßen gleichzeitig auf jeder zweiten Treppenstufe die Treppe hoch und wieder herunter. ◀

b.　Wie hat sich euer Puls nach der sportlichen Aktivität verändert? Hört euren Herzschlag erneut gegenseitig 15 Sekunden lang mit dem Stethoskop ab und berechnet dann euren Puls wie in Aufgabe 3c.

c.　Partnerarbeit: Welche Veränderungen treten bei körperlicher Aktivität im Körper auf? Überlegt gemeinsam und notiert eure Überlegungen auf dem Arbeitsblatt.

Infobox 1: Die Herzfrequenz und das EKG

Das Erschlaffen und Zusammenziehen (Kontrahieren) des Herzmuskels erfolgt in einem bestimmten Rhythmus. Nach jedem Zusammenziehen des Muskels erfolgt ein Erschlaffen: Das Herz schlägt (Herzschlag). Den Herzschlag kann man mit einem Stethoskop hören (▣ Abb. 11.2). Die Anzahl der Herzschläge pro Minute wird als Herzfrequenz bezeichnet. Die Herzfrequenz des Menschen ist abhängig vom Alter und von seiner körperlichen Leistungsfähigkeit. Die Tätigkeit des Herzens wird durch innere und äußere Faktoren beeinflusst, zum Beispiel durch körperliche Anstrengung.

EKG steht für „Elektrokardiogramm" und ist eine Untersuchungsmethode, bei der die elektrische Aktivität des Herzens gemessen wird. Der Herzschlag wird durch eine elektrische Erregung ausgelöst, die im Herzen selbst gebildet wird und sich ausbreitet. Dieser schwache elektrische Strom wird beim EKG über Elektroden an den Armen und Beinen oder an der Brust gemessen. Die sogenannte Herzaktion wird über die Elektroden abgeleitet und in Form von EKG-Kurven aufgezeichnet (▣ Abb. 11.1). Somit kann der Arzt oder die Ärztin beurteilen, ob der Herzschlag gesund ist.

Infobox 2: Interpretation des EKG

Zur Interpretation der EKG-Kurve teilt der Arzt sie in sechs Abschnitte ein. Diese geben Auskunft über die jeweilige Phase des Herzschlags. Die Phasen der gesunden Herzaktion sind auf dem EKG in dieser Reihenfolge zu sehen (◘ Abb. 11.3):

- P-Welle: Erregungsausbreitung der Vorhöfe
- PQ-Strecke: Überleitung von den Vorhöfen auf die Kammern
- QRS-Komplex: Erregungsaufbereitung der Kammern (inklusive Q-Zacke, R-Zacke und S-Zacke)
- Q-Zacke: Beginn der Kammererregung
- ST-Strecke: Erregungsrückbildung der Kammern
- T-Welle: Erregungsrückbildung der Vorhöfe

Infobox 3: Der Herzton

Das Erschlaffen und Zusammenziehen (Kontrahieren) des Herzmuskels erfolgt in einem bestimmten Rhythmus. Nach jedem Zusammenziehen des Muskels erfolgt ein Erschlaffen: Das Herz schlägt (Herzschlag). Die Tätigkeit des Herzens wird durch innere und äußere Faktoren beeinflusst, zum Beispiel durch körperliche Anstrengung.

Herztöne sind beim Abhören des Herzens hörbare Töne, die während des Herzschlags entstehen. Mit aufgelegtem Stethoskop sind pro Herzschlag meist nur zwei Herztöne wahrnehmbar

11

Karlsruher Institut für Technologie

11.3 Arbeitsblatt: Den Herzschlag sehen und hören

Aufgabe 2: EKG-Kurve beschriften

◼ Abb. 11.7

◼ **Abb. 11.7** Ersatz-EKG-
Kurve

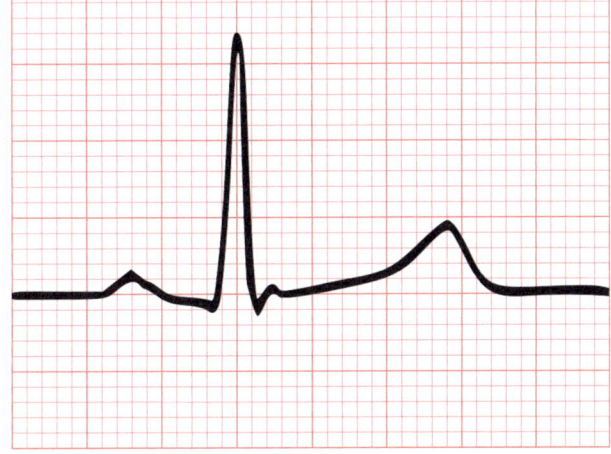

Aufgabe 3: Die Herztöne

b. Mein Herz schlägt _____ mal in 15 Sekunden.

    Mein Ruhepuls beträgt _____ Herzschläge pro Minute.

c.

    ————————————————————————————

    ————————————————————————————

    ————————————————————————————

Aufgabe 4: Power-Workout

b. Mein Herz schlägt nach der Sportübung _____ mal in 15 Sekunden.

    Mein Puls nach der Sportübung beträgt _____ Schläge pro Minute.

c.

    ————————————————————————————

    ————————————————————————————

    ————————————————————————————

Literatur

Balletshofer, B., & Haasis, R. (Hrsg.). (2006). *Herz und Gefäße. Ein handlungsorientierter Leitfaden für Medizinstudenten* (Bd. 1). Georg Thieme Verlag.

Gertsch, M. (2007). *Das EKG. Auf einen Blick und im Detail* (2. Aufl.). Springer.

Holldack, K., & Gahl, K. (2005). *Auskultation und Perkussion, Inspektion und Palpation* (14., unveränderte Auflage). Georg Thieme Verlag.

[MKJS BW Biologie] Ministerium für Kultus, Jugend und Sport Baden-Württemberg. (2016). Bildungsplan des Gymnasiums. Biologie. http://www.bildungsplaene-bw.de/Lde/LS/BP2016BW/ALLG/GYM/BIO. Zugegriffen am 09.07.2019.

[MKJS BW Sport] Ministerium für Kultus, Jugend und Sport Baden-Württemberg. (2016). Bildungsplan des Gymnasiums. Sport. http://www.bildungsplaene-bw.de/Lde/LS/BP2016BW/ALLG/GYM/SPO. Zugegriffen am 09.07.2019.

Noble, A., Johnson, R., Thomas, A., & Bass, P. (2017). *Organsysteme verstehen: Herz-Kreislauf-System. Integrative Grundlagen und Fälle*. Elsevier.

Vögele, C. (2019). Die Rolle von Sport und Bewegung für die körperliche und psychische Gesundheit. In S. Schneider & J. Margraf (Hrsg.), *Lehrbuch der Verhaltenstherapie* (Bd. 3). Springer. https://doi.org/10.1007/978-3-662-57369-3_53

Kraftsport und Blutdruck – der Baroreflex

Vivian Haspel

Inhaltsverzeichnis

I. Wagner, S. Neher-Asylbekov (Hrsg.), *MINT in Bewegung*,
https://doi.org/10.1007/978-3-662-63451-6_12

12.1 Ausarbeitung

12.1.1 Kurzbeschreibung und Zielsetzung

Ziel dieser Lerneinheit ist das Kennenlernen des Baroreflexes. Die Schüler*innen sollen zunächst ihren eigenen Blutdruck bestimmen und anschließend ein Experiment zu dessen Beeinflussbarkeit durch selbst herbeigeführten Überdruck im Oberkörper durchführen. Dabei sollen sie die Methode der Blutdruckmessung sowie deren Abhängigkeit vom Barorezeptor genauer kennenlernen. Am Ende der Station sollen sie den Einfluss von Kraftsport auf den Blutdruck bewerten können.

12.1.2 Rahmenbedingungen

- Zielgruppe: Klassenstufe 7/8
- Anzahl der Schüler*innen: 2
- Zeitlicher Rahmen der Station: ca. 30 min
- Räumlichkeiten: keine besonderen Räumlichkeiten
- Material: digitales Oberarm-Blutdruckmessgerät
- Nötige Vorkenntnisse: idealerweise (aber nicht zwingend) Kenntnisse über den Aufbau des Herzens und des Herz-Kreislauf-Systems sowie Kenntnisse über den Umgang mit einem digitalen Blutdruckmessgerät

12.1.3 Sachanalyse

Das Herz-Kreislauf-System der Säugetiere hat die Aufgabe des Stofftransports durch den Körper (Clauss & Clauss, 2018). Es werden sowohl Nährstoffe und Sauerstoff zu verschiedenen Organen und Muskeln transportiert als auch Abfallprodukte und Stoffwechselgase von dort wieder abtransportiert. Das Kreislaufsystem ist im Laufe der Evolution zu einem geschlossenen, aus Arterien und Venen bestehenden Konstrukt geworden, welches nur ein kleines Flüssigkeitsvolumen an Blut benötigt. Aufgrund des hohen Drucks des Bluts ist es trotzdem möglich, den Körper zu jeder Zeit mit allem Nötigen sekundenschnell zu versorgen. Als Blutdruck wird der vertikale Druck des Bluts auf die Gefäßwand bezeichnet (Müller et al., 2019). Er wird auch als statischer Wanddruck bezeichnet.

Der Druck des Bluts schwankt dabei ca. 100.000 -mal pro Tag (bei einem Puls von 70 Schlägen je Minute) allein aufgrund des Herzschlags. Dabei wechselt der Druck zwischen dem Wert des systolischen Drucks und dem des diastolischen Drucks. Kontrahiert das Herz, wird zunächst der Druck im Herzen ohne Volumenänderung (iso-

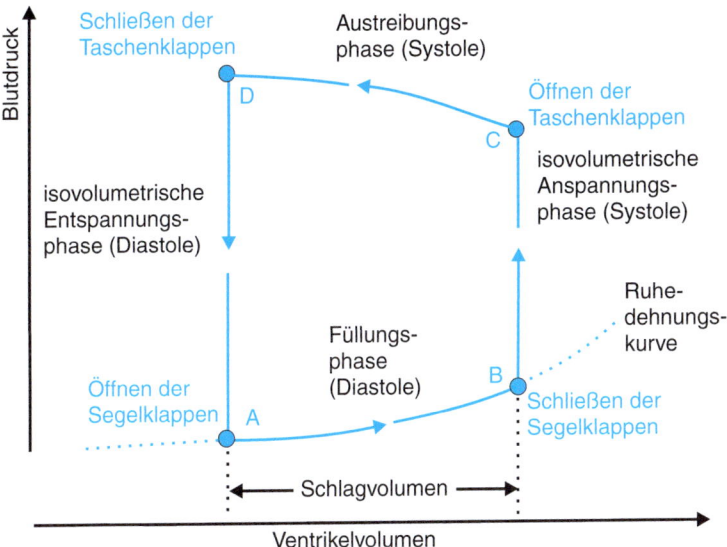

Abb. 12.1 Mechanischer Herzzyklus. A, B, C und D, Volumina und Druck in verschiedenen Stadien (Clauss & Clauss, 2018)

volumetrisch) in den Gefäßen erhöht und anschließend das Blut aus dem Herzen in die Aorta gepresst (Systole; Abb. 12.1: B → C → D) (Clauss & Clauss, 2018). Das Volumen des Bluts im Körper wird erhöht. Der Druck des Bluts auf die Wand der Blutgefäße steigt. Dieser gestiegene Blutdruck wird systolischer Druck genannt. In diesem Moment sind die Ventrikel (Herzkammern) des Herzens geschlossen, und das Blut kann durch die Venen nur bis in die Atrien (Vorkammern) strömen. Entspannt der Herzmuskel, verringert sich der Druck zunächst isovolumetrisch, und anschließend strömt das Blut von den Atrien in die Ventrikel. Das Volumen, welches sich in den Gefäßen befindet, verringert sich wieder (Diastole; Abb. 12.1: D → A → B). Der diastolische Druck, der bei entspanntem Herzmuskel vorliegt, ist aufgrund des geringeren Blutvolumens niedriger als der systolische Druck.

Der Druck hängt direkt mit der Fließgeschwindigkeit des Bluts und damit mit dem Querschnitt der Gefäße zusammen (Clauss & Clauss, 2018). Dabei ist nicht ein einzelnes Gefäß gemeint, sondern die Summe der Gefäßquerschnitte des jeweiligen parallel verlaufenden Abschnitts. Je größer die gesamte Querschnittsfläche ist, desto geringer ist die Geschwindigkeit des durchströmenden Bluts. Damit ist der Druck des Bluts in den dünnen, aber vielzählig vorliegenden Kapillaren des Körpers am niedrigsten. Doch auch wenn der Gefäßquerschnitt gleich bliebe, nähme der Druck kontinuierlich mit der Entfernung vom Herzen ab. Zusätzlich verändert sich der Blutdruck mit der Haltung des Körpers. Aufgrund der Schwerkraft befindet sich eine größere Menge Blut im unteren Bereich des Körpers. Der Blutdruck ist dort etwas höher als oberhalb des Herzens. Folglich sollte der Blutdruck immer an der gleichen Stelle und möglichst nahe am Herzen gemessen werden. Der Oberarm ist ein Beispiel für eine häufig verwendete, die Kriterien erfüllende Messstelle. Ein Jugendlicher sollte dabei je nach Geschlecht und Körpergröße einen systolischen Blutdruck von 110–125 mmHg und einen diastolischen Blutdruck von 65–80 mmHg besitzen (Neuhauser et al., 2011).

Der als „Herzschlag" bekannte Ton besteht eigentlich aus zwei Tönen (Clauss & Clauss, 2018). Der erste Ton ist in der isovolumetrischen Anspannungsphase (◘ Abb. 12.1: B → C) zu hören. In diesem Moment kontrahiert der Ventrikel. Der zweite Ton ist kürzer und heller. Er entsteht durch die Anspannung der Aortenklappe und der Aortenwand. Töne können dabei nur wahrgenommen werden aufgrund der Verwirbelung des Bluts an diesen Stellen. Verwirbelungen unterbrechen die laminaren, geräuschlosen Strömungen und erzeugen dadurch Vibrationen. Ein ähnliches Prinzip findet sich bei der Blutdruckmessung. Die Manschette, welche z. B. um den Oberarm gelegt wird, wird mit Luft befüllt. Dabei drückt sie auf die Arteria brachialis, bis kein Blut mehr durchfließen kann. Solange kein Blut fließt, können keine Vibrationen bei einer manuellen Blutdruckmessung gehört werden. Gleichzeitig kann unter der Manschette kein Puls gespürt werden. Wird der Druck langsam abgelassen und fällt unter den systolischen Blutdruckwert, gelangen geringe Mengen Blut durch die Arterie. Der große Querschnittsunterschied zwischen dem noch abgedrückten und dem nach der Manschette freiliegenden Arterienabschnitt ist groß genug, damit Verwirbelungen der Strömung entstehen. Diese Verwirbelungen können dann durch ein Stethoskop als Puls gehört werden. Diese Töne werden auch Korotkow-Geräusche genannt. Der Druckunterschied nach einem Herzschlag kann wieder als Pochen gespürt werden. Erst wenn der Druck so gering ist, dass die Arterie wieder ihren ursprünglichen Querschnitt erreicht hat, können keine Verwirbelungen mehr wahrgenommen und kein Pulsschlag mehr an der Manschettenstelle vom Probanden gespürt werden. Dieser Druck ist erreicht, wenn die Manschette einen geringeren Druck als den diastolischen Wert ausübt (◘ Abb. 12.2).

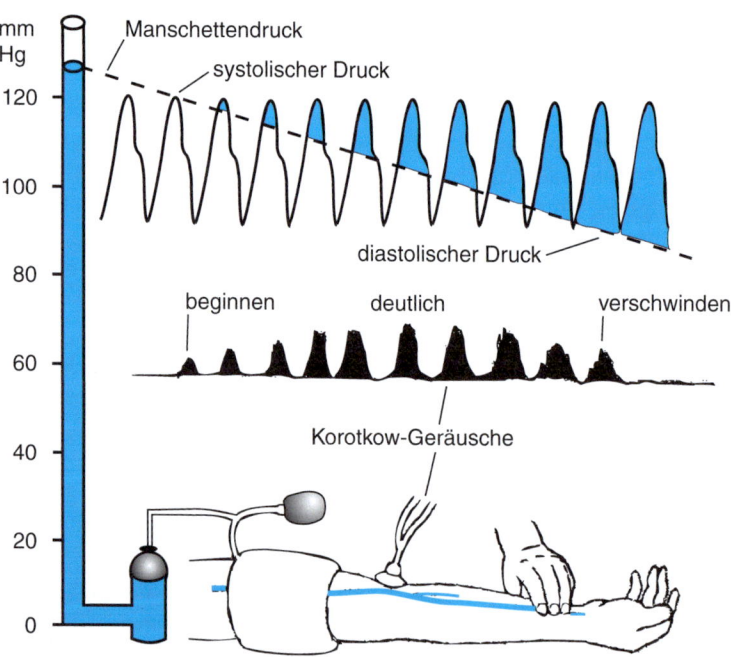

◘ **Abb. 12.2**   Blutdruckmessung (nach Clauss & Clauss, 2018)

Weitere Faktoren haben einen Einfluss auf den Blutdruck. Unter anderem spielen die Muskelpumpen für den Rückfluss des Bluts aus der Peripherie in das Herz eine große Rolle (Richard et al., 2013). Zusätzlich tragen Hormone dazu bei, den Blutdruck an verschiedene Situationen anzupassen. Doch auch das Nervensystem spielt dabei eine Rolle, den Blutdruck zu regulieren. Durch den Sympathikus wird der Puls erhöht und damit das Herzzeitvolumen. Dies führt zur Erhöhung des Blutdrucks. Der Antagonist, der Parasympathikus, verringert den Blutdruck bei Entspannung. Im Körper kommen zusätzlich verschiedene Nervenstränge vor, welche reflexartig den Blutdruck verändern können. Barorezeptoren reagieren auf kleine Druckveränderungen im Kreislaufsystem. Sie gehören zu den Mechanorezeptoren (Clauss & Clauss, 2018). Sie bestehen aus Nervenfasern mit mechanosensitiven Kanälen und liegen in den arteriellen Gefäßwänden, wie z. B. im Aortenbogen. Sie reagieren auf die Dehnung der Gefäßwände. Wenn sie gereizt werden, senden sie Signale, welche zu einem starken Blutdruckabfall führen. Als Folge des starken Blutdruckabfalls steuert der Körper entgegen und erhöht den Blutdruck stark. Diese Erhöhung reicht über den ursprünglichen Blutdruckwert hinaus. Eine solche Reizung geschieht z. B. aufgrund eines äußeren Druckaufbaus auf den Aortenbogen. Wird der Druck anschließend von der Aorta genommen, läuft das Phänomen erneut ab. Bei Fernbleiben des äußerlichen Drucks wird der Blutdruck auf einen Wert leicht unter dem ursprünglichen Blutdruck eingependelt. Ein äußerlicher Druck kann durch den Menschen (unbewusst) herbeigeführt werden. Dies geschieht beispielsweise bei der Pressatmung im Kraftsport. Die Stimmlippen sind verschlossen, und der Atem wird aus der Lunge gepresst. Dabei entsteht ein hoher Druck auf den Oberkörper, welcher letztendlich zur Reizung des Barorezeptors führt. Der Blutdruck steigt. Als Folge kann z. B. eine rote Gesichtsfärbung auftreten.

Regelmäßige sportliche Betätigung kann den Blutdruck langfristig senken. Sie führt zur Absenkung des Katecholaminspiegels. Als Folge werden die Blutgefäße geweitet, und der Blutdruck sinkt langfristig (Chevreux, 2007). Zusätzlich kommt es zur Regulierung des Insulinspiegels. Bei regelmäßiger körperlicher Bewegung ist es sogar möglich, den Blutdruck langfristig, um bis zu 10 mmHg zu senken (Ishikawa-Takata et al., 2003). Dabei hängt die Höhe des Absinkens mit der Länge der wöchentlichen sportlichen Betätigung zusammen. Es konnte zusätzlich festgestellt werden, dass nur der systolische Blutdruck signifikant sinkt, nicht jedoch der diastolische.

12.1.4 Methodisch-didaktische Überlegungen

12.1.4.1 Ziele und Bezüge des Bildungsplans

Das Thema „Atmung, Blut und Kreislauf" (3.2.2.2) wird nach dem Bildungsplan von Baden-Württemberg (MKJS BW Biologie, 2022) in der 7. bzw. 8. Jahrgangsstufe des Gymnasiums behandelt. Es werden hier nicht nur die Struktur und Funktion des Herzens, sondern auch die Blutgefäße betrachtet (3.2.2.2 (3)). Auch ist es den Lehrkräften freigestellt, welche Kreislauffunktionen in Abhängigkeit von verschiedenen Parametern untersucht werden. Als Beispiel ist im Bildungsplan unter anderem der Blutdruck aufgeführt. Dieser kann folglich bereits im Unterricht behandelt worden sein, muss es jedoch nicht. Auch ist die Art der Parameter offen. Oft wird dabei nur der Blutdruck in Ruhe mit dem Blutdruck bei körperlicher Anstrengung verglichen.

Es werden keine genaueren Regulatoren oder Reflexe, welche die Höhe des Blutdrucks steuern, erwähnt. Die vorliegende Lernstation soll damit eine Erweiterung der inhaltlichen Ziele des Bildungsplans darstellen. Zusätzlich unterstützt sie den Kompetenzbereich der Kommunikation, indem die Schüler*innen einen Zusammenhang zwischen alltäglichen Tätigkeiten (Pressatmung im Kraftsport) und den dabei im Körper ablaufenden Prozessen herstellen können. Die Schüler*innen können nach der Lernstation das eigene Verhalten beim Sport reflektieren und gezielt weiterentwickeln (MKJS BW Sport, 2022) (3.2.1.5 (6)). Auch im Fachbereich Sport, soll das Herz-Kreislauf-System beschrieben werden können (3.2.1.5 (8)).

Einen großen Beitrag offeriert diese Station im Bereich Naturwissenschaft und Technik (NwT). Zum Thema „Informationsaufnahme durch Sinne und Sensoren" lernen die Schüler*innen das digitale Blutdruckmessgerät und dessen Funktionsweise genauer kennen. Das Blutdruckmessgerät (3.2.4.1 (1)) ist auch im Bildungsplan als Beispiel vermerkt (MKJS BW NwT, 2016).

12.1.4.2 Relevanz, Lebenswelt- und Schüler*innenbezug

Für viele Schüler*innen ist es ein (un)bekanntes Problem. Sie sollen Fitnessübungen beispielsweise im Sportunterricht machen und „vergessen zu atmen". Was viele Schüler*innen jedoch nicht wissen, ist, dass nicht nur die Atmung dadurch verändert wird, sondern auch der Blutdruck. Des Weiteren ist jeder dritte Erwachsene in Deutschland von Bluthochdruck betroffen (Neuhauser et al., 2017). Häufig werden Tipps und Tricks im Fernsehen, im Internet oder in Zeitschriften gegeben, wie sich Menschen verhalten sollten, um Bluthochdruck zu vermeiden oder daran zu erkranken. Auch die Schüler*innen hören von diesen Ratschlägen. Ein Ratschlag ist, dass Menschen mit Bluthochdruck keinen Kraftsport treiben sollten. Auch bei dem Besuch eines Fitnessstudios oder auf Bildern aus eben diesen erscheinen die Menschen mit hochrotem Kopf – ein Zeichen für zu hohen Blutdruck. Die Schüler*innen gehen diesem Mythos in der Station auf den Grund. Zusätzlich lernen sie, dass Sport zu einer allgemeinen Absenkung des Blutdrucks führen kann.

12.1.4.3 Methodisch-didaktische Inszenierung

Die Einleitung der Lernstation über das Bild eines Gewichthebers soll die Schüler*innen motivieren, den Titel der Lernstation zu hinterfragen. Sie könnten sich hierbei schon fragen, was Kraftsport mit dem Blutdruck zu tun hat. Vielleicht haben manche Schüler*innen bereits einmal gehört, dass Kraftsport schlecht für den Blutdruck sei, oder sie haben andere Menschen beim Kraftsport mit einem roten Kopf beobachtet. Der Text unterhalb des Bildes soll die Schüler*innen auf den am Ende der Lernstation zu erkundenden Baroreflex vorbereiten. Sie sollen mithilfe einer Fragestellung das Ziel der Lernstation bereits zu Anfang erfahren. Dies soll es ihnen erleichtern, einen roten Faden durch die Lernstation zu finden. Um den Schüler*innen einen guten Einstieg in das Thema Blutdruck zu ermöglichen oder ihnen, falls bereits im Unterricht behandelt, eine Möglichkeit zur Reaktivierung zu geben, sollen die Schüler*innen ihren Blutdruck in Ruhelage messen. Dabei messen sie nicht tatsächlich ihren Blutdruck in Ruhe, da sie wahrscheinlich schon mehrere Lernstationen im Schülerlabor durchgeführt haben oder gerade erst angekommen sind. Eine Möglichkeit wäre, die Schüler*innen fünf Minuten entspannen zu lassen, um den realen Blutdruckwert in Ruhe zu messen. Dies würde jedoch sehr viel Zeit in Anspruch nehmen. Da die Messung des Ruhewerts in dieser Lernstation der Wiederholung dient und der Wert später als Vergleichswert zu dem des Baroreflexexperiments dienen soll, ist es nicht von besonderer Wichtigkeit, dass die Schüler*innen vollkommen entspannt sind. Es genügt, wenn sie einen nur leicht erhöhten Blutdruckwert besitzen.

Die Schüler*innen sollen sich zur Messung des Blutdrucks eine Anleitung durchlesen, in welcher bereits die Begriffe „diastolischer Blutdruck" und „systolischer Blutdruck" erwähnt werden. Hier soll bewusst noch nicht genauer auf die beiden Begriffe eingegangen werden, um den Schüler*innen eine erhöhte Konzentration auf die Durchführung der Messung zu ermöglichen. Sie sollen nach der Messung ihre Werte festhalten. Hierbei werden sie darauf hingewiesen, dass sie genau diese beiden Werte für den Blutdruck benötigen und wo sie abzulesen sind. Auf die Verwendung eines manuellen Blutdruckmessgeräts wurde verzichtet, da der Schwerpunkt der Aufgabe nicht allein auf der Messung des Blutdrucks, sondern auf dessen Veränderbarkeit liegen soll. Eine manuelle Messung würde mehr Zeit in Anspruch nehmen, was wiederum zum Abbau der Konzentration führen würde. Das digitale Messgerät verfährt nach einem ähnlichen Messprinzip. Auch an diesem können die Schüler*innen merken, dass die Oberarmmanschette mit Luft gefüllt wird und auf den Oberarm drückt. Personenabhängig können sogar Pulsschläge unter der gefüllten Manschette wahrgenommen werden. Dann ist es leicht vorstellbar, dass diese vom Gerät erfasst werden können.

In der folgenden Aufgabe wird dann auf die Systole und die Diastole genauer eingegangen. An einer schematischen Zeichnung des Herzens erfahren die Schüler*innen mithilfe eines Infotextes, was in den zwei Phasen geschieht und welche Auswirkungen sie auf den Blutdruck haben. Die Informationen sollen sie dann auf einem Arbeitsblatt sichern. Diese Erklärung des Blutdrucks am Herzen wurde gewählt, da im weiteren Verlauf der Station der Baroreflex besprochen werden soll, welcher durch den Druck auf das Herz bzw. den umliegenden Bereich ausgelöst wird. Die Schüler*innen sollen durch die Aufgabe sensibilisiert werden, über verschiedene Druckverhältnisse im Bereich des Herzens nachzudenken. Gleichzeitig besteht jedoch noch der Zusammenhang zur Messung des Blutdrucks, da die erfassten Werte mithilfe des Infotextes und der Aufgabe erklärt werden können.

Im Anschluss sollen die Schüler*innen sich über die Funktionsweise des Blutdruckmessgeräts Gedanken machen. Dazu erhalten sie einen kleinen Text über die Durchlässigkeit der Oberarmarterie bei verschiedenen Drücken von außen. Zusätzlich wird ihnen erklärt, wie die Korotkow-Geräusche entstehen. Sie erfahren, wie das Blutdruckmessgerät den systolischen und diastolischen Druck misst. Zur Festigung sollen die Schüler*innen anhand von Legekärtchen die Verformung der Arterie dem Durchfluss des Bluts und den Druckverhältnissen zwischen Manschetten- und Blutdruck zuordnen.

Der Übergang zum Baroreflex wird durch ein Experiment geschaffen. Die Schüler*innen sollen zunächst das Anspannen von Brustkorb und Stimmlippen üben. Dies soll den Ablauf des Experiments erleichtern. Anschließend sollen sie mit angespanntem Oberkörper, wie er oft beim Kraftsport vorliegt, eine erneute Blutdruckmessung durchführen. Dabei ist es von hoher Bedeutung, dass die Schüler*innen diesen Druck der Anspannung bis zum Ende der Messung aufrechterhalten, da sonst der Blutdruck schlagartig aufgrund des Wegfallens des äußerlichen Drucks abnimmt. Die erhaltenen Blutdruckwerte sollen die Schüler*innen mit den Werten in Ruhe vergleichen. Sie sollen anschließend anhand eines Diagramms, welches den

Verlauf des Blutdrucks während des Experiments zeigt, selbst erklären, wieso ein Aufrechterhalten der Anspannung wichtig ist.

Abschließend sollen die Schüler*innen ein Fazit zur Auswirkung von Kraftsport auf den Blutdruck ziehen. Sie sollen erkennen, dass der Kraftsport per se keine negativen Auswirkungen auf den Blutdruck hat, sondern die Art der Durchführung der Übungen entscheidend für dessen Erhöhung ist. Dabei sollen die Schüler*innen das Fazit ziehen, dass der externe Druck auf das Herz, welcher durch die Pressatmung ausgelöst wird, verursachend für die Blutdruckspitzen ist. Da die Schüler*innen hierbei eine selbst verfasste Bewertung zu einer Aussage treffen sollen, ist dies die anspruchsvollste Aufgabe der Lernstation. Sie bildet damit eine Selbstüberprüfung der Schüler*innen, ob sie alle Inhalte der Lernstation verstanden haben und diese nun auf den Kontext Kraftsport übertragen können.

Für sehr interessierte und schnell arbeitende Schüler*innen wird eine Zusatzaufgabe angeboten. Diese beschäftigt sich noch einmal mit der Messmethode. In ihr sollen die Schüler*innen hinterfragen, warum der Blutdruck meist am Oberarm gemessen wird. Ein kurzer Einleitungstext soll ihnen dazu bereits Hinweise liefern, dass die Begründung in der Entfernung zum Herzen und der relativen Höhe der Messstelle zum Herzen liegt. Sie sollen Probleme der Messung des Blutdrucks am Handgelenk finden und direkt eine Lösung für solche Probleme vorschlagen.

12.1.4.4 Antizipierte Ergebnisse der Schüler*innen

Die Schüler*innen sollen nach der Station eine digitale Blutdruckmessung durchführen und aus den erhaltenen Werten den diastolischen und systolischen Wert identifizieren können. Außerdem sollen sie in der Lage sein, diesen Begriffen Vorgänge am Herzen zuordnen und beschreiben, und erkennen, dass der systolische Druck dem Druck entspricht, der auf die Gefäßwand während der Kontraktion des Herzens wirkt. Der diastolische Druck kann als der Druck beschrieben werden, welcher bei erschlafftem Herzmuskel vorliegt. Um die Blutdruckmessung besser zu verstehen, sollen die Schüler*innen die unterschiedlichen Phasen der Blutdruckmessung genauer beschreiben können. Dazu sollen sie die Kärtchen, welche die Vorgänge bei der Blutdruckmessung bildlich oder durch einen Text beschreiben, richtig anordnen. Die Durchführung eines angeleiteten Experiments zur Auslösung des Baroreflexes sollte ihnen gelingen. Um ihr eigenes Training nach der Station genauer bewerten zu können, ist es wichtig, dass die Schüler*innen den Barofeflex aufgrund hohen Drucks auf den Brustkorb beschreiben und Schlussfolgerungen für das richtige Verhalten im Sport ziehen können. Dazu sollen sie den Verlauf der Blutdruckhöhe während des Experiments und dessen Ursache erklären können. Zusätzlich sollen sie am Ende der Lernstation erkennen, dass Kraftsport nicht von Grund auf schlecht für den Blutdruck ist, sondern bei richtiger Durchführung den Blutdruck sogar langfristig senken kann.

Schüler*innen, die die Zusatzaufgabe bearbeiten, sollen auch die Probleme dieser Messung kennenlernen. Dazu ist es wichtig, dass die Schüler*innen erkennen, dass der Blutdruck nicht überall gleich groß ist. Sie sollen feststellen, dass die Position der Messung auf der Höhe des Herzens stattfinden muss, damit keine Verzerrungen durch die Schwerkraft entstehen. Auch sollen sie erkennen, dass der Druck umso geringer wird, je weiter sich der Messbereich vom Körper weg befindet. Probleme für eine Messung des Blutdrucks am Handgelenk wären folglich die verringerte Höhe zum Herzen im Vergleich zum Oberarm. Zusätzlich ist das Handgelenk in etwa doppelt so weit weg vom Herzen wie der Oberarm. Als Lösung könnte den Schüler*innen das Heben des Handgelenks auf Herzhöhe einfallen oder das Hinlegen der Person.

12.1.4.5 Mögliche Herausforderungen und entsprechende Förder-/Forderangebote

Die Messung des Blutdrucks in der Ruhelage sollte für die meisten Schüler*innen eine Wiederholung des Unterrichts sein. Falls nicht, wird ihnen zusätzlich eine Anleitung zur Blutdruckmessung zur Verfügung gestellt. Zusätzlich könnten die erhöhte körperliche und geistige Aktivität aufgrund der Anreise zum Schülerlabor oder der vorherigen Durchführung anderer Lernstationen zu einem erhöhten Blutdruck geführt haben. Da im Infotext ein Wert zur Orientierung der Werte des systolischen und diastolischen Blutdrucks gegeben wird, könnten die Schüler*innen verunsichert werden, falls ihr Blutdruck stark von diesen Werten abweicht. Ein Hinweis am Ende von Infobox 1 soll die Schüler*innen beruhigen und ihnen erklären, dass sie ihren Blutdruck nicht wirklich in der Ruhelage vermessen und dass es weitere Faktoren gibt, welche den Blutdruck beeinflussen können.

Damit die Schüler*innen auch ohne die vorherige Erklärung des systolischen und diastolischen Werts diesen vom digitalen Blutdruckmessgerät ablesen können, werden die Werte in der Anleitung mit unterschiedlichen Farben hervorgehoben.

Um das Experiment zum Baroreflex richtig durchführen zu können, werden die Schüler*innen dazu angehalten, das Anspannen des Brustkorbs und der Stimmlippen im Voraus zu üben. Auch dann ist es möglich, dass nicht alle Schüler*innen dazu in der Lage sind, den Brustkorb bis zum Ende des Experiments anzuspannen bzw. die Luft so lange anzuhalten. Misslingt das Experiment, können die Schüler*innen jedoch trotzdem weiterarbeiten. Sie erhalten nach dem Vergleich der Messwerte mit denen in Ruhe ein Diagramm, welches den vollständigen Verlauf des Blutdrucks während des Experiments darstellt. Schüler*innen, welche das Experiment nicht abschließen konnten, können mithilfe des Diagramms nun erklären, warum das Experiment misslungen ist. Den Schüler*innen, denen das Experiment geglückt ist, dient dieser Schritt dem Aufzeigen möglicher Probleme bei der Messung. Da die Erklärung Schwierigkeiten hervorrufen könnte, wird den Schüler*innen die Möglichkeit einer Hilfekarte geboten, welche ihnen über den Vorschlag zweier möglicher Endzeitpunkte die Auswertung erleichtern soll.

Auch die Bewertung der Auswirkung von Kraftsport auf den Blutdruck ist eher im Anforderungsbereich III anzusiedeln und folglich nicht für alle Schüler*innen einfach. Ihnen wird auch hier eine Hilfekarte angeboten, die ihnen ein Gespür geben soll, ob jegliche Ausführungen des Kraftsports schlecht sind. Dazu sollen die Schüler*innen an Sit-ups denken und überlegen, bei welcher Atmung diese leichter durchzuführen sind. Die Schüler*innen können diese selbst ausprobieren und feststellen, dass die Sit-ups mit einer Pressatmung (angespannter Oberkörper) deutlich schwerer durchzuführen sind als bei normaler Atmung. Über dieses Gefühl soll dann die Brücke zur Bewertung des Kraftsports geschlagen werden.

Für alle theoretischen Aufgaben erhalten die Schüler*innen zusätzlich die Möglichkeit, ihre Ergebnisse mit einer Lösungskarte zu vergleichen.

12.1.4.6 Benötigte Vorkenntnisse und Vertiefungs-/ Weiterführungsmöglichkeiten

Es ist von Vorteil, wenn die Schüler*innen bereits zuvor einmal ihren Blutdruck gemessen haben. Dies sollte ihnen den Einstieg in die Lernstation vereinfachen, da sie sich ansonsten sehr stark auf die Blutdruckmessung konzentrieren müssten. Dies würde viel Zeit in Anspruch nehmen und die Konzentration der Schüler*innen für die neuen Informationen zum Baroreflex mindern. Des Weiteren wäre es hilfreich für das Verständnis der Systole und Diastole, wenn die Schüler*innen bereits den Aufbau des Herzens kennengelernt haben und wissen, dass das Blut im Körper durch zwei Kreisläufe fließt. Prinzipiell ist die Bearbeitung der Lernstation jedoch auch ohne dieses Vorwissen möglich. Ob bereits Vorwissen vorhanden ist, hängt vom Zeitpunkt der Behandlung des Herz-Kreislauf-Systems im Biologieunterricht ab.

Als Voraussetzung zum Verständnis des Blutdruckverlaufs beim Experiment zum Baroreflex sollten die Schüler*innen bereits mit einer einfachen Interpretation von Diagrammen vertraut sein.

Neben dem Baroreflex können weitere Einflüsse auf den Blutdruck untersucht werden. So kann beispielsweise der Tauchreflex als eine weiterführende Regulationsfunktion betrachtet werden.

Alternativ zur digitalen Messmethode kann auch eine manuelle Messung des Blutdrucks erfolgen, falls ein höherer Wert auf die Funktionsweise der Messung oder den Vergleich der beiden Messmethoden gelegt werden möchte.

12.1.5 Verlaufsplan

Beschreibung des Ablaufs durch einen Verlaufsplan, der mit konkreten Zeitangaben in kurzer, prägnanter Form die methodisch-didaktische Inszenierung angibt:

Min.	Phase und Ziel	Lehr-Lern-Arrangement	Arbeitsweise (Methoden, Sozialform)	Arbeitstechnik (Material, Medien)
1–4	Einstieg und Aktivierung	Lesen der Einleitung und Messung des Ruhepulses	Partnerarbeit	Stationsblatt Arbeitsblatt Blutdruckmessgerät Anleitung zum Blutdruckmessgerät
5–7	Erarbeitung 1 und Sicherung 1	Lesen der Infobox 1 Zuordnung der Herzmuskelkontraktion und des Blutdrucks zu Diastole und Systole	Einzelarbeit und Partnerarbeit	Stationsblatt Arbeitsblatt Infobox 1 Lösungskarte 1

12

Min.	Phase und Ziel	Lehr-Lern-Arrangement	Arbeitsweise (Methoden, Sozialform)	Arbeitstechnik (Material, Medien)
8–12	Erarbeitung 2	Lesen der Infobox 2 Ordnen der Kärtchen zur Funktion des Blutdruck-messgeräts	Einzelarbeit und Partnerarbeit	Stationsblatt Infobox 2 Kärtchen (Funktion Blutdruckmess-gerät) Lösungskarte 2
13–18	Erarbeitung 3.1	Experiment zum Baroreflex und Notieren der Ergeb-nisse	Partnerarbeit	Stationsblatt Arbeitsblatt Blutdruckmess-gerät
19–24	Erarbeitung 3.2 und Sicherung 3	Vergleich des Werts nach dem Experiment mit dem in Ruhe Erklärung der Experimentieranleitung	Partnerarbeit	Stationsblatt Arbeitsblatt Infobox 3 Lösungskarte 3
25–27	Anwendung	Bewertung der Auswirkung von Kraftsport auf den Blutdruck	Partnerarbeit	Stationsblatt Arbeitsblatt Lösungskarte 4
28–35	Erarbeitung 4 und Sicherung 4	Zusatzaufgabe für Schnelle Hinterfragen der Mess-technik	Partnerarbeit	Stationsblatt Arbeitsblatt Lösungskarte 5

■ **Digitales Zusatzangebot**

Weitere Materialien (Hilfekarten, Lösungskarten, Legekärtchen, Anleitung für die digitale Blutdruckmessung) zu diesem Kapitel finden Sie unter ▶ https://lehr-buch-biologie.springer.com/mint-bewegung.

Karlsruher Institut für Technologie

12.2   Stationsblatt: Kraftsport und Blutdruck – der Baroreflex

Der Gewichtheber in ◘ Abb. 12.3 wirkt sichtlich angespannt. Er spannt zum An-heben der Gewichte nicht nur seine Arme, sondern den gesamten Oberkörper stark an. Das führt zu einer erhöhten Stabilität, die ihm das Anheben des Gewichts er-leichtert.

Was passiert aber, wenn wir einen so hohen Druck in unserem Oberkörper auf-bauen, mit unserem Blutdruck?

■ Aufgabe 1: Blutdruckmessung

Mithilfe eines digitalen Blutdruckmessgeräts kann der Blutdruck einfach gemessen werden.

a. Nehmt euch die Anleitung zur digitalen Blutdruckmessung und das Blutdruck-messgerät. Lest euch die Anleitung einmal vollständig durch.

b. Messt nacheinander bei eurem*eurer Partner*in den Blutdruck. Schreibt eure eigenen erhaltenen Werte des systolischen und diastolischen Blutdrucks auf euren Arbeitsblättern auf. Falls ihr unsicher seid, welche Werte das sind oder in welcher Einheit sie angegeben werden, lest noch einmal den letzten Kasten der Anleitung. Vergleicht euer Ergebnis mit Lösungskarte 1.

■ Aufgabe 2: Systole und Diastole

a. Lest euch zuerst Infobox 1 durch.

b. Füllt die Tabelle auf eurem Arbeitsblatt mit den richtigen Begriffen aus. Überlegt euch dazu, ob sich der Herzmuskel zusammenzieht oder erschlafft. Betrachtet zusätz-lich, ob der Blutdruck sinkt oder steigt. Vergleicht euer Ergebnis mit Lösungskarte 2.

◘ Abb. 12.3   Gewichtheber

12

- **Aufgabe 3: Was geschieht bei der Blutdruckmessung?**

a. Lest euch zuerst Infobox 2 genau durch.
b. Nehmt euch den Briefumschlag mit den Kärtchen. Ordnet auf dem zugehörigen laminierten Blatt die Begriffe und Bilder richtig zu. Vergleicht eure Lösung mit Lösungskarte 3.

- **Aufgabe 4: Auswirkungen von starkem Druck im Oberkörper – der Baroreflex**

Führt einen Versuch durch. Lest dazu die Anleitung zuerst einmal vollständig durch! Übt das Anspannen von Brustkorb und Stimmlippen, bevor ihr den Versuch startet.

> ▶ **Anleitung zum Kraftsportexperiment**
>
> Eine Person legt erneut das Blutdruckmessgerät an. Er oder sie atmet tief ein und hält die Luft an. Die andere Person drückt auf den Startknopf des Messgeräts.
>
> Während der Messung: Die Person mit dem Blutdruckmessgerät spannt direkt nach dem Einatmen den Brustkorb und die Stimmlippen an. Dies geht am besten, wenn ihr nach dem tiefen Einatmen die Luft anhaltet. Dabei versucht ihr gleichzeitig, einen möglichst hohen Druck im Oberkörper aufzubauen. Ob es funktioniert, könnt ihr z. B. erkennen, wenn ihr dabei euren Kieferbereich deutlich stärker spürt, da die Zunge an den Gaumen drückt.
>
> Notiert die erhaltenen Blutdruckwerte auf eurem Arbeitsblatt.
>
> *Beachtet:* Der Effekt ist nur messbar, wenn ihr den Druck wirklich bis zum Ende der Messung aufrechterhaltet. Wenn ihr aber zu wenig Luft bekommt oder euch z. B. schwindelig wird, müsst ihr wieder normal atmen. Ihr könnt eure Werte anschließend trotzdem notieren. ◀

a. Führt nun den Versuch durch und notiert die erhaltenen Werte auf eurem Arbeitsblatt.
b. Vergleicht den Wert des Kraftsportexperiments mit dem Wert, den ihr in Aufgabe 1b erhalten habt. Notiert dazu, ob die Werte gestiegen oder gefallen sind.
c. Nehmt euch Infobox 3 zur Hand. Das abgebildete Diagramm zeigt den Verlauf des Blutdrucks während des Experiments. Erklärt mithilfe des Textes und der Abbildung in ein bis zwei Sätzen, warum das Experiment nur funktioniert, wenn ihr den Druck bis zum Ende aufrechterhaltet. Falls ihr Hilfe benötigt, nehmt euch Hilfekarte 1 zur Hand. Vergleicht euer Ergebnis anschließend mit Lösungskarte 4.

- **Aufgabe 5: Sport ist schlecht für den Blutdruck?!?**

Häufig liest man, dass gerade Kraftsport schlecht für den Blutdruck sei. Besonders Menschen mit allgemein sehr hohem Blutdruck sollten, laut diesen Quellen, deshalb auf Kraftsportarten verzichten. Ausdauertrainings seien jedoch sehr gut für den Blutdruck.

Gebt eine kurze Bewertung zu dieser Aussage ab. Nutzt dazu euer Wissen aus dem vorhergegangenen Experiment und der Einleitung aus Aufgabe 4. Falls ihr etwas Unterstützung braucht, nehmt euch Hilfekarte 2.

Vergleicht anschließend eure Bewertung mit Lösungskarte 5.

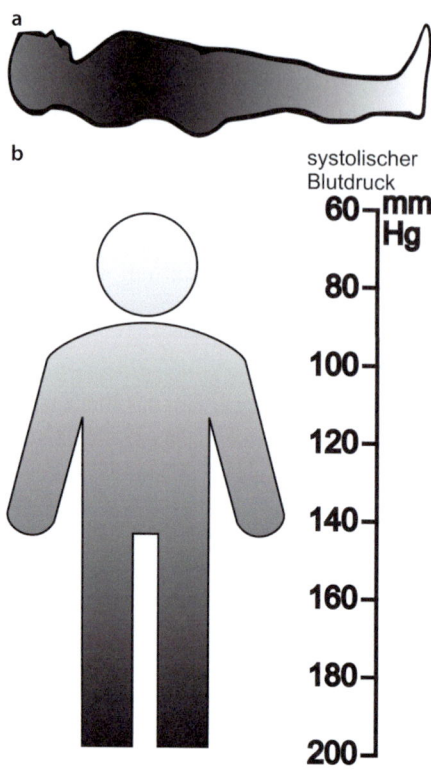

Abb. 12.4 Systolischer Blutdruck liegend (**a**) und aufrecht (**b**) (verändert nach Rowell, 1993)

■ **Aufgabe 6: Zusatz für Schnelle**

Der Blutdruck ist nicht im ganzen Körper gleich. Er hängt unter anderem von der Entfernung der Messstelle vom Herzen ab (■ Abb. 12.4a). Die Anzahl der Blutgefäße steigt mit der Entfernung zum Herzen. Trotz kleineren Durchmessers der Arterien und Venen entsteht dadurch ein größerer Raum für das Blut und damit ein geringerer Druck.

Auch die relative Höhe der Messstelle im Vergleich zur Höhe des Herzens ist von Bedeutung (■ Abb. 12.4b). Das liegt daran, dass Blut ein Eigengewicht besitzt. Aufgrund der Schwerkraft herrscht in tiefer gelegenen Körperregionen ein höherer Blutdruck als in Regionen, die oberhalb des Herzens liegen.

a. Es gibt auch digitale Blutdruckmessgeräte für das Handgelenk. Überlegt, welche Schwierigkeiten bei dieser Messung auftauchen. Notiert diese auf eurem Arbeitsblatt. Begründet, warum ihr dies als ein Problem erachtet.

b. Für einige dieser Probleme gibt es Lösungen. Ergänzt diese auf dem Arbeitsblatt, falls euch Lösungen für eure gefundenen Probleme einfallen.

Vergleicht, die von euch gefundenen Probleme, Begründungen und Lösungen mit Lösungskarte 6.

Karlsruher Institut für Technologie

12.3 Arbeitsblatt: Kraftsport und Blutdruck – der Baroreflex

Infobox 1: Wie entsteht der Blutdruck?

Der Herzmuskel pumpt durch Zusammenziehen und Erschlaffen Blut in die Arterien. Der Prozess kann dabei in zwei größere Teilschritte unterteilt werden: Systole und Diastole.

Systole: Zieht sich der Herzmuskel zusammen (Kontraktion), wird Blut in den Kreislauf gepumpt (■ Abb. 12.5a). Das Volumen des Blutes in den Gefäßen steigt. Der Druck in den Gefäßen erhöht sich dadurch stark. Er wird als systolischer Druck bezeichnet und beträgt im Idealfall für einen Jugendlichen 110-125 mmHg.

Diastole: Erschlafft der Muskel nach der Kontraktion, kann sich das Herz mit neuem Blut füllen (■ Abb. 12.5b). Auch hierzu wird ein Druck als treibende Kraft benötigt. Dieser Grunddruck wird als diastolischer Druck bezeichnet und beträgt im Idealfall 65–80 mmHg.

Hinweis: Falls ihr bei eurer Messung nicht dieselben Werte erhalten habt, wie in dieser Infobox erwähnt, müsst ihr euch keine Sorgen machen. Es handelt sich hierbei nur um Richtwerte. Da ihr vielleicht heute schon mehrere Übungen durchgeführt habt, messt ihr genau genommen nicht mehr euren Blutdruck in der Ruhelage. Für diesen hättet ihr euch mindestens 5 Minuten vor der Messung ganz ruhig hinsetzen müssen. Auch andere Faktoren spielen eine Rolle, wie die Zeitspanne zur letzten Nahrungsaufnahme und die Arbeit, die euer Gehirn leisten muss. Auch die Körpergröße und sogar das Geschlecht spielen eine Rolle.

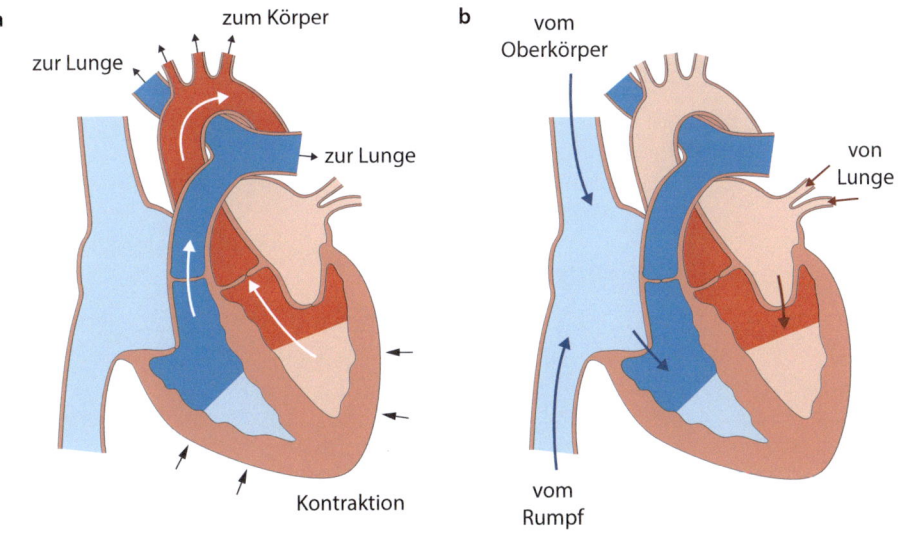

■ Abb. 12.5 **a** Systole, **b** Diastole

Infobox 2: Wie funktioniert die Blutdruckmessung?

Während der Messung pumpt das digitale Blutdruckmessgerät Luft in die Manschette, die um euren Oberarm liegt. Um mit der Messung beginnen zu können, muss die Manschette zunächst so stark mit Luft befüllt werden, dass der Druck, den sie auf den Arm ausübt, höher ist als der systolische Blutdruck des Probanden. Das Blut kann nicht mehr richtig durch den Arm fließen (▫ Abb. 12.6a)

Wird anschließend langsam der Druck aus der Manschette gelassen, kann das Blut in geringen Mengen wieder durch die Arterie strömen (▫ Abb. 12.6b). Dies geschieht ab dem Punkt, an dem sich der systolische Druck und der Manschettendruck entsprechen. Da das Blut aber immer noch nicht ungehindert fließen kann, kommt es zu Verwirbelungen des Blutes. Vielleicht könnt ihr dann sogar euren eigenen Puls spüren.

Wenn der Druck der Manschette auf die Arterie geringer als der diastolische Druck wird, kann das Blut wieder ungehindert fließen (▫ Abb. 12.6c). Es können keine Verwirbelungen mehr gemessen bzw. gehört werden.

▫ **Abb. 12.6 Stadien der Blutdruckmessung))**

a 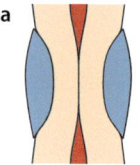 b 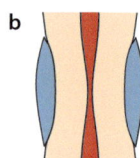 c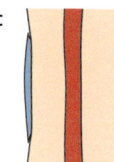

12

Infobox 3: Der Baroreflex

Durch den Druck im Brustkorb gelangt weniger Blut aus dem Körper zum Herzen. Der Blutdruck sinkt zunächst. Der Barorezeptor meldet deshalb einen Unterdruck an das Gehirn. Den entstandenen Druckunterschied zur Ruhelage versucht der Körper auszugleichen, indem der Blutdruck stark erhöht wird. Er übersteigt dabei den ursprünglichen Wert. Dieser Prozess wird durch den Baroreflex gesteuert.

Erst wenn der Brustkorb wieder entlastet wird, wird der Blutdruck erneut reguliert. Da der Druck von außen wegfällt, wird der Prozess kurzzeitig erneut durchlaufen. Nach dem kurzen Druckabfall folgt jedoch kein konstant erhöhter Druck mehr (wie bei einer Anspannung) und der Blutdruck sinkt letztendlich wieder auf den Normalwert ab.

Das Diagramm (◘ Abb. 12.7) wurde in einem ähnlichen Experiment, wie dem von euch durchgeführten, aufgenommen. Es konnte jedoch mit einer anderen Technik eine sekundenschnelle Blutdruckmessung erfolgen. Mit dieser konnte der genaue Verlauf des Blutdrucks während des Experiments verfolgt werden.

◘ **Abb. 12.7 Verlauf des Blutdrucks während des Kraftsportexperiments**

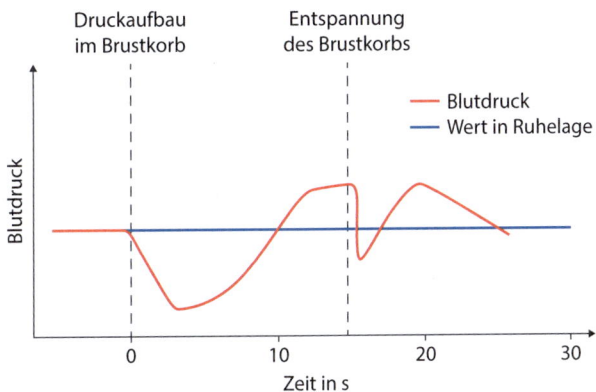

Aufgabe 1: Blutdruckmessung

b. Schreibe deine Blutdruckwerte auf. *Denke an die Einheit!*
    Systolischer Wert   Diastolischer Wert

    _____   _____

Aufgabe 2: Systole und Diastole

Ergänze die Tabelle.

Teilschritt	Der Herzmuskel ...	Der Blutdruck ...
Systole		
Diastole		

Aufgabe 4: Auswirkungen von starkem Druck im Oberkörper: Der Baroreflex

a. Systolischer Wert   Diastolischer Wert

    _____   _____

b. Die Werte sind im Vergleich zu 1b _____
c. Während des Experiments muss der Druck im Brustkorb bis zum Ende der Messung
    aufrecht erhalten werden, weil ...

    _____

    _____

    _____

Aufgabe 5: Sport ist schlecht für den Blutdruck?!?

12

Bewertung des Einflusses von Kraftsport auf den Blutdruck:

_____

_____

_____

Aufgabe 6: Zusatz für Schnelle

Notiere Probleme mit Begründung (Aufgabenteil a) und Lösungen (Aufgabenteil b), die bei der Messung des Blutdrucks am Handgelenk auftreten können.

Probleme	Begründung	Lösungsvorschlag

Literatur

Chevreux, W. S. L. (2007). *Hypertonie und Sport*. Westfälische Wilhelms-Universität.

Clauss, W., & Clauss, C. (2018). *Humanbiologie kompakt* (2. Aufl.). Springer Spektrum.

Ishikawa-Takata, K., Ohata, T., & Tanaka, H. (2003). How much exercise is required to reduce blood pressure in essential hypertensives: A dose-response study. *American Journal of Hypertension, 16*(8), 629–633.

[MKJS BW Sport] Ministerium für Kultus, Jugend und Sport Baden-Württemberg (2022). *Bildungsplan des Gymnasiums. Sport*. http://www.bildungsplaene-bw.de/,Lde/LS/BP2016BW/ALLG/GYM/SPO. Zugegriffen am 11.02.2020.

[MKJS BW Biologie] Ministerium für Kultus, Jugend und Sport Baden-Württemberg (2022). *Bildungsplan des Gymnasiums. Biologie*. http://www.bildungsplaene-bw.de/,Lde/LS/BP2016BW/ALLG/GYM/BIO.V2. Zugegriffen am 16.03.2023.

[MKJS BW NwT] Ministerium für Kultus, Jugend und Sport Baden-Württemberg (2016). *Bildungsplan des Gymnasiums. Naturwissenschaft und Technik (NwT) – Profilfach*. http://www.bildungsplaene-bw.de/,Lde/LS/BP2016BW/ALLG/GYM/NWT. Zugegriffen am 11.02.2020.

Müller, W., Frings, S., & Möhrlen, F. (2019). *Tier- und Humanphysiologie – Eine Einführung*. Springer.

Neuhauser, H., Kuhnert, R., & Born, S. (2017). 12-Monats-Prävalenz von Bluthochdruck in Deutschland. *Journal of Health Mentoring, 2*(1), 57–63.

Neuhauser, H. K., Thamm, M., Ellert, U., Hense, H. W., & Rosario, A. S. (2011). Blood pressure percentiles by age and height from nonoverweight children and adolescents in Germany. *Pediatrics, 127*(4), e978–e988.

Richard, D., Chevalet, P., Giraud, N., Pradere, F., & Soubaya, T. (2013). *Biologie im Überblick. Grundwissen in Lerneinheiten*. Springer.

Rowell, L. B. (1993). *Human Cardiovascular Control*. Oxford University Press.

MINT & Thermo-regulation des Körpers

Inhaltsverzeichnis

Wissenschaftliche Erforschung der Thermoregulation

Tim Trumler

Inhaltsverzeichnis

© Der/die Autor(en), exklusiv lizenziert an Springer-Verlag GmbH, DE,
ein Teil von Springer Nature 2023
I. Wagner, S. Neher-Asylbekov (Hrsg.), *MINT in Bewegung*,
https://doi.org/10.1007/978-3-662-63451-6_13

13.1 Ausarbeitung

13.1.1 Kurzbeschreibung und Zielsetzung

In dieser Lerneinheit erforschen die Schüler*innen das Thema „Thermoregulation beim Sport". Dabei setzen sie sich mit der Funktionsweise eines Infrarotthermometers, unterschiedlichen Regulationsmechanismen für die Körpertemperatur, der Funktion von Schweiß und der wissenschaftlichen Erkenntnisgewinnung auseinander. Im Anschluss überprüfen sie die kühlende Wirkung von Schweiß empirisch. Ziel der Lernstation sind das Formulieren und das Überprüfen einer Hypothese, welche das Phänomen der Thermoregulation erklärt. Als Ausblick können sich interessierte Schüler*innen mit der Frage auseinandersetzen, warum sich die gefühlte und die gemessene Temperatur unterscheiden.

13.1.2 Rahmenbedingungen

- Zielgruppe: Klassenstufe 7 bis 9
- Anzahl der Schüler*innen: 2
- Zeitlicher Rahmen der Station: 25 bis 30 min
- Räumlichkeiten: 5 m^2 Platz zum Ausführen von schweißtreibenden Übungen
- Material: Infrarotthermometer, Timer, Wasserzerstäuber, 2 Springseile
- Nötige Vorkenntnisse: Wissen zu Aggregatszuständen und kleinsten Teilchen

13.1.3 Sachanalyse

13.1.3.1 Thermoregulation des Körpers

Im Gegensatz zu wechselwarmen (poikilothermen) Lebewesen wie zum Beispiel Fischen oder Amphibien haben alle Säugetiere ein vergleichsweises großes Bestreben, eine konstante Körpertemperatur aufrechtzuerhalten. In der Fachsprache werden diese Lebewesen als gleichwarme oder homoiotherme Wesen bezeichnet. Die Temperatur, die der Körper versucht aufrechtzuerhalten, wird als Normaltemperatur bezeichnet. Für den Menschen liegt sie zwischen 36,3 und 37,3 °C (Koch, 2016, S. 298).

Bei einer hohen Außentemperatur ist der menschliche Körper gut durchblutet. Da die Körpertemperatur größtenteils durch den Blutkreislauf geregelt wird, weisen in diesem Fall alle Teile des Körpers ungefähr die gleiche Temperatur auf. Kühlt der Körper durch äußere Umstände jedoch ab, so weist er keine einheitliche Temperaturverteilung mehr auf, da er wesentliche, zentrale Organe wie zum Beispiel das Gehirn, das Herz und die Leber bevorzugt durchblutet, um sie mit lebenswichtigen Substanzen zu versorgen. Daraus resultiert eine Zentrierung der Körperwärme auf den Körperkern (ebd., S. 295).

Der menschliche Körper tauscht unter Verwendung von fünf Mechanismen Wärme mit seiner Umgebung aus:

1. Durch den Kontakt von der Haut mit der Luft wird mittels des Temperaturgradienten ein *konvektiver Wärmetausch* angeregt. Genauer betrachtet, handelt es

sich um die „Übertragung von molekularer Bewegungsenergie durch Stoß-prozesse" (ebd., S. 285). Der Wärmeaustausch wird größtenteils durch die Haut-oberfläche, die Luftgeschwindigkeit und die Lufttemperatur beeinflusst. Über diesen Mechanismus kann der Körper sowohl Wärme aufnehmen als auch ab-geben.

2. Ausschlaggebend für die Wärmeübertragung durch *Wärmeleitung* (*Konduktion*) ist der Wärmeleitungskoeffizient zwischen dem Körper und der verbindenden Oberfläche. Zusätzlich wird die Wärmeübertragung durch den Grad der Haut-durchblutung beeinflusst. Hierbei gilt: je größer die Durchblutung, desto größer die Wärmeleitung. Bei Kontakt mit kalten Oberflächen wie zum Beispiel mit Eis-blöcken verliert der Körper Energie. Steht der Körper in Kontakt mit warmen Oberflächen, wie zum Beispiel mit Wärmflaschen, so findet ein Wärmefluss in den Körper statt (ebd., S. 287).

3. Auch durch das Aus- und Einatmen findet ein sogenannter *respiratorischer Wärmeaustausch* zwischen der Lunge und der Umgebungsluft statt. In den ge-mäßigten Breiten führt dieser Effekt zu einem Wärmeverlust des Körpers. In tro-pischen Regionen kann dem Körper durch den respiratorischen Wärmeaustausch jedoch auch Wärme zugeführt werden. Mit fünf Prozent wirkt sich der Effekt jedoch vernachlässigbar gering auf den Wärmetausch des Körpers aus (ebd., S. 290).

4. Bei der *Evaporation* gelangt Wasser durch die Haut an die Oberfläche und ent-zieht ihr durch den Prozess der Verdunstung Wärme. Diese aktive Kühlung schützt den Körper vor Überhitzung. Das Schwitzen beginnt durchschnittlich bei der Überschreitung der Kerntemperatur um etwa 1 °C. Die Schweißmenge vari-iert jedoch von Person zu Person stark. Sie kann maximal bis zu drei Liter pro Stunde betragen. Wichtig ist, die Kühlung des Körpers nicht durch Kleidung zu behindern (ebd., S. 289).

5. Im Gegensatz zu den anderen Mechanismen des Wärmeaustauschs ist die Über-tragung der Strahlungsenergie an kein Medium gebunden. Das Verhältnis der Körpertemperatur zu der Umgebungstemperatur bestimmt die *Übertragung der Strahlungsenergie*. In einem Raum mit Infrarotstrahlern kann der Körper Energie aufnehmen. In der Nähe einer kalten Wand gibt der Körper Energie in Form von Infrarotstrahlung ab (ebd., S. 286 f.).

Von einer Hyperthermie oder Fieber spricht man, sobald die Körperkerntemperatur über 37,8 °C ansteigt. Bei einer Hyperthermie kann dieser Anstieg durch äußere Wärmezufuhr, zum Beispiel durch Saunieren, Sonnenbaden oder physiologische Be-lastung des Körpers wie etwa Sport oder starke körperliche Arbeit, erklärt werden. Bei einem Fieber erfolgt der Temperaturanstieg aufgrund von einer Infektion oder Sepsis. Um dem Temperaturanstieg entgegenzuwirken, erhöht der Körper zunächst die periphere Durchblutung (Vasodilatation). Bei weiterer Erwärmung fängt der Körper zusätzlich an zu schwitzen (ebd., S. 300).

Ab einer Körperkerntemperatur unter 36,0 °C liegt eine Hypothermie vor. Diese Abkühlung des Körpers kann zum Beispiel durch das Tragen zu luftiger Kleidung, eine zu niedrig temperierte Klimaanlage oder den Kontakt mit kalten Oberflächen hervorgerufen werden. Der Körper reagiert darauf zuerst durch die Erhöhung des

Strömungswiderstands von peripheren Blutgefäßen (Vasokonstriktion). Dadurch wird eine Zentralisierung des Blutkreislaufs erreicht, und die Temperatur der Extremitäten fällt ab. Bei weiterer Abkühlung kann der Körper durch die Verbrennung von Fettgewebe die Körpertemperatur durch zitterfreie Wärmebildung aufrechterhalten. Erst bei einer Unterschreitung der Körperkerntemperatur von ca. 0,8 °C beginnt das Kältezittern. Beim Kältezittern führen die Muskeln „quasi-isometrische Kontraktionen" (ebd., S. 293) durch, um zusätzliche Wärme zu produzieren.

13.1.3.2   Grundlagen zur Infrarotthermografie

Die Temperaturmessung durch Infrarotthermometer beruht auf der Tatsache, dass alle Körper oberhalb des absoluten Nullpunkts aufgrund ihrer thermischen Energie elektromagnetische Strahlung aussenden. Die Wellenlänge dieser Strahlung weist einen Wellenlängenbereich von 0,75 bis 1000 μm auf und wird als Infrarotstrahlung bezeichnet. Durch diesen großen Wellenlängenbereich unterscheiden sich die Eigenschaften der Infrarotstrahlung jedoch stark. Aus diesem Grund wird Infrarotstrahlung in kleinere Wellenlängenbereiche unterteilt: Bei einem Wellenlängenbereich zwischen 0,75 und 1,5 μm spricht man von nahem Infrarot (NIR). Von mittlerer Infrarotstrahlung (MIR) ist bei einer Wellenlänge von 1,5 bis 5,6 μm die Rede. Ab 5,6 bis 1000 μm bezeichnet man die elektromagnetische Strahlung als fernes Infrarot (FIR) (Philip et al., 2012, S. 222).

Der menschliche Körper emittiert Infrarotstrahlung in einem Wellenlängenbereich von 2 bis 20 μm. Die meiste Infrarotstrahlung wird jedoch im Bereich von 10 μm emittiert. Aus diesem Grund zeichnen Infrarotthermometer für medizinische Anwendungen einen Wellenlängenbereich von 8 bis 12 μm auf (ebd.).

Infrarotthermometer sind im Allgemeinen aus drei Komponenten aufgebaut. Der Infrarotdetektoren stellt eine der drei Komponenten dar und besteht aus einer Linse, welche die Infrarotstrahlen auf den Sensor bündelt. Der Sensor wandelt die elektromagnetische Strahlung in ein elektrisches Signal um. Dieses elektrische Signal wird von der zweiten Komponente, der Bildverarbeitungselektronik, in eine darstellbare Temperatur umgewandelt. Die Temperatur wird durch die dritte Komponente, das Display, dem*der Anwender*in zur Verfügung gestellt (Qi & Diakides, 2020, S. 6).

Zur Messung der Effektivität der Thermoregulation des Menschen ist die Hauttemperatur (Tsk) eine wichtige Kenngröße. Diese wird in der Medizin und den Sportwissenschaften durch zwei Methoden ermittelt: Eine Möglichkeit zur Messung der Tsk ist das Bekleben der Hautoberfläche mit Temperatursensoren („thermal contact sensors", TCS). Als zweite und weniger einschränkende Möglichkeit kann die Tsk auch mithilfe von Infrarotthermometern ermittelt werden. Dieses Verfahren wird als Infrarotthermografie (IRT) bezeichnet (Quesada et al., 2015, S. 68 f.).

TCS sind nur in einem geringen Maße störanfällig. Die TCS werden vor Beginn der Aktivität auf der Hautoberfläche befestigt und errechnen aus dem konduktiven Wärmefluss eine Temperatur. Durch den direkten Kontakt mit der Haut gibt es bei diesem Prozess wenige Störmöglichkeiten. Im Gegensatz dazu steht die IRT. Bei dieser Messmethode wandelt ein Infrarotthermometer die vom Körper emittierte Infrarotstrahlung in eine Temperatur um. Da das Thermometer jedoch wenige Zentimeter bis einige Meter vom Körper entfernt ist, gibt es eine große Anzahl an Möglichkeiten, die vom Körper emittierte Infrarotstrahlung falsch zu interpretieren. Diese potenziellen Fehlerquellen werden grob in drei Kategorien unterteilt (Fernández-Cuevas et al., 2015, S. 29):

1. Zu den *Umweltfaktoren* zählen ortsgebundene Faktoren, welche die gemessene Tsk beeinflussen. Einen großen Einfluss auf die gemessene Tsk haben vor allem die Raumgröße, die Temperatur im Raum und die Humidität. Um Fehlerquellen durch Umweltfaktoren zu vermeiden, muss der Raum mindestens 2 × 3 m groß sein, die Raumtemperatur zwischen 18 und 25 °C betragen, homogen verteilt sein und die relative Humidität zwischen 40 und 70 % liegen (ebd., S. 30 f.).

2. Einflussgrößen, welche die Tsk einer Person von außen oder für eine kurze Zeit beeinflussen, werden als extrinsische Faktoren bezeichnet. Zusätzlich wird die Tsk einer Person in Abhängigkeit vom individuellen Körper beeinflusst. Diese Faktoren werden intrinsische Faktoren genannt. Die Kombination aus extrinsischen und intrinsischen Faktoren wird unter der Kategorie der *individuellen Faktoren* zusammengefasst (ebd., S. 31):

   a. Wichtige *extrinsische Faktoren* sind die Aufnahme von Nahrungsmitteln oder Flüssigkeit, die Interaktion der Haut mit äußeren Einflussmitteln wie Kosmetikprodukten, Wasser oder Sonnenlicht, das Anwenden unterschiedlicher Therapien wie einer Ultraschallbehandlung oder einer Massage und sportliche Aktivitäten, welche zum Beispiel durch Schweißbildung die Tsk beeinflussen. Einen besonders großen Effekt hat die Ultraschallbehandlung, welche bereits nach 5 min die Tsk um 3 °C erhöht. Zusätzlich erhöht eine zehnminütige Massage die Tsk lokal um bis zu 1,8 °C. Ebenfalls bemerkenswert ist, dass durch das Trinken von Mineralwasser die Temperatur des Gesichts um bis zu 0,9 °C abnimmt (ebd., S. 36–43).

   b. Zu den *intrinsischen Faktoren zählen* biologische und anatomische Parameter. Einen großen Einfluss auf die Tsk haben das Geschlecht, das Alter, die Stoffwechselrate, die Durchblutung der Haut und der emotionale Zustand einer Person. Die Tsk weicht bei der Temperaturmessung an der Stirn in folgenden Zusammenhängen von der Körperkerntemperatur ab: Die Temperatur der Stirn ist bei Männern aufgrund der größeren metabolischen Rate größer als bei Frauen. Zusätzlich nimmt die Temperatur der Stirn mit zunehmendem Alter ab, da die metabolische Rate im Mittel ebenfalls mit dem Alter abnimmt. Zusätzlich nimmt die Tsk in warmen Umgebungen zu, da die peripheren Blutgefäße erweitert sind (Vasodilatation). Der emotionale Zustand führt bei Stress, Furcht und Schmerz zu einer Abkühlung der Tsk und bei sexueller Erregung, Angst und körperlicher Unzufriedenheit zu einer Erwärmung der Tsk (ebd., S. 31–36).

3. Zu den *technischen Faktoren* zählen Fehlerquellen, welche durch den falschen Umgang mit oder durch die Verwendung von falschem Equipment zustande kommen. Relevante Kontrollgrößen sind die Entfernung zwischen dem Thermometer und der Person oder der Winkel zwischen dem Thermometer und der Person. Es gilt generell: je geringer der Abstand und je kleiner der Winkel, desto genauer die Messung. Dies kann durch die von der Entfernung (E) abhängige Größe der Messfläche (A) erklärt werden. Diese kann durch das Verhältnis E:A berechnet werden. In ◘ Abb. 13.1 wurde die Größe der Messfläche beispielhaft für das Verhältnis E:A = 5:1 berechnet. Zur Bestimmung der Tsk sollte die Größe der Messfläche so klein wie möglich sein, um Messfehler zu reduzieren.

Bei sportlichen Aktivitäten spielt der Einfluss von Schweiß auf die Messung der Tsk eine wichtige Rolle. Aus diesem Grund vergleichen Quesada et al. (2015, S. 68 f.) die bei sportlicher Aktivität durch die TCS gemessene Tsk mit den durch

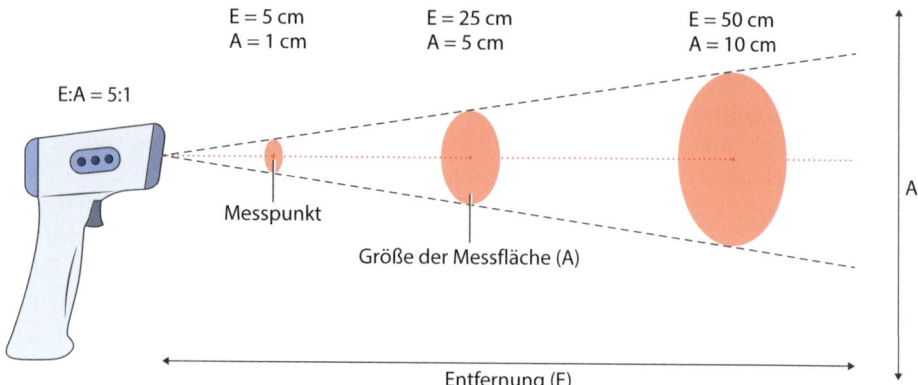

▫ Abb. 13.1 Berechnung der Messflächengröße

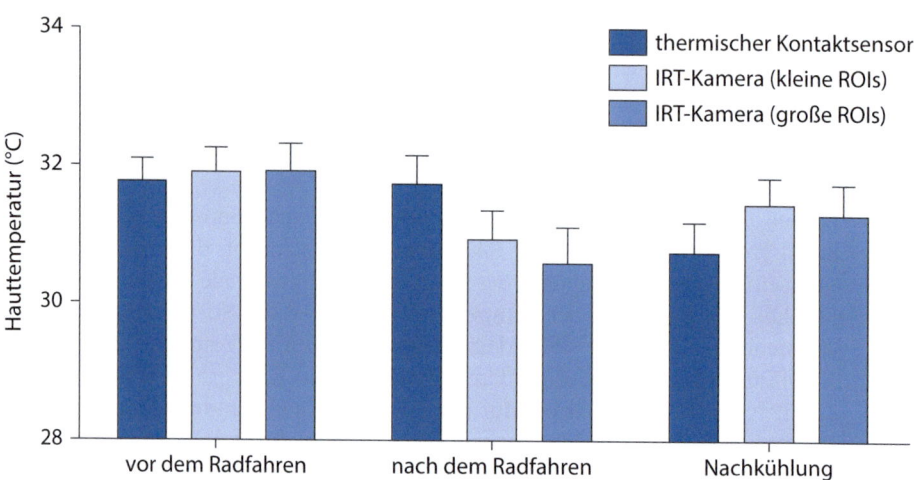

▫ Abb. 13.2 Vergleich der Hauttemperatur-Werte (Tsk-Werte)-Werte (verändert nach Quesada et al., 2015, S. 72)

die IRT gewonnenen Werten. ▫ Abb. 13.2 stellt die Ergebnisse dieser Forschung dar. Dabei fällt auf, dass vor körperlicher Anstrengung („pre-cycling") keine signifikanten Unterschiede zwischen den Tsk-Werten zu finden ist. Nach körperlicher Anstrengung („post-cycling") nehmen die Wärmebildkameras im Durchschnitt um 0,8 bis 1,2 °C geringere Tsk-Werte auf. Dies liegt laut Quesada et al. an der Verdunstungskälte des ausgetretenen Schweißes. Inverse Beobachtungen sind nach dem Abkühlen („post-cooling") der Probanden zu finden. Die IRT liefert höhere Tsk-Werte. Begründet wird diese Beobachtung durch feuchte Tape-Streifen, mit welchen die TCS am Körper der Probanden befestigt sind. Die an der Tape-Oberfläche verzögert stattfindende Verdunstung des Schweißes führt zu einer messbaren Abkühlung der Sensoren.

13.1.4 Methodisch-didaktische Überlegungen

13.1.4.1 Ziele und Bezüge des Bildungsplans

Die Inhalte dieser Lerneinheit lassen sich grob drei Schulfächern zuordnen. Dabei werden die in der Schule vermittelten Kompetenzen meist durch eine technische Anwendung oder um ein praktisches Beispiel erweitert.

Zum einen spielt bei der Thermoregulation die Physiologie des Körpers eine wichtige Rolle. Hierfür gibt es im Bildungsplan Sport Anknüpfungspunkte. Dort spielt die Physiologie des Körpers eine wichtige Rolle. Genauer untersuchen die Schüler*innen in dieser Station, wie der Körper auf physiologische Belastung reagiert. Dazu beobachten sie, ähnlich wie im Bildungsplan gefordert, „Signale und Reaktionen des eigenen Körpers" (MKJS BW Sport, 2016, S. 26). Solche Signale können zum Beispiel die Schweißbildung oder die Erhöhung der gefühlten Körpertemperatur sein. Eine Bewertung dieser Beobachtungen ermöglicht den Schüler*innen, „ihren Fitnesszustand realistisch einzuschätzen" (ebd., S. 37).

Im Fach Physik knüpft die Station an die Grundlagen der Wärmelehre an. Durch die Messung der Oberflächentemperatur können die Schüler*innen die Energieübertragungsarten auf ihren Körper anwenden. Zusätzlich können sie erkennen, dass Wärmestrahlung ähnliche Charakteristika wie das sichtbare Licht aufweist und sich wellenförmig im Raum ausbreitet (MKJS BW Ph, 2016, S. 21).

Als Anknüpfung an den Bildungsplan des Fachs Biologie dient die Erläuterung der „Funktion von Blutgefäßen" (MKJS BW Bio, 2016, S. 15) in Bezug auf den Wärmetransport im Körper. Zusätzlich können die Schüler*innen die kühlende Wirkung von Schweiß erkennen.

13.1.4.2 Relevanz, Lebenswelt- und Schüler*innenbezug

Die Thermoregulation des Körpers besitzt einen sehr großen Alltagsbezug, da der Körper der Schüler*innen zu jeder Zeit in jeder Situation Maßnahmen zur Thermoregulation unternimmt. Bekannte Beispiele für Reaktionen des Körpers auf eine Hypothermie sind das Kältezittern oder kalte Hände. Als Beispiel für eine Reaktion auf Hyperthermie kann die Schweißbildung dienen.

Das Messen der Hauttemperatur zur Überprüfung des Gesundheitszustands taucht im Rahmen der Covid-19-Pandemie vermehrt in öffentlichen Einrichtungen auf und ist den Schüler*innen somit aus dem Alltag bekannt. Deswegen sollen sie die Funktionsweise eines Infrarotthermometers phänomenologisch kennenlernen, um erklären zu können, welche Aussagekraft eine durch ein Infrarotthermometer ermittelte Körpertemperatur aufweist.

Zusätzlich können die Schüler*innen den Wärmetransport über den Blutkreislauf auf weitere Anwendungen übertragen. Aus dem Alltag kennen die Schüler*innen Heizkörper, durch welche warmes Wasser geleitet wird, um die Raumtemperatur zu erhöhen.

13.1.4.3 Methodisch-didaktische Inszenierung

Die Lerneinheit soll in einer Zweiergruppe von den Schüler*innen bearbeitet werden. Sie werden mithilfe des an der Station ausliegenden Stationsblatts durch die Station geführt. Zusätzlich erhalten die Schüler*innen ein Arbeitsblatt, auf welchem sie ihre Überlegungen und Ergebnisse festhalten. Das Arbeitsblatt sollen die Schüler*innen mit nach Hause nehmen, um gegebenenfalls die Ergebnisse zu einem späteren Zeitpunkt wieder aufgreifen zu können. Dabei gehen die Schüler*innen so vor, dass sie das Stationsblatt durcharbeiten und, wenn gefordert, die Aufgaben auf dem Arbeitsblatt bearbeiten. Bei einigen Aufgaben können die Schüler*innen selbst entscheiden, ob sie diese zunächst ohne Hilfestellung oder direkt mithilfe der Infoboxen bearbeiten möchten. Einige Aufgaben sind so gestaltet, dass die Schüler*innen gut mit ihrem bisherigen Wissen einen Lösungsversuch unternehmen können.

Nachdem die Schüler*innen ihr Forschungsequipment in einer kleinen Praxisphase kennengelernt haben, folgen einige theoretischen Vorüberlegunge zum Thema „Thermoregulation". Diese führen die Schüler*innen über eine Hypothesenbildung zum Experiment. Hier können sie die Thermoregulation ihres Körpers überprüfen. Dabei füllen sie eine vorbereitete Tabelle aus, um ihre Ergebnisse vereinfacht und zeitsparend zu sichern. Die Tabelle stellt die gefühlte und die gemessene Körpertemperatur gegenüber. An dieser Stelle können die Schüler*innen einen kognitiven Konflikt erleben. Die gefühlte Körpertemperatur erhöht sich, und die gemessene Körpertemperatur sinkt ab. Im weiteren Verlauf reflektieren die Schüler*innen ihre Vorgehensweise als Wissenschaftler*innen und erarbeiten mithilfe eines Puzzles den wissenschaftlichen Weg der Erkenntnisgewinnung.

In der optionalen Teilaufgabe 4c können besonders interessierte Schüler*innen sich mit der Frage, warum sich die gemessene und die gefühlte Temperatur unterscheiden, auseinandersetzen. Dabei lernen sie unterschiedliche Möglichkeiten des Körpers, auf warme und kalte Umgebungen zu reagieren kennen. Diese Teilaufgabe kann als Motivation zur Untersuchung des Körpers mit einer Wärmebildkamera dienen.

13.1.4.4   Antizipierte Ergebnisse der Schüler*innen

Die Schüler*innen sollen durch die Bearbeitung der Station einen Einblick in wissenschaftliche Arbeitsweisen und das Bilden und Überprüfen von Hypothesen erhalten. Dabei sollen sie zunächst den Umgang mit dem Infrarotthermometer einüben und mögliche Fehlerquellen bei der Messung identifizieren. Aus der Beobachtung heraus, dass der Körper bei Aktivität Wärme erzeugt und daher gekühlt werden muss, sollen die Schüler*innen eine Hypothese zur Funktion von Schweiß bilden und anschließend experimentell überprüfen. Nach dem Experiment soll dieses kritisch ausgewertet werden. Dabei sollen die Schüler*innen zunächst ihre Messwerte mit gegebenen Messwerten vergleichen sowie Abweichungen begründen und anschließend aufgrund der Ergebnisse ihre Hypothese bewerten. Abschließend sollen die Schüler*innen den Weg der wissenschaftlichen Erkenntnisgewinnung reflektieren. Die antizipierten Lösungen sind als digitales Zusatzangebot in den Lösungskarten verfügbar.

13.1.4.5   Mögliche Herausforderungen und entsprechende Förder-/Forderangebote

Der Erkenntnisgewinn, dass Schweiß die Hautoberfläche kühlt, die Körperkerntemperatur jedoch weiter steigt, soll in dieser Lerneinheit empirisch stattfinden. Dies erfordert jedoch einen natürlichen Schweißausstoß. Dieser Schutzmechanismus des Körpers ist an die physiologische Belastung des Körpers gekoppelt. Belasten die Schüler*innen ihren Körper nicht stark genug, so kommt es zu keinem oder einem zu geringen Schweißausstoß, und die Kühlung der Hautoberfläche wird vermindert. Dadurch messen die Schüler*innen den erwarteten Anstieg der Körpertemperatur, und der kognitive Konflikt entfällt. Die Erkenntnisgewinnung wird dadurch behindert.

Sollte es für die Schüler*innen nicht möglich sein, ihren Körper über ein Intervall von zwei Minuten physiologisch stark zu belasten, so kann der natürliche Schweißausstoß auch durch die Benetzung der Haut mithilfe eines Wasserzerstäubers simuliert werden. Trotzdem ist es empfehlenswert, die Körpertemperatur durch physiologische Belastung zu steigern, um einen größeren Kühlungseffekt durch das Infrarotthermometer darstellen zu können.

Als Differenzierungsmöglichkeit bietet sich bei der Lerneinheit Aufgabe 4 an. Zunächst vergleichen alle Schüler*innen die ermittelten Ergebnisse mit Referenzwerten anderer Wissenschaftler*innen, um ihre Hypothese zu diskutieren und gegebenenfalls anpassen zu können. Besonders interessierte Schüler*innen haben die Möglichkeit, sich in größerer Tiefe mit der Thermoregulation auseinanderzusetzen, indem sie der Frage nachgehen, wieso sich die gefühlte Temperatur von der gemessenen Temperatur unterscheidet.

Als Fördermöglichkeit dient die Hilfekarte zum Thema „Hypothesen bilden". Schüler*innen können sich auf der Karte darüber informieren, wozu Hypothesen gebildet werden und nach welcher Struktur Hypothesen aufgebaut sind. Zusätzlich dient die Hilfekarte auch zur Überprüfung der gebildeten Hypothese.

13.1.4.6 Benötigte Vorkenntnisse und Vertiefungs-/ Weiterführungsmöglichkeiten

Um den gewünschten Erkenntnisgewinn durch die Lernstation zu erreichen, benötigen die Schüler*innen einige Vorkenntnisse aus den Fächern Sport, Physik und idealerweise Biologie. Im Fach Sport spielt die physiologische Belastung bereits in der 5. Klasse eine wichtige Rolle. Die Schüler*innen untersuchen, wie ihr Körper auf Belastung reagiert, und leiten in der 7. Klasse daraus Aussagen über ihren Fitnesszustand ab. Diese Kompetenz ist von fundamentaler Relevanz für das Verstehen der Thermoregulation des Körpers und hilft den Schüler*innen, Vorhersagen zur Funktion von Schweiß zu machen (MKJS BW Sport, 2016, S. 26).

Zur Messung der Thermoregulation des Körpers sind zusätzliche Kenntnisse aus dem Fach Physik zum Thema „Wärmelehre" hilfreich. Genauso wie unsere Augen als Sensoren unsere Umgebung wahrnehmen können, ist es möglich, mit einem anderen Sensor Wärme für unsere Augen sichtbar zu machen. Grundlage ist die Ausstrahlung von elektromagnetischer Strahlung eines Körpers aufgrund seiner thermischen Energie. Für die Schüler*innen sind zur Bearbeitung dieser Station die konkreten Vorkenntnisse über die thermischen Energieübertragungsarten hilfreich, wenn auch nicht zwingend notwendig (MKJS BW Ph, 2016, S. 21).

Aus dem Fach Biologie profitieren die Schüler*innen von Vorkenntnissen im Bereich Atmung, Blut und Kreislaufsystem. Vor allem bei der Bearbeitung der optionalen Teilaufgabe 4c befassen sie sich intensiv mit dem Wärmetransport im Körper. Hierbei spielen die Funktionen von Blutgefäßen eine essenzielle Rolle. Dennoch ist keine Vorkenntnis in diesem Bereich erforderlich. Eine Weiterführungsmöglichkeit im Unterricht und eine Analogie zum Heizungssystem in Häusern können durch die Lehrer*innen dennoch in anschließenden Unterrichtsstunden erfolgen.

13.1.5 Verlaufsplan

Beschreibung des Ablaufs durch einen Verlaufsplan, der mit konkreten Zeitangaben in kurzer, prägnanter Form die methodisch-didaktische Inszenierung angibt:

Min.	Phase und Ziel	Lehr-Lern-Arrangement	Arbeitsweise (Methoden, Sozialform)	Arbeitstechnik (Material, Medien)
1–3	Einstieg, Aktivierung	Lesen von Aufgabe 1 auf Stationsblatt Messen mit dem IR-Thermometer	Partnerarbeit	Kennenlernen des IR-Thermometers Stationsblatt
4–7	Erarbeitung	Erarbeiten der Funktionen von Schweiß	Einzelarbeit	Stationsblatt Arbeitsblatt
8–11	Vertiefung	Vermutungen zur Thermoregulation ihres Körpers	Partnerarbeit	Stationsblatt Arbeitsblatt
12–21	Experiment	Messen der Körpertemperatur vor sportlicher Aktivität, während körperlicher Aktivität und nach körperlicher Aktivität Vervollständigen der Tabelle	Partnerarbeit Einzelarbeit	IR-Thermometer Sportübungen Stationsblatt Arbeitsblatt
22–25	Erarbeitung	Vergleichen der Daten mit Daten anderer Wissenschaftler Überprüfen ihrer Hypothese	Einzelarbeit Partnerarbeit	Stationsblatt Arbeitsblatt
26–27	Sicherung	Erarbeitung der wissenschaftlichen Erkenntnisgewinnung	Partnerarbeit	Stationsblatt Puzzle

■ **Digitales Zusatzangebot**

Weitere Materialien (Lösungskarten, Hilfekarte, Puzzlearbeitsmaterial) zu diesem Kapitel finden Sie unter ▶ https://lehrbuch-biologie.springer.com/mint-bewegung.

13.2 Stationsblatt: Wissenschaftliche Erforschung der Thermoregulation

In dieser Station untersuchst du den Zusammenhang zwischen sportlicher Aktivität und deiner Körpertemperatur. Dafür nimmst du die Rolle eines*einer Wissenschaftler*in ein und durchlebst den Weg der wissenschaftlichen Erkenntnisgewinnung für das Beispiel der Thermoregulation.

■ **Aufgabe 1: Lerne dein Forschungsequipment kennen**

Zur Messung der Oberflächentemperatur deines Körpers verwendest du ein Infrarotthermometer. Bearbeite mithilfe von ▶ Infobox 1 die Aufgabe 1 auf deinem Arbeitsblatt.

■ **Aufgabe 2: Theoretische Vorbereitung: Welche Funktionen hat Schweiß?**

Schweiß und sportliche Aktivitäten sind eng miteinander verknüpft. Doch warum ist das so? Beantworte Aufgabe 2 auf dem Arbeitsblatt. Nutze bei Fragen ▶ Infobox 2 als Hilfe.

■ **Aufgabe 3: Hypothese zur Thermoregulation formulieren**

Der Kühlungseffekt von Schweiß ist so groß, dass er in der wissenschaftlichen Gemeinschaft mit Infrarotthermometern gemessen werden kann. Bevor du diesen Kühlungseffekt in einem eigenständigen Experiment untersuchst, überlege dir zunächst einmal, welche vorgeschlagenen Parameter du mit dem vorhandenen Equipment erfassen kannst:

– Körperkerntemperatur = Temperatur der Organe
– Hauttemperatur = Temperatur der Körperoberfläche
– Menge an Schweiß = Menge an Flüssigkeit an Stirn
– Blutgefäßerweiterung = z. B. erhöhter Blutfluss in der Haut

Bearbeite mit diesem Wissen Aufgabe 3 auf dem Arbeitsblatt. Solltest du mehr Informationen zur Hypothesenbildung benötigen, nutze Hilfekarte 1.

■ **Experiment zur Thermoregulation durch Schweiß**

Es ist jetzt an der Zeit, deine Hypothese durch ein Experiment zu überprüfen. Lies hierzu die *komplette* Anleitung und führe das Experiment dann zusammen mit deinem*deiner Partner*in durch.

■■ **Anleitung**

Zur Ermittlung der Hauttemperatur kannst du das Infrarotthermometer verwenden. Dieses misst die von deinem Körper ausgesendete Wärmestrahlung. Bitte deine*n Partner*in, zur Erhöhung der Genauigkeit alle Messungen in einer Entfernung von 5 cm an der Mitte deiner Stirn durchzuführen. Notiere dir nach der Messung den Wert in deiner Tabelle.

Zur Auswertung deiner Hypothese ist es notwendig, deine Körpertemperatur zu vier unterschiedlichen Zeitpunkten zu ermitteln.

1. Bitte deine*n Partner*in, deine Hauttemperatur zuerst vor körperlicher Aktivität und im Anschluss jeweils nach 2 min körperlicher Aktivität zu messen. Wähle dir dazu aus ▶ Infobox 3 eine bis vier Übungen aus, die du jeweils in den 2 min durchführst (Bsp.: 1 min Seilspringen und 1 min Burpees).
2. Miss im Anschluss deine Körpertemperatur nach 2 min. körperlicher Aktivität. (*Wichtig:* Du hast noch keinen Schweiß auf der Stirn? Befeuchte deine Stirn nach der zweiten Messung mit ein wenig Wasser!).
3. Miss nun deine Körpertemperatur nach 4 min. körperlicher Aktivität.
4. Miss deine Köpertemperatur nochmals nach 6 min. körperlicher Aktivität.

Notiere dir zur gemessenen Temperatur zusätzlich jeweils deine gefühlte Körpertemperatur und wie viel Schweiß sich auf deiner Stirn befindet. Eine vorbereitete Tabelle findest du auf dem Arbeitsblatt.

■ **Aufgabe 4: Rückschlüsse aus dem Experiment ziehen**

Vergleiche deine Ergebnisse mit den Vergleichswerten von Wissenschaftler*innen mit ähnlichem Forschungsschwerpunkt, die du auf Lösungskarte 4 findest. Gehe auf Gemeinsamkeiten und Unterschiede ein.

Bearbeite zunächst Aufgabe 4a. Überprüfe anschließend deine Hypothese in Aufgabe 4b.

Möchtest du dich weiter mit der Thermoregulation beschäftigen, so kannst du dich in Aufgabe 4c mit der Frage beschäftigen, warum sich die gemessene Temperatur von der gefühlten Temperatur unterscheidet. Verwende hierfür ▶ Infobox 4. Gehe ansonsten zu Input 5 über.

■ **Aufgabe 5: Reflektiere dein Vorgehen als Wissenschaftler*in**

In der Wissenschaft hat sich ein bestimmtes Vorgehen zum Erschließen neuer Inhalte etabliert. In dieser Station hast du einige dieser Schritte selbst durchlebt. Kannst du sie in Aufgabe 5 in der richtigen Reihenfolge in das Schema eintragen? Öffne den Briefumschlag mit den Puzzleteilen und überprüfe dich!

13

Infobox 1: Funktionsweise eines Infrarotthermometers

🗖 Abb. 13.3 stellt ein Infrarotthermometer dar. Es besteht aus einem Display zur Darstellung der gemessenen Temperatur, einem Auslöser zum Messen der Temperatur sowie erweiterten Einstellungen und besitzt je nach Entfernung zum gemessenen Objekt eine unterschiedlich große Messfläche.

Die Größe der Messfläche nimmt mit steigender Entfernung zum Objekt zu. Dadurch misst man bei zu großer Entfernung viele zusätzlichen Objekte. So entstehen schnell ungenaue Messwerte.

Achte auf die richtigen erweiterten Einstellungen:

— Body = Körper
— Surface = Oberfläche

Verwende bei 2 m Entfernung immer Surface.

■ **Abb. 13.3** Infrarotthermometer

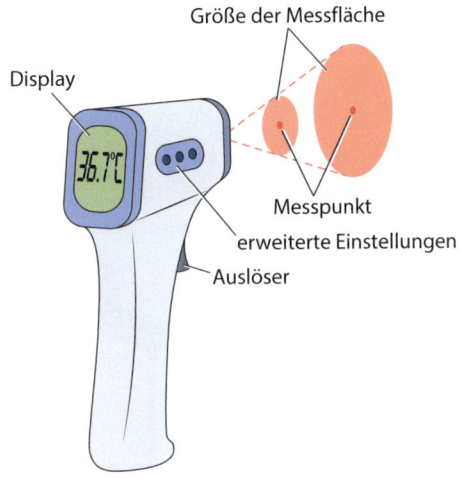

Größe der Messfläche

Display

36.7°C

Messpunkt

erweiterte Einstellungen

Auslöser

■ **Abb. 13.4** Sportlerin
(© karelnoppe/stock.adobe.com)

Infobox 2: Thermoregulation des Körpers

Dein Körper besitzt im ruhenden Zustand eine relativ konstante Temperatur von ungefähr 36–37 °C. Um sportliche Aktivitäten zu ermöglichen, wandelt dein Körper chemische Energie in Bewegungsenergie um. Diese Umwandlung verläuft jedoch nicht verlustfrei. Bei der Umwandlung entsteht Wärme, welche die Temperatur deines Körpers erhöht.

Um den Körper nicht zu schädigen, muss er gekühlt werden. Dies kann entweder künstlich durch Wasser, Kühlpacks oder natürlich durch Schweiß erfolgen (■ Abb. 13.4).

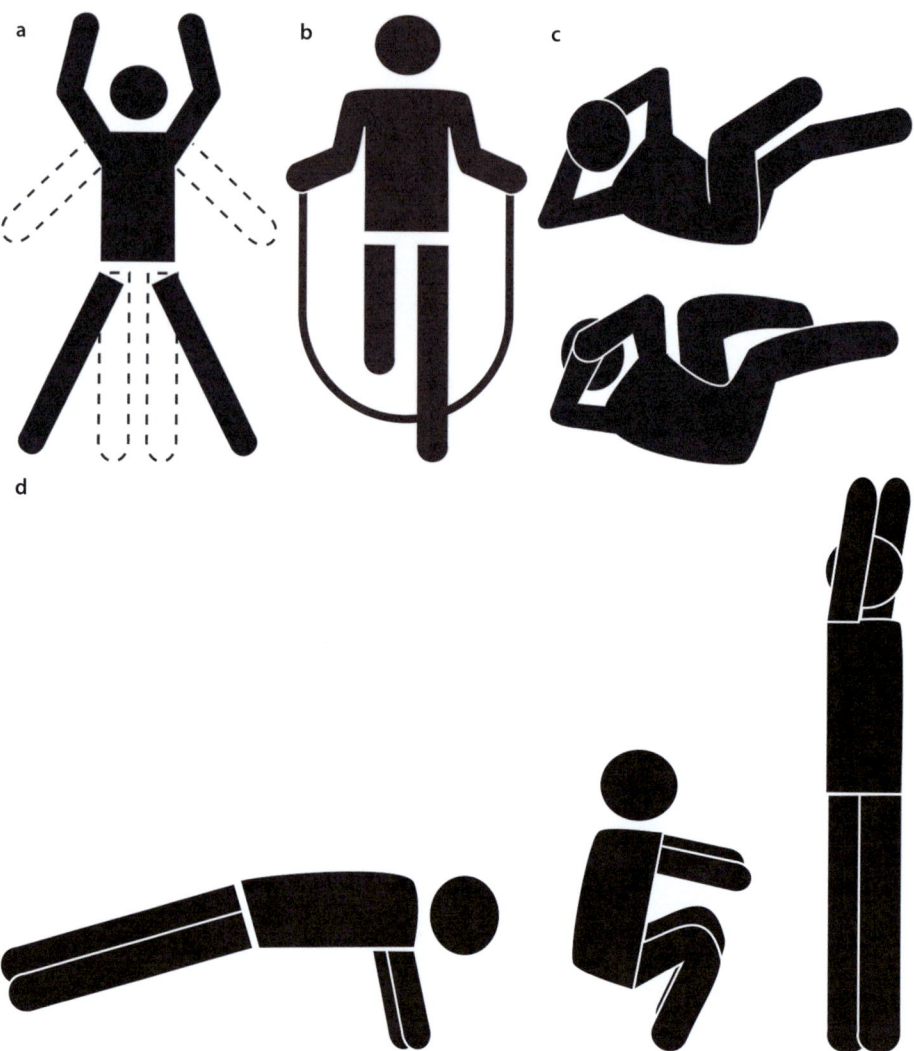

■ **Abb. 13.5** Sportübungen

Infobox 4: Körperkern- und Hauttemperatur

Die Temperatur des Körpers ist nicht in jedem Körperteil gleich (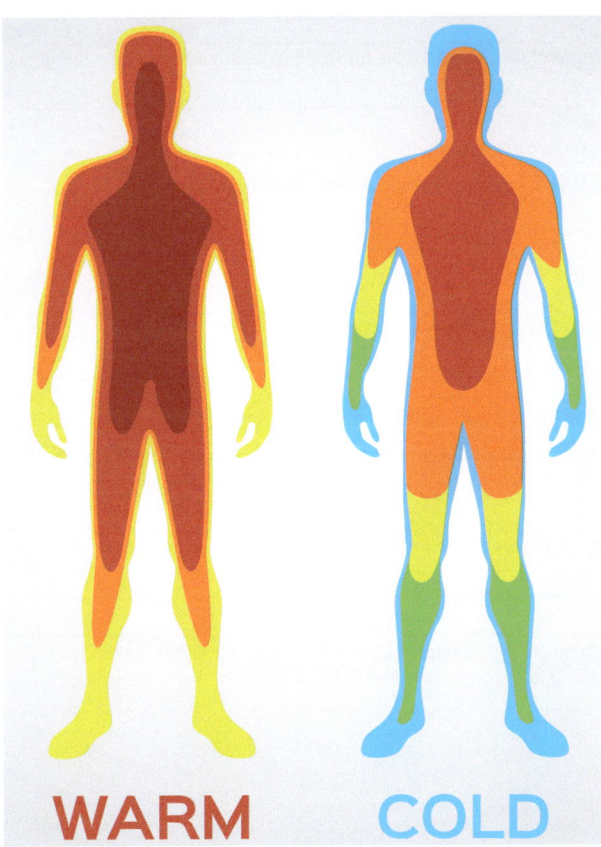 Abb. 13.6). Grund hierfür ist, dass die Temperatur des Körpers durch den Blutkreislauf geregelt wird. Zentrale Organe wie zum Beispiel das Gehirn, das Herz oder die Leber müssen permanent mit Blut durchströmt werden und weisen deswegen eine relativ konstante Temperatur auf. Die Temperatur dieser wichtigen Organe wird häufig auch als Körperkerntemperatur bezeichnet. Der Körper kann seine Kerntemperatur durch körperliche Aktivität (Muskelarbeit), durch Kontraktion (Anspannung und damit Verengung der Blutgefäße) oder Relaxation (Erschlaffung und damit Weitung der Blutgefäße) von peripheren Blutgefäßen (z. B. in der Hand) und durch Schweißbildung beeinflussen.

Um eine Überhitzung (Hyperthermie) des Körpers zu vermeiden, wird zunächst die periphere Durchblutung (Hände, Füße) des Körpers erhöht. Bei weiterer Erwärmung kühlt der Körper zusätzlich durch Schweißbildung.

Entscheidend bei der Temperaturmessung ist somit, ob die Messung im Körperinneren oder an der Oberfläche des Körpers stattfindet. An der Oberfläche des Köpers wird die gemessene Temperatur (Hauttemperatur) durch Kühlungseffekte verfälscht.

WARM **COLD**

▪ **Abb. 13.6** Wärmebild (© gritsalak/stock.adobe.com)

Karlsruher Institut für Technologie

13.3   Arbeitsblatt: Wissenschaftliche Erforschung der Thermoregulation

Aufgabe 1: Lerne Dein Forschungsequipment kennen:

a. Miss die Temperatur in Abhängigkeit von der Entfernung zum Thermometer.

Entfernung	Handtemperatur	Bodentemperatur	Mundtemperatur
5 cm			
2 m			

b. Erkläre den Temperaturunterschied eines Objektes bei unterschiedlicher Entfernung.

_____

_____

c. Für Expert*innen: Warum beeinflusst die Entfernung die Bodentemperatur nur gering?

_____

Aufgabe 2: Theoretische Vorbereitung:

a. Erkläre, welche Problematik sich durch Sport für unseren Körper ergibt.

_____

_____

_____

b. Zähle Möglichkeiten auf, um den Körper zu kühlen.

Aufgabe 3: Vermutung (Hypothese) zur Thermoregulation formulieren:

a. Nenne 2 Parameter, die Du bei einem Versuch zur Überprüfung der Kühlungsfunktion von Schweiß messen kannst. Verwende Input 3 auf dem Stationsblatt als Hilfe.

b. Formuliere eine Hypothese, welche sich aus den zwei Parametern zusammensetzt:

_____

_____

Ist deine Hypothese genau genug, um sie durch ein Experiment zu überprüfen?
Ist das nicht der Fall, dann ergänze sie bitte.

13

Experiment zur Thermoregulation durch Schweiß

Überprüfe Deine Hypothese. Lies dazu die <u>komplette</u> Anleitung auf dem Stationsblatt und vervollständige im Anschluss folgende Tabelle.

	zu Beginn	nach 2 min	nach 4 min	nach 6 min
gefühlte Körpertemperatur (umkreisen)	😊 😅 😓	😊 😅 😓	😊 😅 😓	😊 😅 😓
Menge an Schweiß (einfärben)	💧 💧 💧	💧 💧 💧	💧 💧 💧	💧 💧 💧
gemessene Hauttemperatur in °C				

Aufgabe 4: Rückschlüsse aus dem Experiment ziehen:

a. Vergleiche Deine Werte mit den Werten anderer Wissenschaftler*innen (Lösungskarte 4). Gehe auf Gemeinsamkeiten oder Unterschiede ein.

Körpertemperatur	
Schweißmenge	
Hauttemperatur	

b. Überprüfe Deine Hypothese anhand Deines diskutierten Temperaturverlaufs.

_____

_____

_____

c. <u>Optional</u>: Aus welchem Grund unterscheidet sich die gefühlte Körpertemperatur von der gemessenen Körpertemperatur?

_____

_____

_____

_____

_____

Aufgabe 5: Reflektiere Dein Vorgehen als Wissenschaftler*in:

Ergänze das Schema mithilfe der Puzzleteile aus dem Briefumschlag.

Literatur

Fernández-Cuevas, I., Marins, J. C. B., Lastras, J. A., Carmona, P. M. G., Cano, S. P., García-Concepción, M. A., & Sillero-Quintana, M. (2015). Classification of factors influencing the use of infrared thermography in humans: A review. *Infrared Physics & Technology, 71*, 28–55.

Koch, J. (2016). Thermoregulation des Menschen. In S. Leonhardt & M. Walter (Hrsg.), *Medizintechnische Systeme* (S. 283–317). Springer.

Ministerium für Kultus, Jugend und Sport Baden-Württemberg [MKJS BW Bio]. (Hrsg.). (2016). Bildungsplan Biologie. http://www.bildungsplaene-bw.de/site/bildungsplan/get/documents/lsbw/export-pdf/depot-pdf/ALLG/BP2016BW_ALLG_GYM_BIO.pdf. Zugegriffen am 14.12.2020.

Ministerium für Kultus, Jugend und Sport Baden-Württemberg [MKJS BW Ph]. (Hrsg.). (2016). Bildungsplan Physik. http://www.bildungsplaene-bw.de/site/bildungsplan/get/documents/lsbw/export-pdf/depot-pdf/ALLG/BP2016BW_ALLG_GYM_PH.pdf. Zugegriffen am 14.12.2020.

Ministerium für Kultus, Jugend und Sport Baden-Württemberg [MKJS BW Sport]. (Hrsg.). (2016). Bildungsplan Sport. http://www.bildungsplaene-bw.de/site/bildungsplan/get/documents/lsbw/export-pdf/depot-pdf/ALLG/BP2016BW_ALLG_GYM_SPO.pdf. Zugegriffen am 14.12.2020.

Philip, J., Lahiri, B. B., Bagavathiappan, S., & Jayakumar, T. (2012). Medical applications of infrared thermography: A review. *Infrared Physics & Technology, 55*, 221–235.

Qi, H., & Diakides, N. A. (2020). Infrared thermal imaging. https://pdfs.semanticscholar.org/ca85/0ac2d59d2202d0ae02400240d820b9119765.pdf. Zugegriffen am 14.12.2020.

Quesada, J. I. P., Guillamón, N. M., Ortiz de Anda, R. M. C., Psikuta, A., Annaheim, S., Rossi, R. M., Salvador, J. M. C., Pérez-Soriano, P., & Palmer, R. S. (2015). Effect of perspiration on skin temperature measurements by infrared thermography and contact thermometry during aerobic cycling. *Infrared Physics & Technology, 72*, 68–76.

13

Wärmehaushalt des Körpers

Tim Trumler

Inhaltsverzeichnis

I. Wagner, S. Neher-Asylbekov (Hrsg.), *MINT in Bewegung*,
https://doi.org/10.1007/978-3-662-63451-6_14

14.1 Ausarbeitung

14.1.1 Kurzbeschreibung und Zielsetzung

In dieser Lerneinheit erforschen die Schüler*innen den Wärmehaushalt ihres Körpers. Dabei setzen sie sich zuerst praktisch mit einer Wärmebildkamera auseinander und erarbeiten sich im Anschluss theoretische Grundlagen zur Funktionsweise der Wärmebildkamera. Abschließend führen die Schüler*innen ein Experiment durch, um den Einfluss von sportlicher Betätigung auf den Wärmehaushalt zu erforschen. Als Ziel dieser Station können die Schüler*innen erkennen, dass unser Körper keine konstante Körpertemperatur aufweist, da diese durch viele unterschiedliche Aktivitäten beeinflusst wird. Zusätzlich können schnelle Schüler*innen durch eine optionale Differenzierungsaufgabe den Wärmehaushalt ihres Körpers genauer untersuchen.

14.1.2 Rahmenbedingungen

- Zielgruppe: Klassenstufe 8 bis 10
- Anzahl der Schüler*innen: 2
- Zeitlicher Rahmen der Station: 25 min (35 min mit Differenzierungsaufgabe)
- Räumlichkeiten: 2 m² Platz zum Aufnehmen der Wärmebilder, dunkler Raum
- Material: Wärmebildkamera Flir One Pro, iPad, Wachsmalstifte, PowerBank, USB-C-Kabel
- Nötige Vorkenntnisse: elektromagnetische Strahlung, evtl. Wärmetransport, evtl. Blutkreislauf

14

14.1.3 Sachanalyse

Bei dieser Station setzen sich die Schüler*innen mit drei fachlichen Themen auseinander: Als Erstes lernen die Schüler*innen das elektromagnetische Spektrum als Möglichkeiten kennen, Gegenstände auf weitere, nicht sichtbare Materialeigenschaften zu untersuchen. Empirisch überprüfen die Schüler*innen mit diesem Wissen ihren Wärmehaushalt. Hierzu verwenden sie eine Wärmebildkamera, welche in ihrer Funktionsweise zum zweiten thematischen Schwerpunkt der Station zählt. Abschließend setzen sich die Schüler*innen mit ihrem Wärmehaushalt und dem Wärmetransport in ihrem Körper auseinander, was den dritten thematischen Schwerpunkt darstellt.

14.1.3.1 Elektromagnetisches Spektrum und infrarote Strahlung

Licht spielt in unserem Alltag eine wichtige Rolle. Im Jahr 2015 wertschätzte die UNESCO diese zentrale Rolle, indem sie das Jahr 2015 zum Jahr des Lichts und der Lichttechnologien deklarierte. Die UNESCO begründet diese Entscheidung damit, dass jede Person Licht benötigt, um sehen zu können, und die meisten Menschen viele alltägliche Technologien verwenden, wie zum Beispiel Radios, Kameras oder Mikrowellen, welche auf der Übermittlung von Licht beruhen. Dennoch bestand in der wissenschaftlichen Gemeinschaft bis ins 20. Jahrhundert Uneinigkeit darüber, wie die Ausbreitung von Licht beschrieben werden kann und aus was sich Licht zusammensetzt. Viele Philosophen vermuteten, dass sich Licht aus kleinen Partikeln zusammensetzen muss, da es, ähnlich wie Flüssigkeiten oder Gase, von einer Quelle ausgeht und sich im Raum ausbreitet. Diese Theorie wurde bis ins 18 Jahrhundert unter anderem auch von Isaac Newton vertreten. Anfang des 19. Jahrhunderts konnte der englische Physiker Thomas Young durch das Doppelspaltexperiment jedoch beweisen, dass sich Licht wie eine Welle ausbreitet, da es beim Durchgang durch einen Doppelspalt, wie beispielsweise eine Wasserwelle, gebrochen wird und mit sich selbst interferiert. Diese Theorie konnte bis zum Ende des 19. Jahrhunderts nicht widerlegt werden. Erst Albert Einstein belebte Anfang des 20. Jahrhunderts wieder die Teilchentheorie von Licht. Er zeigte mit dem Fotoeffekt, dass Licht aus sogenannten Photonen zusammengesetzt ist. Er stellte die bis heute gültige Hypothese auf, dass Photonen aufgrund ihrer geringen Größe sich sowohl als Teilchen als auch als Welle verhalten können. Deswegen werden Licht heute sowohl Teilchen- als auch Welleneigenschaften zugesprochen. Dieses Phänomen wird Welle-Teilchen-Dualismus genannt. Wegen des großen wissenschaftlichen Diskurses über Licht zählt die Lichtgeschwindigkeit aktuell zu den mit größter Genauigkeit ermittelten Naturkonstanten (Zwinkels, 2015, S. 2).

Die Photonen des Lichts besitzen einen Impuls und bewegen sich mit Lichtgeschwindigkeit. Sie werden durch wechselnde Magnet- oder elektrische Felder induziert. Diese Felder stehen dabei in Ausbreitungsrichtung immer senkrecht zueinander, wodurch sich eine sogenannte elektromagnetische Welle ausbildet. Da in dieser Welle die Feldanordnung des elektrischen Felds immer orthogonal zum magnetischen Feld ist, kann sie auch vereinfacht als zweidimensionale Sinuskurve mit Wellenbergen und Wellentälern dargestellt werden.

Jede dieser aus unterschiedlich energiereichen Photonen bestehende elektromagnetische Welle besitzt charakteristische Eigenschaften, welche auf mindestens zwei Parameter, die Wellenlänge und die Frequenz, zurückgeführt werden können. Die Wellenlänge gibt dabei die Entfernung zwischen den Tälern oder Bergen an, wobei die kleinste bekannte Wellenlänge kleiner als die Größe eines Atoms ist und die größte bekannte Wellenlänge die Dimension unseres Planeten aufweist. Als Frequenz wird die Anzahl der Wellenberge, die innerhalb einer Sekunde einen bestimmten Punkt passieren, bezeichnet. Die Frequenz wird somit in Wellenbergen pro Sekunde (s^{-1} = Hz) angegeben.

Zusätzlich kann eine Verknüpfung zwischen der Wellenlänge und der Frequenz herausgearbeitet werden. Die verknüpfende Konstante ist die Ausbreitungsgeschwindigkeit des Lichts (c). Es gilt: je größer die Wellenlänge (λ), desto geringer die Frequenz (f). Daraus ergibt sich folgende Formel:

$$f = \frac{c}{\lambda}$$

Unter Berücksichtigung des Energie-Frequenz-Verhältnisses eines Photons, des sogenannten Planck'schen Wirkungsquantums (h), ist es möglich, eine direkte Beziehung zwischen der Wellenlänge und der Energie herzuleiten. Hierfür kann folgende Formel berücksichtigt werden:

$$E = h\frac{c}{\lambda}$$

Es gilt somit: je größer die Wellenlänge, desto geringer die elektromagnetische Energie der Strahlung.

Während die elektromagnetischen und mechanischen Wellen die Gemeinsamkeit haben, Energie ohne Materie durch ein Medium zu transportieren, unterscheiden sie sich dennoch in einem wesentlichen Punkt: Elektromagnetische Wellen benötigen kein Medium, um sich auszubreiten, weshalb sie sich auch durch ein Vakuum ausbreiten können (Butcher et al., 2011).

Licht wird in der Alltagssprache meist als Synonym für optische Strahlung verwendet. Darunter fällt elektromagnetische Strahlung mit einer Wellenlänge von 10 nm bis 1 mm, welche im normalen Sprachgebrauch als ultraviolettes, sichtbares und infrarotes Licht bezeichnet wird. In den Naturwissenschaften verbirgt sich hinter dem Begriff „Licht" meist ein erweitertes Verständnis. Neben dem ultravioletten, sichtbaren und infraroten Licht wird das Spektrum um die Röntgen-, Gammastrahlen und Radiowellen erweitert. Der vollständige Bereich des elektromagnetischen Spektrums ist in ◘ Tab. 14.1 dargestellt (Zwinkels, 2015, S. 1 f.).

Ordnet man die Wellenlängenbereiche nach ihrer Frequenz von links nach rechts aufsteigend, so erhält man das in ◘ Abb. 14.1 dargestellte elektromagnetische Spektrum. Weiterhin können diesem Spektrum zusätzliche Informationen entnommen

14

◘ **Tab. 14.1**   Bereiche des elektromagnetischen Spektrums (nach Zwinkels, 2015, S. 4)

Wellenlängenbereich	Frequenzbereich/Hz	Beschreibung
<0,1 nm	10^{20}–10^{23}	Gamma-Strahlung
0,1–10 nm	10^{17}–10^{20}	Röntgenstrahlung
10–400 nm	10^{15}–10^{17}	Ultraviolette Strahlung
400–700 nm	10^{14}–10^{15}	Sichtbare Strahlung
700 nm–1 mm	10^{11}–10^{14}	Infrarote Strahlung
1 mm–1 cm	10^{10}–10^{11}	Mikrowellen
1 cm–100 km	10^{3}–10^{10}	Radiowellen

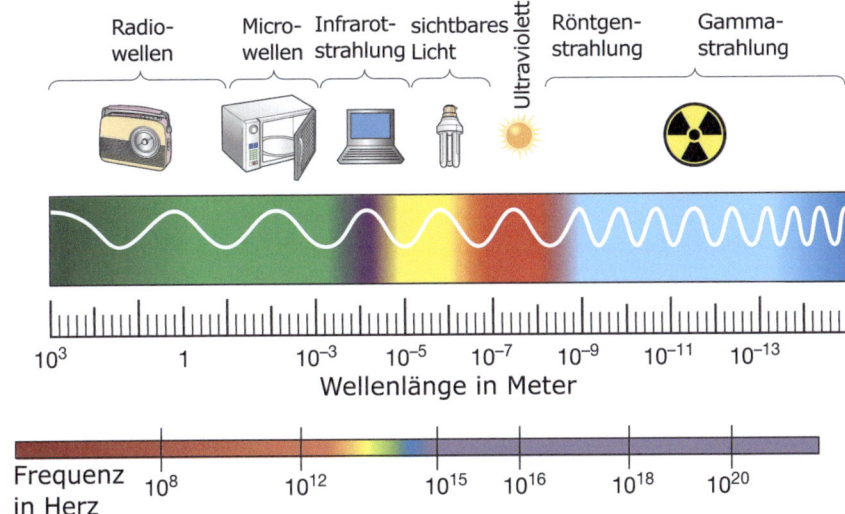

◘ **Abb. 14.1** Elektromagnetisches Spektrum mit Beispielanwendungen (nach ▶ https://www.science-photo.de/bilder/13376949-Electromagnetic-spectrum-illustration; © Science Photo Library)

werden. So sind im oberen Bereich der Abbildung zum jeweiligen Spektralbereich typische Anwendungen zugeordnet. So kann dem Spektrum beispielhaft entnommen werden, dass das sichtbare Licht dem Frequenzbereich von 10^{15} Hz und frequenzmodulierte (FM) Radiowellen dem Frequenzbereich von 10^8 Hz zuzuordnen ist. Strahlung mit sehr kleiner und sehr großer Frequenz wird von den Gasen in unserer Atmosphäre nahezu vollständig absorbiert. Im Bereich der Mikrowellen und des sichtbaren Lichts gibt es jedoch Wellenlängenbereiche, in denen die elektromagnetischen Wellen nahezu ungestört die Atmosphäre durchdringen können. Diese Bereiche werden als atmosphärische Fenster bezeichnet und zur Kommunikation mit Satelliten verwendet (Butcher et al., 2011, S. 2 f.).

Findet jedoch eine Wechselwirkung von Licht mit Materie statt, so ist diese nach Zwinkels (2015, S. 4) sowohl von der Wellenlänge des Lichts als auch von der Resonanzfrequenz der Atome, Ionen und Moleküle der wechselwirkenden Materie abhängig. Ist die Wellenlänge der Strahlung im Vergleich zu den interferierenden Teilchen groß, wie es beispielsweise bei der Interaktion von sichtbarem Licht und Gasmolekülen in unserer Atmosphäre der Fall ist, so kommt es zur sogenannten Rayleigh-Streuung, welche beispielsweise auch den Blauton unseres Himmels erzeugt. Tritt Strahlung jedoch mit im Verhältnis zur Wellenlänge größeren Objekten, wie zum Beispiel einer Steinwand, in Wechselwirkung, so verhält sich Licht wie ein Teilchenstrahl und kann je nach Oberflächenbeschaffenheit reflektiert, gebrochen, gestreut oder absorbiert werden.

Nachfolgend wird die Herkunft der elektromagnetischen Strahlung näher beschrieben. Dabei kann laut Carlomagno und Cardone (2010, S. 1188) angenommen werden, dass jeder Körper über dem absoluten Nullpunkt (0 K) elektromagnetische Wellen von seiner Oberfläche aussendet. Körper, die bei einer bestimmten Temperatur die größtmögliche Energiemenge ausstrahlen, werden als schwarze Körper bezeichnet. Unsere Sonne kann näherungsweise als ein solcher schwarzer Körper

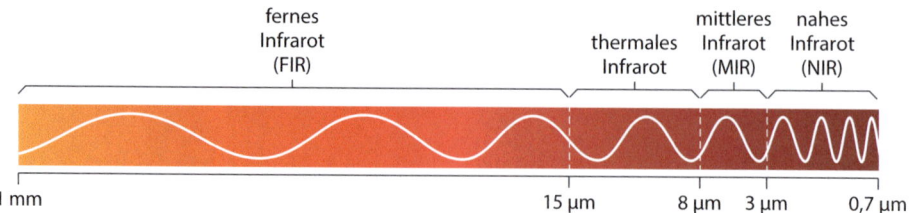

Abb. 14.2 Wellenlängenbereich der infraroten Strahlung (Butcher et al., 2011, S. 5)

angesehen werden. Kältere Körper, wie beispielsweise ein Lagerfeuer, emittieren eine deutlich geringere Energiemenge. Zudem kann ein Lagerfeuer nicht als schwarzer Körper angesehen werden, wodurch die emittierte Energie weiter gesenkt wird. Dennoch ist die emittierte Energie des Lagerfeuers groß genug, um Photonen im Energiebereich des sichtbaren Lichts zu emittieren. Generell gilt: je kälter ein Körper, desto geringer die emittierte Energie. Diese Beziehung kann mithilfe der oben dargestellten Formel $E = h\dfrac{c}{\lambda}$ auf die Wellenlänge (λ) angewandt werden. Daraus folgt: je kälter ein Körper, desto größer ist die Wellenlänge der emittierten Strahlung.

Der menschliche Körper weist im Vergleich zum Lagerfeuer eine deutlich niedrigere Temperatur auf und kann ebenfalls nicht als schwarzer Körper angesehen werden. Die emittierte Wellenlänge des menschlichen Körpers liegt daher nicht wie beim Lagerfeuer im sichtbaren, sondern im infraroten Bereich. Zum infraroten Bereich des elektromagnetischen Spektrums zählt Strahlung mit einem Wellenlängenbereich von 0,7 bis 1000 µm. Aufgrund dieses großen Wellenlängenbereichs unterscheiden sich die Eigenschaften der Infrarotstrahlung jedoch stark. Deswegen wird infrarote Strahlung in kleinere Wellenlängenbereiche unterteilt. Bei einem Wellenlängenbereich zwischen 0,7 und 3 µm spricht man von nahem Infrarot (NIR). Von mittlerer Infrarotstrahlung (MIR) ist bei einer Wellenlänge von 3 bis 8 µm die Rede. Der Wellenlängenbereich von 8 bis 15 µm wird als thermale Infrarotstrahlung bezeichnet, und infrarote Strahlung mit einer größeren Wellenlänge als 15 µm wird als fernes Infrarot (FIR) bezeichnet (Butcher et al., 2011, S. 14 f.). Abb. 14.2 stellt den infraroten Bereich des elektromagnetischen Spektrums grafisch dar.

14.1.3.2 Grundlagen zur Infrarotthermografie

Die Temperaturmessung durch Wärmebildkameras beruht somit auf der Tatsache, dass alle Körper oberhalb des absoluten Nullpunkts aufgrund ihrer thermischen Energie elektromagnetische Strahlung aussenden (Carlomagno & Cardone, 2010, S. 1188). Nach Philip et al. (2012, S. 222) emittiert der menschliche Körper Infrarotstrahlung in einem Wellenlängenbereich von 2 bis 20 µm. Die meiste Infrarotstrahlung wird jedoch im Bereich von 10 µm emittiert. Aus diesem Grund zeichnen Wärmebildkameras für medizinische Anwendungen einen Wellenlängenbereich von 8 bis 15 µm auf.

Wärmebildkameras sind im Allgemeinen aus drei Komponenten aufgebaut. Der Infrarotdetektor stellt eine der drei Komponenten der Wärmebildkameras dar und besteht aus einer Linse, welche die Infrarotstrahlen auf den Sensor bündelt. Der Sensor wandelt die elektromagnetische Strahlung in ein elektrisches Signal um. Dieses elektrische Signal wird von der zweiten Komponente, der Bildverarbeitungselektronik, in ein darstellbares Temperaturprofil umgewandelt. Das Temperaturprofil wird durch die dritte Komponente, das Display, dem*der Anwender*in zur Verfügung gestellt (Qi & Diakides, 2020, S. 6).

Ursprüngliche Wärmebildkameras bestehen aus lediglich einem Infrarotdetektor, welcher mithilfe von zwei Spiegeln die Umgebung systematisch abscannt. Diese Wärmebildkameras sind unter der Abkürzung SED („single elemet detector") bekannt. Sie erzeugen jedoch in vielen Bildern eine unerwünschte Überbelichtung. Zur Verbesserung dieses Problems ist die zweite Generation an Wärmebildkameras mit einer Infrarotdetektorenreihe ausgestattet, welche mithilfe der Spiegel die Umgebung systematisch abscannt. Diese Kameras sind aufgrund der Detektorreihe unter der Bezeichnung 2DA („2-D array") aufzufinden. Heutige Wärmebildkameras kommen durch die große Anzahl an Infrarotdetektoren, welche in einer rechteckigen Fläche („large focal plan array") angeordnet sind, ganz ohne Spiegel aus. Sie werden mit der Abkürzung FPA („focal plan array") bezeichnet. Durch diese Art der Aufzeichnung können die Zuverlässigkeit und die Sensitivität verbessert werden. Dabei entspricht die Anzahl der Infrarotdetektoren im übertragenen Sinn der Megapixelanzahl eines digitalen Fotoapparats. Es gilt: je mehr Infrarotdetektoren, desto genauer die Darstellung des Temperaturprofils. Je nach Wertigkeit der Wärmebildkamera kann das Temperaturprofil auf bis zu 0,01 K genau aufgelöst sein (Philip et al., 2012, S. 224).

◻ Abb. 14.3 stellt die Erstellung eines Wärmebilds für jede Wärmebildkamerageneration grafisch dar. Dabei ist auf der linken Seite der Bildaufzeichnungsprozess für die erste Generation (SED) und auf der rechten Seite der Bildaufzeichnungsprozess der heutigen Generation (FPA) an Wärmebildkameras dargestellt.

Zur Messung des Wärmehaushalts eines Menschen ist die Hauttemperatur (Tsk) eine wichtige Kenngröße. Diese wird in der Medizin und den Sportwissenschaften durch zwei Methoden ermittelt: Eine Möglichkeit zur Messung der Tsk ist das Bekleben der Hautoberfläche mit Temperatursensoren („thermal contact sensors", TCS). Als zweite und weniger einschränkende Möglichkeit kann die Tsk auch mithilfe von FPA-Sensoren, also der neusten Generation an Wärmebildkameras, ermittelt werden. Dieses Verfahren wird als Infrarotthermografie (IRT) bezeichnet (Quesada et al., 2015, S. 68 f.).

Bei der IRT wandelt eine Wärmebildkamera die vom Körper emittierte Infrarotstrahlung in eine Temperatur um. Da die Kamera jedoch wenige Zentimeter bis zu einem Meter vom Körper entfernt ist, gibt es eine große Anzahl an Möglichkeiten,

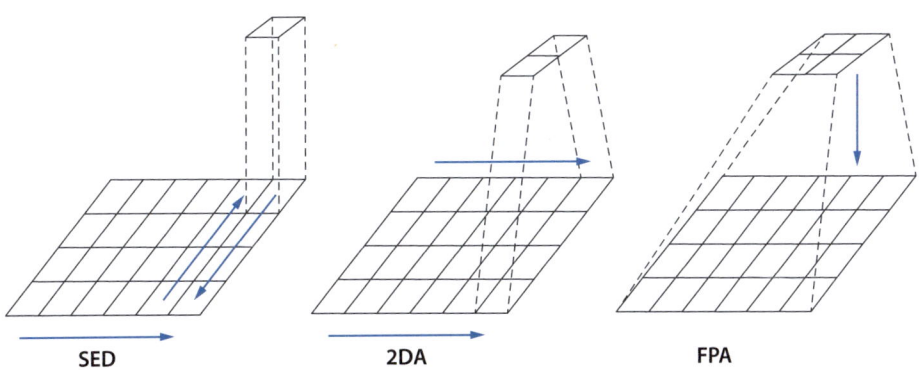

◻ **Abb. 14.3**   Darstellung der Generationen bei der Erstellung eines Wärmebilds

die vom Körper emittierte Infrarotstrahlung falsch zu interpretieren. Diese potenziellen Fehlerquellen werden grob in drei Kategorien unterteilt (Fernández-Cuevas et al., 2015, S. 29):

1. Zu den *Umweltfaktoren* zählen ortsgebundene Faktoren, welche die gemessene Tsk beeinflussen. Einen großen Einfluss auf die gemessene Tsk haben vor allem die Raumgröße, die Temperatur im Raum und die Humidität. Um Fehlerquellen durch Umweltfaktoren zu vermeiden, muss der Raum mindestens 2 × 3 m groß sein, die Raumtemperatur zwischen 18 und 25 °C betragen, homogen verteilt sein und die relative Humidität zwischen 40 und 70 % liegen (ebd., S. 30 f.).
2. Einflussgrößen, welche die Tsk einer Person von außen oder für eine kurze Zeit beeinflussen, werden als extrinsische Faktoren bezeichnet. Zusätzlich wird die Tsk einer Person in Abhängigkeit vom individuellen Körper beeinflusst. Diese Faktoren werden intrinsische Faktoren genannt. Die Kombination aus extrinsischen und intrinsischen Faktoren wird unter der Kategorie der *individuellen Faktoren* zusammengefasst (siehe ▶ Abschn 13.1.3.2 Grundlagen zur Infrarotthermografie) (ebd., S. 31)
3. Zu den *technischen Faktoren* zählen Fehlerquellen, welche durch den falschen Umgang mit oder durch die Verwendung von falschem Equipment zustande kommen. Relevante Kontrollgrößen sind die Entfernung zwischen der Kamera und der Person, der Winkel zwischen der Kamera und der Person, die Auflösung der Kamera und die Auswahl an den zu untersuchenden Regionen. Generell gilt: je geringer der Abstand und je kleiner der Winkel, desto genauer die Messung. Bei der Auflösung der Wärmebildkamera entspricht jedes Pixel einem Infrarotdetektor. Somit gilt: je größer die Auflösung, desto genauer die Darstellung der Tsk . Aus diesem Grund beträgt die minimale Auflösung für die medizinische IRT 320 × 240 Pixel. Unterschreitet eine Wärmebildkamera diese Auflösung, so können lediglich kleine Bereiche des menschlichen Körpers mit dieser Wärmebildkamera ausgewertet werden.

14.1.3.3 Wärmehaushalt und Wärmetransport im menschlichen Körper

Im Gegensatz zu wechselwarmen (poikilothermen) Lebewesen, wie zum Beispiel Fischen oder Amphibien, haben alle Säugetiere ein vergleichsweises großes Bestreben, eine konstante Körpertemperatur aufrechtzuerhalten. In der Fachsprache werden diese Lebewesen als gleichwarme oder homoiotherme Wesen bezeichnet. Die Temperatur, die der Körper versucht aufrechtzuerhalten, wird als Normaltemperatur bezeichnet. Für den Menschen liegt sie zwischen 36,3 und 37,3 °C (Koch, 2016, S. 298).

Bei einer hohen Außentemperatur ist der menschliche Körper gut durchblutet. Da die Körpertemperatur größtenteils durch den Blutkreislauf geregelt wird, weisen in diesem Fall alle Teile des Körpers ungefähr die gleiche Temperatur auf. Kühlt der Körper durch äußere Umstände jedoch ab, so weist er keine einheitliche Temperaturverteilung mehr auf, da er wesentliche, zentrale Organe wie zum Beispiel das Gehirn, das Herz oder die Leber bevorzugt durchblutet, um sie mit lebenswichtigen Substanzen zu versorgen. Daraus resultiert eine Zentrierung der Körperwärme auf den Körperkern (ebd., S. 295).

Der menschliche Körper tauscht unter Verwendung von fünf Mechanismen Wärme mit seiner Umgebung aus:

1. Durch den Kontakt von der Haut mit der Luft wird mittels des Temperaturgradienten ein *konvektiver Wärmetausch* angeregt. Genauer betrachtet handelt es sich um die „Übertragung von molekularer Bewegungsenergie durch Stoßprozesse" (ebd., S. 285). Der Wärmeaustausch wird größtenteils durch die Hautoberfläche, die Luftgeschwindigkeit und die Lufttemperatur beeinflusst. Über diesen Mechanismus kann der Körper sowohl Wärme aufnehmen als auch abgeben.

2. Ausschlaggebend für die Wärmeübertragung durch *Wärmeleitung* (*Konduktion*) ist der Wärmeleitungskoeffizient zwischen dem Körper und der verbindenden Oberfläche. Zusätzlich wird die Wärmeübertragung durch den Grad der Hautdurchblutung beeinflusst. Hierbei gilt: je größer die Durchblutung, desto größer die Wärmeleitung. Bei Kontakt mit kalten Oberflächen, wie zum Beispiel mit Eisblöcken, verliert der Körper Energie. Steht der Körper in Kontakt mit warmen Oberflächen, wie zum Beispiel mit Wärmflaschen, so findet ein Wärmefluss in den Körper statt (ebd., S. 287).

3. Auch durch das Aus- und Einatmen findet ein sogenannter *respiratorischer Wärmeaustausch* zwischen der Lunge und der Umgebungsluft statt. In den gemäßigten Breiten führt dieser Effekt zu einem Wärmeverlust des Körpers. In tropischen Regionen kann dem Körper durch den respiratorischen Wärmeaustausch jedoch auch Wärme zugeführt werden. Mit fünf Prozent wirkt sich der Effekt jedoch vernachlässigbar gering auf den Wärmetausch des Körpers aus (ebd., S. 290).

4. Bei der *Evaporation* gelangt Wasser durch die Haut an die Oberfläche und entzieht ihr durch den Prozess der Verdunstung Wärme. Diese aktive Kühlung schützt den Körper vor Überhitzung. Das Schwitzen beginnt durchschnittlich bei der Überschreitung der Kerntemperatur um etwa 1 °C. Die Schweißmenge variiert jedoch von Person zu Person stark. Sie kann maximal bis zu drei Liter pro Stunde betragen. Wichtig ist, die Kühlung des Körpers nicht durch Kleidung zu behindern (ebd., S. 289).

5. Im Gegensatz zu den anderen Mechanismen des Wärmeaustauschs ist die Übertragung der Strahlungsenergie an kein Medium gebunden. Das Verhältnis der Körpertemperatur zu der Umgebungstemperatur bestimmt die *Übertragung der Strahlungsenergie*. In einem Raum mit Infrarotstrahlern kann der Körper Energie aufnehmen. In einem Raum mit kalten Fenstern gibt der Körper Energie in Form von Infrarotstrahlung an den Raum ab (ebd., S. 286).

6. Von einer Hyperthermie oder Fieber spricht man, sobald die Körperkerntemperatur über 37,8 °C ansteigt. Bei einer Hyperthermie kann dieser Anstieg durch äußere Wärmezufuhr, zum Beispiel durch Saunieren, Sonnenbaden oder physiologische Belastung des Körpers wie etwa Sport oder starke körperliche Arbeit, erklärt werden. Bei einem Fieber erfolgt der Temperaturanstieg aufgrund von einer Infektion oder Sepsis. Um dem Temperaturanstieg entgegenzuwirken, erhöht der Körper zunächst die periphere Durchblutung (Vasodilatation). Bei weiterer Erwärmung fängt der Körper zusätzlich an zu schwitzen (ebd., S. 300).

Ab einer Körperkerntemperatur unter 36,0 °C liegt eine Hypothermie vor. Diese Abkühlung des Körpers kann zum Beispiel durch das Tragen zu luftiger Kleidung, eine zu niedrig temperierte Klimaanlage oder den Kontakt mit kalten Oberflächen hervorgerufen werden. Der Körper reagiert darauf zuerst durch die Erhöhung des

Strömungswiderstands von peripheren Blutgefäßen (Vasokonstriktion). Dadurch wird eine Zentralisierung des Blutkreislaufs erreicht, und die Temperatur der Extremitäten fällt ab. Bei weiterer Abkühlung kann der Körper durch die Verbrennung von Fettgewebe die Körpertemperatur durch zitterfreie Wärmebildung aufrechterhalten. Erst bei einer Unterschreitung der Körperkerntemperatur von ca. 0,8 °C beginnt das Kältezittern. Beim Kältezittern führen die Muskeln „quasi-isometrische Kontraktionen" (ebd., S. 293) durch, um zusätzliche Wärme zu produzieren.

14.1.4 Methodisch-didaktische Überlegungen

14.1.4.1 Ziele und Bezüge des Bildungsplans

Die Inhalte dieser Station lassen sich thematisch grob in drei Themenblöcke gliedern. Einerseits spielt für das Überprüfen von Gegenständen auf nicht sichtbare Materialeigenschaften das elektromagnetische Spektrum aus dem Fach Physik eine zentrale Rolle. Zudem beleuchtet die Station den Wärmehaushalt und den Wärmetransport im Körper. Hierfür gibt es im Bildungsplan Biologie Anknüpfungspunkte. Darüber hinaus gibt es im Experiment der Station die Möglichkeit, den Einfluss von sportlicher Betätigung auf den Wärmehaushalt zu erfahren, woraus sich Anknüpfungspunkte zum Bildungsplan des Fachs Sport ableiten lassen. Dabei werden die in der Schule vermittelten Kompetenzen meist durch eine technische Anwendung oder um ein praktisches Beispiel erweitert.

Der baden-württembergische Bildungsplan des Fachs Physik greift die Grundlagen der Optik und Photonik auf, welche für die Untersuchung von nicht sichtbaren Materialeigenschaften notwendig sind. Grundlegend basiert eine Wärmebildkamera auf dem Prinzip einer Linsenkamera mit einem modifizierten Sensor. Somit können die Schüler*innen die bereits in Physik erlernten „grundlegenden Phänomene der Lichtausbreitung experimentell untersuchen" (MKJS BW Ph, 2016, S. 13). Im Mittelpunkt steht die Erkenntnis, dass Wärmestrahlung ähnliche Charakteristika wie das sichtbare Licht aufweist und durch einen speziellen Detektor sichtbar gemacht werden kann.

Im Bildungsplan des Fachs Biologie kann der Wärmehaushalt des Körpers dem Abschnitt „Atmung, Blut und Kreislaufsystem" (3.2.2.2) zugeordnet werden. In diesem Abschnitt setzen sich die Schüler*innen durch Teilkompetenz 5 mit der Atmung und den Kreislauffunktionen in Abhängigkeit von verschiedenen Parametern auseinander (MKJS BW Bio, 2016, S. 16). Hierbei lernen sie, dass die Herzfrequenz zum Beispiel von körperlicher Betätigung abhängig ist. Diese Kompetenz kann durch das Experiment um ein praktisches Beispiel erweitert werden.

Schließlich kann als Anknüpfung an den Bildungsplan des Fachs Sport die Physiologie des Körpers herausgearbeitet werden. In dieser Station untersuchen die Schüler*innen genauer, wie der Körper auf physiologische Belastung reagiert. Dazu beobachten sie, ähnlich wie im Bildungsplan gefordert, „Signale und Reaktionen des eigenen Körpers" auf körperliche Belastung (MKJS BW Sport, 2016, S. 26). Solche Signale können zum Beispiel Erhöhung der gefühlten Körpertemperatur, Ermüdung der Muskulatur oder Schweiß sein.

14.1.4.2 Relevanz, Lebenswelt- und Schüler*innenbezug

Licht spielt, wie in Abschn. 14.1.3.1 dargestellt, eine herausragende Rolle im alltäglichen Leben der Schüler*innen. Es wird unter anderem zum Sehen benötigt und ermöglicht viele weitere alltägliche Technologien, wie zum Beispiel das Kommunizieren über das Mobilfunknetz, das Erwärmen von Speisen in der Mikrowelle oder die Navigation mit einem GPS-Gerät.

Auch das Anwenden von Fotofiltern spielt in der Lebenswelt vieler Schüler*innen eine große Rolle. Die meisten Fotos werden stark bearbeitet durch die sozialen Netzwerke gesendet. Von einigen Fotofiltern wird behauptet, dass sie auch Wärmebilder aufnehmen können, obwohl sie in Wirklichkeit lediglich ein verändertes Farbprofil darstellen. Deswegen sollen die Schüler*innen den Aufbau und die Funktionsweise einer Wärmebildkamera kennenlernen, um erklären zu können, unter welchen Bedingungen ein Wärmebild entstehen kann. Außerdem lernen die Schüler*innen die Aussagekraft eines Wärmebilds kennen.

Den Einfluss von sportlichen Aktivitäten auf den Wärmehaushalt des Körpers können die Schüler*innen ebenfalls täglich in ihrer Lebenswelt erfahren: beim Treppensteigen, beim Fahrradfahren oder im Sportverein. Der Körper reagiert immer ähnlich auf sportliche Betätigungen. Die von den Muskeln erzeugte Wärme muss über den Blutkreislauf abtransportiert werden. Ist diese Möglichkeit der Abkühlung zu langsam, so setzt zusätzlich die Schweißbildung ein.

14.1.4.3 Methodisch-didaktische Inszenierung

Die Station soll in einer Zweiergruppe von den Schüler*innen bearbeitet werden. Die Schüler*innen werden mithilfe des an der Station ausliegenden Stationsblatts durch die Station geführt. Zusätzlich erhalten die Schüler*innen ein Arbeitsblatt, auf welchem sie ihre Überlegungen und Ergebnisse festhalten und mit nach Hause nehmen, um gegebenenfalls die Ergebnisse mit ihrer Lehrkraft nachbesprechen zu können. Zur Bearbeitung der Station lesen die Schüler*innen in Einzelarbeit das Stationsblatt, welches sie durch die Station leitet und dazu auffordert, Aufgaben auf dem Arbeitsblatt sowohl in Einzel- als auch Partnerarbeit zu bearbeiten und eigene Erkenntnisse durch Experimente zu erarbeiten. Die Aufgaben sind so gestaltet, dass die Schüler*innen mithilfe der Infoboxen und ihres bisherigen Wissens einen Lösungsversuch unternehmen können. Sollten sie dabei auf Probleme stoßen oder in ihrer Problemlösestrategie nicht weiterkommen, so können sie auf das Lösungsbuch zurückgreifen.

Input 1 soll die Schüler*innen durch eine explorative Atmosphäre motivieren, die Wärmebildkamera in Partnerarbeit kennenzulernen und mithilfe von ▶ Infobox 1 die physikalischen Grundlagen einer Wärmebildkamera zu diskutieren. Ihre Ergebnisse sichern die Schüler*innen auf dem Arbeitsblatt in einer vorgedruckten Tabelle. Im Anschluss fordert Input 2 die Schüler*innen dazu auf, sich in Einzelarbeit die technische Funktionsweise einer Wärmebildkamera durch ▶ Infobox 2 zu erarbeiten und anschließend als Ergebnissicherung das in Aufgabe 2 vorgedruckte Schema auf dem Arbeitsblatt in Partnerarbeit zu vervollständigen. Die Verknüpfung zwischen dem Wärmehaushalt und der sportlichen Betätigung findet im Experiment statt. Die Durchführung und den theoretischen Hintergrund des Experiments entnehmen die Schüler*innen dabei in Einzelarbeit dem Stationsblatt. Die Datenerhebung und die

Diskussion der Ergebnisse führen die Schüler*innen in Partnerarbeit durch. Die Ergebnissicherung erfolgt in Einzelarbeit auf dem Arbeitsblatt.

Für interessierte Schüler*innen gibt es zusätzlich die Möglichkeit, den Wärmehaushalt des Körpers mithilfe der Wärmebildkamera genauer zu untersuchen. Dazu gehen die Schüler*innen ähnlich wie in dem vorangegangenen Experiment vor. Sie entnehmen die Durchführung und den theoretischen Hintergrund in Einzelarbeit aus Input 4 des Stationsblatts und führen das Experiment in Partnerarbeit durch. Ihre Ergebnisse sichern sie nach einer Diskussion in dem vorbereiteten Vordruck auf dem Arbeitsblatt.

14.1.4.4   Antizipierte Ergebnisse der Schüler*innen

Anhand des Stationsblatts werden die Schüler*innen zunächst mit der Wärmebildkamera vertraut. Nach dem anschließenden Experiment wird die Funktionsweise einer Wärmebildkamera erläutert. Es wird erwartet, dass hierdurch Faszination und Motivation entsteht. Probleme könnte es beim sorgsamen Umgang mit dem Material geben. Hierzu gibt es daher ergänzend eine bebilderte Anleitung. Beim anschließenden Aufnehmen der Handinnenflächen vor und nach Aktivität wird die Brücke zu physiologischen Prozessen im eigenen Körper gebildet. Sollten hier keine Temperaturunterschiede gemessen werden, wird dazu ermutigt, sich auf die körpereigenen Temperatursensoren zu beziehen. Die antizipierten Lösungen sind im Detail als digitales Zusatzangebot in den Lösungskarten verfügbar.

14.1.4.5   Mögliche Herausforderungen und entsprechende Förder-/Forderangebote

Die Tatsache zu verstehen, dass alle Körper Licht ausstrahlen, könnte vor allem Schüler*innen schwerfallen, welche im Unterricht noch nicht das elektromagnetische Spektrum behandelt haben. Hierfür ist die Erkenntnis wichtig, dass nicht alles Licht sichtbar ist. Zu dieser Erkenntnis sollen die Schüler*innen direkt zu Beginn der Station mithilfe der Wärmebildkamera in einen dunklen Raum gelangen. Zur Unterstützung dieser Erkenntnis dienen der in ▶ Infobox 1 dargestellte Ausschnitt des elektromagnetischen Spektrums sowie eine öffnende Frage in Aufgabe 1.

Der komplexe Aufbau einer Wärmebildkamera kann für jüngere und leistungsschwächere Schüler*innen zusätzlich eine Herausforderung darstellen. Aus diesem Grund ist auf dem Arbeitsblatt ein schematischer Aufbau einer Wärmebildkamera abgebildet, um den Schüler*innen durch diese visuelle Unterstützung das Erklären des Aufbaus und der Funktionsweise der Wärmebildkamera zu erleichtern.

Weiterhin ist ein schnelles und souveränes Bedienen der Wärmebildkamera für das Feststellen eines Temperaturunterschieds beim Experiment notwendig, da nur durch eine schnelle Wärmebildaufnahme die Erkenntnis „Muskelbewegung erzeugt Wärme" als zentrales Ergebnis dieser Station visualisiert werden kann. Der schnellen Aufnahme wirkt jedoch die geringe Benutzerfreundlichkeit der App entgegen. Aus diesem Grund wurde dieses Experiment ans Ende der Station gelegt, um den Schüler*innen einige Möglichkeiten anzubieten, sich zuvor mit der App der Wärmebildkamera vertraut zu machen. Ist es für die Schüler*innen nicht möglich, aus dem Wärmebild, zum Beispiel durch eine zu lange Pause zwischen dem Stopp des Reibens der Handflächen und der Aufnahme, keine eindeutigen Ergebnisse zu ermitteln, können sie auch die körpereigenen Temperatursensoren verwenden und eine relative Temperaturveränderung angeben.

Die Schritt-für-Schritt-Anleitung für eine schnelle Aufnahme eines Wärmebilds mit der App „Flir One" kann als weitere Fördermöglichkeit angesehen werden. Schüler*innen können sich mithilfe der Anleitung darüber informieren, wie sie das iPad und die Wärmebildkamera bedienen und wie sie den häufigsten Fehler, eine falsche Bildschirmorientierung der App, beheben können.

Als Möglichkeit der Differenzierung kann die Ergänzungsaufgabe angesehen werden, welche von interessierten oder schnellen Schüler*innen optional bearbeitet werden kann. Die Schüler*innen können hierbei mit der Wärmebildkamera ihren eigenen Wärmehaushalt genauer untersuchen und aus dem erstellten Temperaturprofil ihres Körpers Rückschlüsse zu ihrer Durchblutung und ihrem Wärmeempfinden ziehen.

14.1.4.6 Benötigte Vorkenntnisse und Vertiefungs-/Weiterführungsmöglichkeiten

Um den gewünschten Erkenntnisgewinn durch die Lerneinheit zu erreichen, benötigen die Schüler*innen einige Vorkenntnisse aus den Fächern Physik, Biologie und idealerweise Sport. Zum Verständnis der Funktionsweise einer Wärmebildkamera sind Kenntnisse aus dem Fach Physik zum Thema „Optik" oder „Photonik" erforderlich. Genauso wie unsere Augen als Sensoren unsere Umgebung wahrnehmen können, ist es möglich, mit einem anderen Sensor Wärme für unsere Augen sichtbar zu machen. Grundlage ist die Ausstrahlung von elektromagnetischer Strahlung eines Körpers aufgrund seiner thermischen Energie. Für die Schüler*innen sind zur Bearbeitung dieser Station die konkreten Vorkenntnisse über das elektromagnetische Spektrum hilfreich, wenn auch nicht zwingend notwendig (MKJS BW Ph, 2016, S. 13).

Zusätzlich wirken sich Vorkenntnisse im Fach Biologie vorteilhaft auf das Verständnis des Wärmehaushalts aus. Im schulischen Kontext setzen sich die Schüler*innen mit dem Zusammenhang zwischen der Herzfrequenz und der körperlichen Betätigung auseinander und lernen somit die zentrale Rolle des Blutkreislaufs kennen (MKJS BW Bio, 2016, S. 16). Diese Vorkenntnisse erleichtern es den Schüler*innen, die Erkenntnisse zum Wärmehaushalt auf den Blutkreislauf zu übertragen.

Im Fach Sport spielt die physiologische Belastung bereits in der 5. Klasse eine wichtige Rolle. Die Schüler*innen untersuchen, wie ihr Körper auf Belastung reagiert, und leiten in der 7. Klasse daraus Aussagen über ihren Fitnesszustand ab. Diese Kompetenz hilft den Schüler*innen, den Zusammenhang zwischen körperlicher Betätigung und ihrem Wärmehaushalt festzustellen (MKJS BW Sport, 2016, S. 26).

14.1.5 Verlaufsplan

Beschreibung des Ablaufs durch einen Verlaufsplan, der mit konkreten Zeitangaben in kurzer, prägnanter Form die methodisch-didaktische Inszenierung angibt:

Min.	Phase und Ziel	Lehr-Lern-Arrangement	Arbeitsweise (Methoden, Sozialform)	Arbeitstechnik (Material, Medien)
1–4	Einstieg Aktivierung	Lesen der Einführung auf Stationsblatt Praktische Erarbeitung der Funktionsweise der Wärmebildkamera	Einzelarbeit Partnerarbeit	Stationsblatt Anleitung Wärmebildkamera
5–6	Erarbeitung 1	Bearbeitung Aufgabe 1	Einzelarbeit	Arbeitsblatt
7–9	Vertiefung 1 Sicherung 1	Diskussion physikalischer Grundlagen Sichern der Ergebnisse auf dem Arbeitsblatt	Partnerarbeit	Arbeitsblatt Lösungskarte 1
10–12	Erarbeitung 2	Lesen der Aufgabe 2	Einzelarbeit	Stationsblatt
13–16	Vertiefung 2 Sicherung 2	Diskussion des Aufbaus einer Wärmebildkamera anhand des Schemas Sichern der Ergebnisse auf dem Arbeitsblatt	Partnerarbeit Einzelarbeit	Arbeitsblatt Schema Lösungskarte 2
17–20	Experiment 1	Informieren über die Durchführung des Experiments Aufnahme jeweils zweier Wärmebilder	Einzelarbeit Partnerarbeit	Stationsblatt Anleitung Wärmebildkamera
21–25	Erarbeitung 3 Vertiefung 3 Sicherung 3	Sichern der Ergebnisse des Experiments Diskussion Wärmetransport Sichern der Ergebnisse auf dem Arbeitsblatt	Einzelarbeit Partnerarbeit Einzelarbeit	Arbeitsblatt Lösungskarte 3
26–35	Erarbeitung 4 Experiment 2 Vertiefung 4 Sicherung 4	Erarbeitung der Details zu ihrem Wärmehaushalt mit ▶ Infobox 4 Wärmebildaufnahme ihres Körpers Diskussion der Ergebnisse Sichern der Ergebnisse auf dem Arbeitsblatt	Einzelarbeit Partnerarbeit Einzelarbeit	Stationsblatt Wärmebildkamera Arbeitsblatt Lösungskarte 4

■ **Digitales Zusatzangebot**

Weitere Materialien (Lösungskarten) zu diesem Kapitel finden Sie unter ▶ https://lehrbuch-biologie.springer.com/mint-bewegung.

Karlsruher Institut für Technologie

14.2 Stationsblatt: Wärmehaushalt des Körpers

In dieser Station erforschst du die unsichtbare Welt der Wärmestrahlung. Dafür beobachtest du deinen Körper mit einer Infrarotkamera, um Einblicke in deinen Wärmehaushalt zu gewinnen.

■ Aufgabe 1: Die Welt der Wärmestrahlung

Führe die Anleitung zur Verwendung der Wärmebildkamera (s. Abb. am Ende des Stationsblatts) bis Schritt 5 aus, um dich mit der Wärmebildkamera vertraut zu machen. Achte darauf, sorgsam mit dem iPad und der Wärmebildkamera umzugehen und die Linse nicht mit deinem Finger zu berühren.

Begebt euch anschließend mit dem iPad in eine Umkleidekabine. Bitte deine*n Partner*in ohne iPad, sich neben den Lichtschalter zu stellen. Entferne dich so weit wie möglich von deinem*deiner Partner*in. Bitte sie*ihn, sobald du stehst, das Licht auszuschalten. ◘ Abb. 14.4 zeigt euch eine mögliche Anordnung. Beobachte deine*n Partner*in mit der Infrarotkamera. Bitte sie*ihn, das Licht im Anschluss wieder einzuschalten, und tauscht die Rollen. Schaltet das iPad wieder aus.

Informiere dich mithilfe von ▶ Infobox 1 näher über die unsichtbare Wärmestrahlung. Überlege dir, unter Berücksichtigung des Versuchs, zwei Anwendungsbeispiele für Infrarotkameras. Notiere dein Ergebnis auf dem Arbeitsblatt unter Aufgabe 1a.

Überlege dir zusätzlich, warum du deine*n Partner*in ohne Licht im Versuch lediglich mit der Wärmebildkamera sehen konntest. Diskutiere deine Ideen mit deinem*deiner Partner*in. Notiert euch das Ergebnis auf dem Arbeitsblatt unter Aufgabe 1b.

◘ **Abb. 14.4**   Kennenlernen der Wärmebildkamera

■ **Aufgabe 2: Funktionsweise einer Wärmebildkamera**

Nicht jede Kamera kann infrarote Strahlung in ein für unsere Augen sichtbares Temperaturprofil umwandeln. Lerne in dieser Aufgabe den Aufbau und die Funktionsweise einer Wärmebildkamera kennen. Lies hierzu eigenständig ▶ Infobox 2. Vervollständige anschließend das in Aufgabe 2 dargestellte Schema auf dem Arbeitsblatt zunächst eigenständig. Diskutiere anschließend oder bei Problemen mit deinem*deiner Partner*in.

Gehe abschließend zum Experiment auf Seite 3 über, um den Einfluss von sportlicher Aktivität auf den Wärmehaushalt zu untersuchen.

■ **Experiment: Einfluss von sportlicher Betätigung auf den Wärmehaushalt**

Gehe hierzu mit deinem*deiner Partner*in wie folgt vor:
– Bitte sie*ihn, ein Wärmebild Deiner Handinnenseite aufzunehmen.
– Reibe deine Handflächen für mindestens 10 Sec. sehr schnell aneinander (◘ Abb. 14.5).
– Bitte sie*ihn, *zügig* ein weiteres Wärmebild aufzunehmen.
– Füge zu den Wärmebildern eine kreisförmige Messfläche hinzu.

Übertrage das Wärmeprofil deiner Handfläche unter Experiment a grob auf das Arbeitsblatt. Notiere dir jeweils die Temperatur der kreisförmigen Messfläche. Verwende bei Bedarf die Anleitung Verwendung der Wärmebildkamera (s. Abb. am Ende des Stationsblatts).

Du konntest keine Temperaturänderung deiner Handflächen messen? Dann verlasse dich auf die körpereigenen Temperatursensoren und gib die Temperatur mit relativen Angaben an, wie zum Beispiel „kälter oder wärmer als zuvor".

◘ **Abb. 14.5**   Handflächen reiben (© bsd555/stock.adobe.com)

Überlege dir unter Berücksichtigung von ▶ Infobox 3, welche Möglichkeit der Körper hat, auf die entstandene Temperaturänderung zu reagieren. Notiere dein Ergebnis unter Experiment b.

Solltest du den Wärmehaushalt deines Körpers genauer untersuchen wollen, so kannst du zu ▶ Infobox 4 übergehen. Bedenke jedoch, dass du hierfür weitere 10 Minuten einplanen musst.

■ Aufgabe 4: Ein detaillierter Blick auf den Wärmehaushalt des Körpers

In dieser Aufgabe wirst du den Wärmehaushalt deines Körpers genauer untersuchen. Ziehe dazu deine Schuhe und Socken aus und lass deine Hände locker hängen. Bitte deine*n Partner*in, mit dem iPad ein Wärmebild von deinem kompletten Körper aufzunehmen. Die Anleitung zur Bedienung der Wärmebildkamera findest du bei Bedarf am Ende des Stationsblatts. Nachdem ihr jeweils ein Bild von eurem Körper aufgenommen habt, bearbeitet die Ergänzungsaufgabe auf dem Arbeitsblatt.

Infobox 1: Was ist unsichtbare Strahlung?

In unserer Umwelt ist eine große Vielfalt an Strahlung mit unterschiedlicher Wellenlänge vorhanden. Unser Auge kann allerdings nur einen sehr kleinen Teil dieser Strahlung wahrnehmen. Dieser Bereich wird sichtbares Licht genannt und ist in ■ Abb. 14.6 zu sehen.

Ohne Strahlung im sichtbaren Bereich können wir nichts sehen. Trotzdem verrät uns die Strahlung im sichtbaren Bereich nicht alle Informationen über ein Objekt. So können wir einem Ofenblech zum Beispiel nicht ansehen, ob es heiß oder kalt ist, da Informationen zur Temperatur über die infrarote Wellenlänge übermittelt werden.

Genauso wie ein Ofenblech sendet auch unser Körper unterschiedliche infrarote Strahlung aus, die mit einer Wärmebildkamera ausgewertet werden kann.

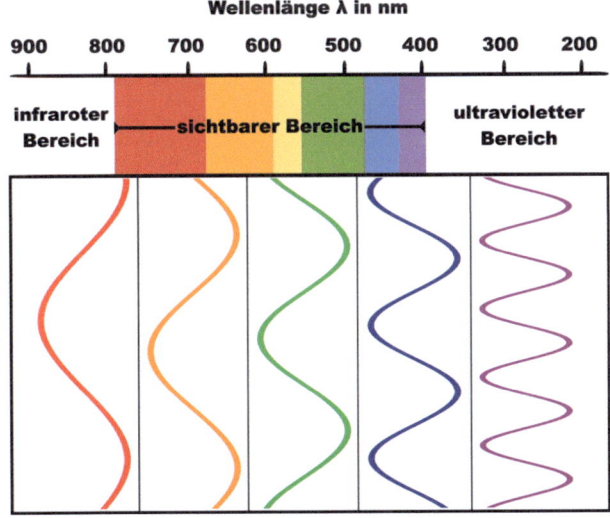

■ **Abb. 14.6** Sichtbares Licht

Infobox 2: Unsichtbare Strahlung sichtbar machen

Je nachdem wie viel Energie ein Körper besitzt, strahlt er eine bestimmte Menge an Wärmestrahlung aus. Diese Strahlung wird in der Fachsprache als Infrarotstrahlung bezeichnet und kann durch eine Wärmebildkamera dargestellt werden.

Eine Wärmebildkamera ist grundsätzlich aus vier Komponenten aufgebaut:

1. Linse: Sie bündelt Infrarot-Strahlen auf den Sensor.
2. Sensor: Er wandelt Strahlung in ein elektrisches Signal um.
3. Elektronik: Sie rechnet elektrisches Signal in Temperatur um.
4. Display: Es stellt die errechnete Temperatur grafisch dar.

Bei der Messung der Temperatur spielt der Abstand zum Objekt eine wichtige Rolle: je größer der Abstand, desto ungenauer die Messung.

Infobox 3: Wärmeproduktion durch sportliche Betätigung

Sportliche Bewegungen werden durch das Anspannen und das Erschlaffen von Muskeln ermöglicht. Dabei erzeugen die Muskeln neben der gewünschten Bewegung ebenfalls Wärme. Dieses Phänomen kann durch das Aneinanderreiben der Handflächen simuliert werden. Die entstandene Wärme wird über das Blut abtransportiert. Die Geschwindigkeit des Wärmetransports wird über die Verengung oder Weitung der peripheren Blutgefäße geregelt. Durch eine Verengung fließt weniger und durch eine Weitung fließt mehr Blut durch die Blutgefäße (◻ Abb. 14.7). Dabei gilt: je mehr Blutfluss, desto größer der Wärmetransport.

◻ **Abb. 14.7** Blutgefäße

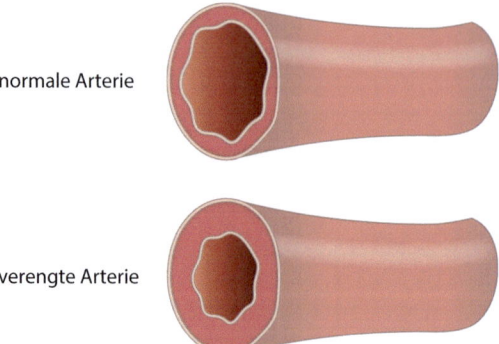

normale Arterie

verengte Arterie

14

Infobox 4: Wärmehaushalt des Körpers

Der Mensch ist ein homoiothermes Wesen. Das bedeutet, dass der menschliche Körper über Möglichkeiten verfügt, die Körpertemperatur konstant zu halten. Trotzdem ist die Temperatur des Körpers nicht in jedem Körperteil gleich. Grund hierfür ist, dass die Temperatur des Körpers durch den Blutkreislauf geregelt wird. Zentrale Organe wie zum Beispiel das Gehirn, das Herz oder die Leber müssen permanent mit Blut durchströmt werden und weisen deswegen eine relativ konstante Temperatur auf (◨ Abb. 14.8). Die Temperatur dieser wichtigen Organe wird häufig auch als Körperkerntemperatur bezeichnet. Der Körper kann seine Kerntemperatur durch körperliche Aktivität (Muskelarbeit), durch *Kontraktion* (Anspannung und damit Verengung der Blutgefäße) oder *Relaxation* (Erschlaffung und damit Weitung der Blutgefäße) von peripheren Blutgefäßen (z. B. in der Hand) und durch Schweißbildung beeinflussen.

Um eine Überhitzung (Hyperthermie) des Körpers zu vermeiden, wird zunächst die periphere Durchblutung (Hände, Füße) des Körpers erhöht. Bei weiterer Erwärmung kühlt der Körper zusätzlich durch Schweißbildung.

Um eine Unterkühlung (Hypothermie) des Körpers zu vermeiden, erhöht der Körper zunächst durch Kontraktion der Blutgefäße den Strömungswiderstand. Zusätzlich kann durch Kältezittern Wärme bereitgestellt werden.

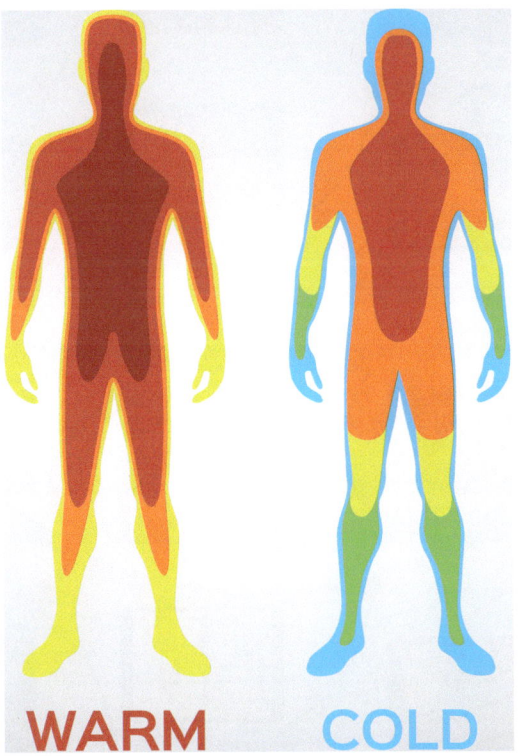

◨ **Abb. 14.8** Schematisches Wärmebild bei Wärme (oben) und Kälte (unten) (© gritsalak/stock. adobe.com)

Bedienungsanleitung zur Wärmebildkamera

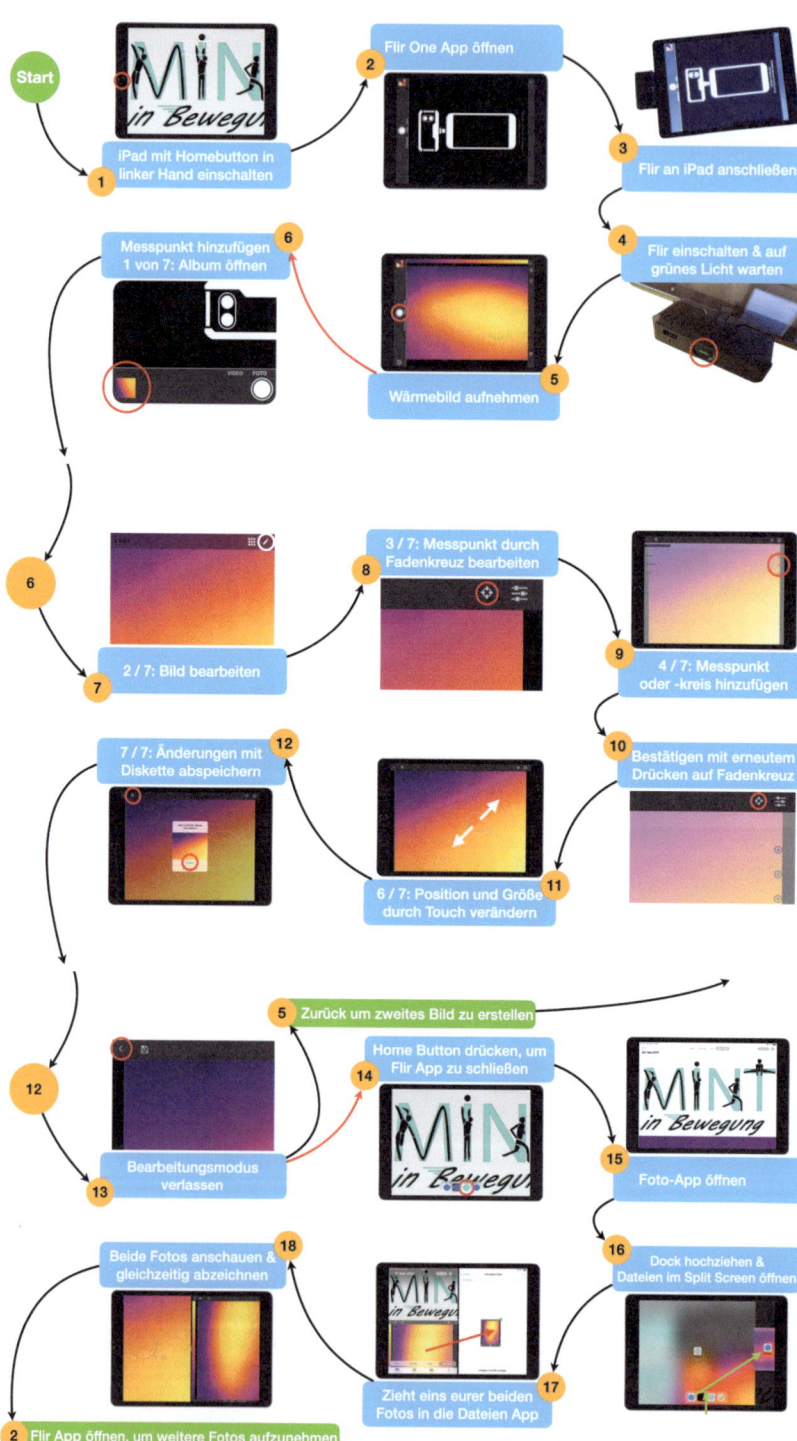

14

Karlsruher Institut für Technologie

14.3   Arbeitsblatt: Wärmehaushalt des Körpers

Aufgabe 1: Die Welt der Wärmestrahlung:

    a. Zähle Anwendungsbeispiele für Infrarot-Kameras auf:

    b. Warum siehst Du im dunklen Raum dennoch Deine*n Partner*in mit einer Wärmebildkamera?

_____

_____

Person	Linse	Sensor	Elektronik	Display
				36 °C

Erkläre die Funktionsweise einer Wärmebildkamera.

-- _____

→ _____

→ _____

  _____

Experiment: Einfluss von sportlicher Betätigung auf den Wärmehaushalt:

    a. Färbe das Wärmebild Deiner Hand vor und nach 10 Sek. Reiben ein. Notiere die Temperatur.

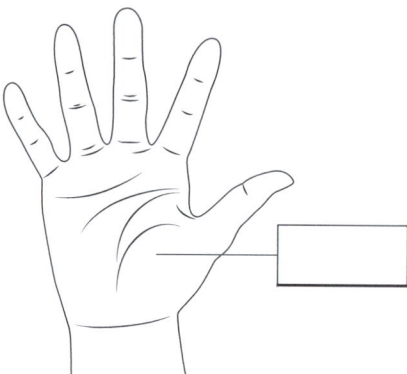

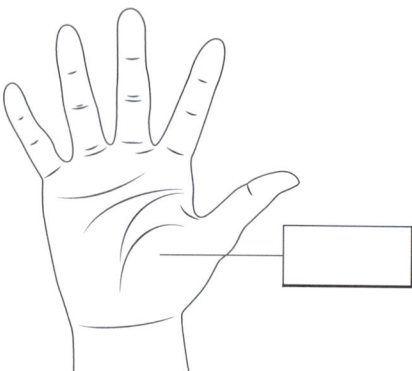

Wärmebild vor dem Reiben   Wärmebild nach dem Reiben

b. Erkläre, was das Reiben simuliert und wie der Körper die entstandene Wärme
    abtransportiert.

_____

_____

_____

_____

Ergänzungsaufgabe (freiwillig): Wärmehaushalt des Körpers:

a) Analysiere Deine Durchblutung mit der Wärmebildkamera und schraffiere den Körper auf der
    rechten Seite entsprechend Deiner Durchblutung mit den entsprechenden Farben.

    **Kleidung verfälscht die angezeigte Temperatur! Orientiere Dich deswegen für den
    Körperkernbereich (gestrichelte Linie) an den Abbildungen aus Info-Box 4**

b) Ordne Deine Durchblutung mit Hilfe von Info-Box 4 zu einer warmen oder kalten
    Umgebung zu. Schraffiere den Körper auf der linken Seite entsprechend der
    gegensätzlichen Durchblutung. Ordne die Begriffe „kalte" & „warme" zur Umgebung zu.

14

Wärmehaushalt des Körpers

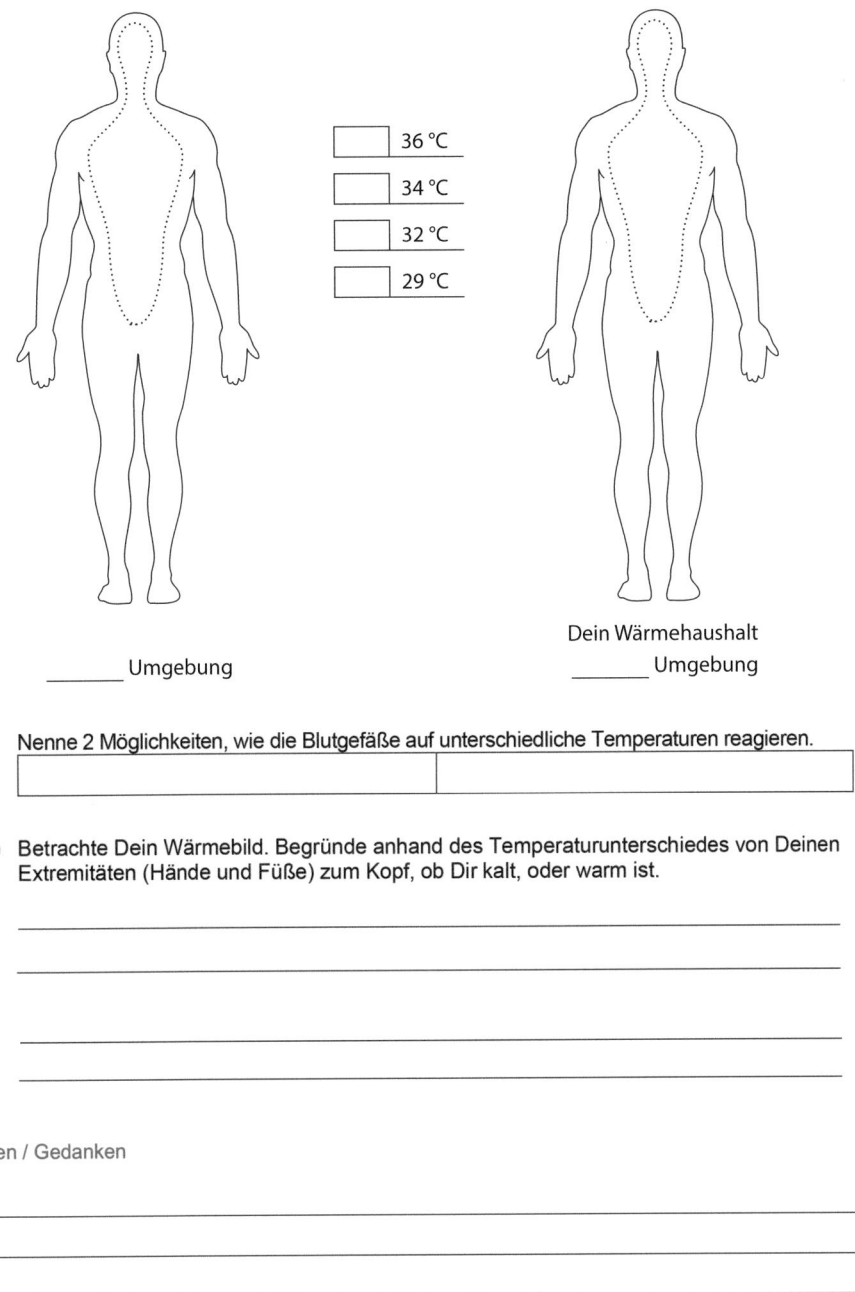

36 °C

34 °C

32 °C

29 °C

_____ Umgebung

Dein Wärmehaushalt

_____ Umgebung

c) Nenne 2 Möglichkeiten, wie die Blutgefäße auf unterschiedliche Temperaturen reagieren.

d) Betrachte Dein Wärmebild. Begründe anhand des Temperaturunterschiedes von Deinen Extremitäten (Hände und Füße) zum Kopf, ob Dir kalt, oder warm ist.

Notizen / Gedanken

Literatur

Butcher, G., Mottar, J., Parkinson, C. L., Wollack, E. J., & Robeck, E. (2011). *Tour of the electromagnetic spectrum*. National Aeronautics and Space Administration. https://smd-prod.s3.amazonaws.com/science-pink/s3fs-public/atoms/files/Tour-of-the-EMS-TAGGED-v7_0.pdf. Zugegriffen am 14.12.2020.

Carlomagno, G. M., & Cardone, G. (2010). Infrared thermography for convective heat transfer measurements. *Experiments in Fluids, 49*, 1187–1218.

Fernández-Cuevas, I., Marins, J. C. B., Lastras, J. A., Carmona, P. M. G., Cano, S. P., García-Concepción, M. A., & Sillero-Quintana, M. (2015). Classification of factors influencing the use of infrared thermography in humans: A review. *Infrared Physics & Technology, 71*, 28–55.

Koch, J. (2016). Thermoregulation des Menschen. In S. Leonhardt & M. Walter (Hrsg.), *Medizintechnische Systeme* (S. 283–317). Springer.

Ministerium für Kultus, Jugend und Sport Baden-Württemberg [MKJS BW Bio]. (Hrsg.). (2016). Bildungsplan Chemie. http://www.bildungsplaene-bw.de/site/bildungsplan/get/documents/lsbw/export-pdf/depot-pdf/ALLG/BP2016BW_ALLG_GYM_BIO.pdf. Zugegriffen am 14.12.2020.

Ministerium für Kultus, Jugend und Sport Baden-Württemberg [MKJS BW Ph]. (Hrsg.). (2016). Bildungsplan Physik. http://www.bildungsplaene-bw.de/site/bildungsplan/get/documents/lsbw/export-pdf/depot-pdf/ALLG/BP2016BW_ALLG_GYM_PH.pdf. Zugegriffen am 14.12.2020.

Ministerium für Kultus, Jugend und Sport Baden-Württemberg [MKJS BW Sport]. (Hrsg.). (2016). Bildungsplan Sport. http://www.bildungsplaene-bw.de/site/bildungsplan/get/documents/lsbw/export-pdf/depot-pdf/ALLG/BP2016BW_ALLG_GYM_SPO.pdf. Zugegriffen am 14.12.2020.

Philip, J., Lahiri, B. B., Bagavathiappan, S., & Jayakumar, T. (2012). Medical applications of infrared thermography: A review. *Infrared Physics & Technology, 55*, 221–235.

Qi, H., & Diakides, N. A. (2020). Infrared thermal imaging. https://pdfs.semanticscholar.org/ca85/0ac2d59d2202d0ae02400240d820b9119765.pdf. Zugegriffen am 18.03.2020.

Quesada, J. I. P., Guillamón, N. M., Ortiz de Anda, R. M. C., Psikuta, A., Annaheim, S., Rossi, R. M., Salvador, J. M. C., Pérez-Soriano, P., & Palmer, R. S. (2015). Effect of perspiration on skin temperature measurements by infrared thermography and contact thermometry during aerobic cycling. *Infrared Physics & Technology, 72*, 68–76.

Zwinkels, J. (2015). Light, electromagnetic spectrum. In R. Luo (Hrsg.), *Encyclopedia of color science and technology* (S. 1–8). Springer.

14